小程序实战视频课

微信小程序开发全案精讲

刘刚 ◎ 著

人民邮电出版社

北京

图书在版编目（CIP）数据

小程序实战视频课 ：微信小程序开发全案精讲 / 刘刚著. -- 北京 ：人民邮电出版社，2018.1（2024.2重印）
ISBN 978-7-115-46301-2

Ⅰ. ①小… Ⅱ. ①刘… Ⅲ. ①移动终端－应用程序－程序设计 Ⅳ. ①TN929.53

中国版本图书馆CIP数据核字(2017)第160891号

内 容 提 要

本书通过 8 个典型的实战案例，讲解了微信小程序的开发方法。内容除微信小程序基础外，还介绍了美食类的仿菜谱精灵微信小程序；资讯类的仿今日头条微信小程序；生鲜类的仿爱鲜蜂微信小程序；电影类的仿淘票票微信小程序；音乐类的仿酷狗音乐微信小程序；电商类的仿京东购物微信小程序；求职类的仿拉勾网微信小程序；教育类的仿猿题库微信小程序等。每个案例包括需求描述、交互分析、设计思路、相关知识点以及案例详细开发步骤，内容全面、讲解细致。

本书适合作为院校、培训班微信小程序开发课程的教材，也可供对微信小程序开发有兴趣的程序员自学参考。

◆ 著　　　刘 刚
责任编辑　桑 珊
责任印制　马振武

◆ 人民邮电出版社出版发行　　北京市丰台区成寿寺路 11 号
邮编　100164　　电子邮件　315@ptpress.com.cn
网址　http://www.ptpress.com.cn
三河市君旺印务有限公司印刷

◆ 开本：787×1092　1/16
印张：24　　　　2018 年 1 月第 1 版
字数：601 千字　　　　2024 年 2 月河北第10次印刷

定价：69.80 元

读者服务热线：(010)81055256　印装质量热线：(010)81055316
反盗版热线：(010)81055315
广告经营许可证：京东市监广登字 20170147 号

前 言

本书全面贯彻党的二十大精神，以社会主义核心价值观为引领，传承中华优秀传统文化，坚定文化自信，使内容更好体现时代性、把握规律性、富于创造性。

为什么要学微信小程序

微信小程序是微信团队在2017年1月9日正式发布的功能，它可以实现App软件的原生交互操作效果，但是不像App软件需要下载安装才能使用。微信小程序只需要用户扫一扫或者搜一下就可以使用，不仅符合用户的使用习惯，也解决了用户手机内存的占用的问题，同时给创业企业提供了宣传自己产品的渠道。创建微信小程序就可以被更多用户找到自己的产品，宣传自己的产品。2017年是小程序发布的元年，它的市场广阔，提供了很多就业的机会。

使用本书，两步学会微信小程序

Step1　图文代码快速理解小程序基本原理和应用方法。

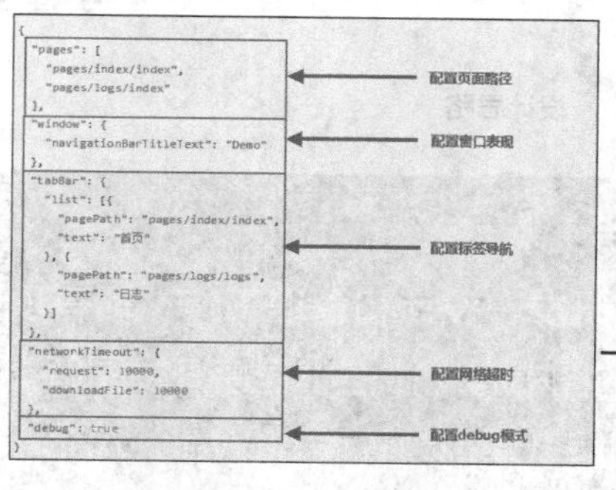

详细代码说明，一看就懂

Step2　8大类小程序案例，感受真实商业项目的制作过程。

美食类

资讯类

生鲜类

电影类

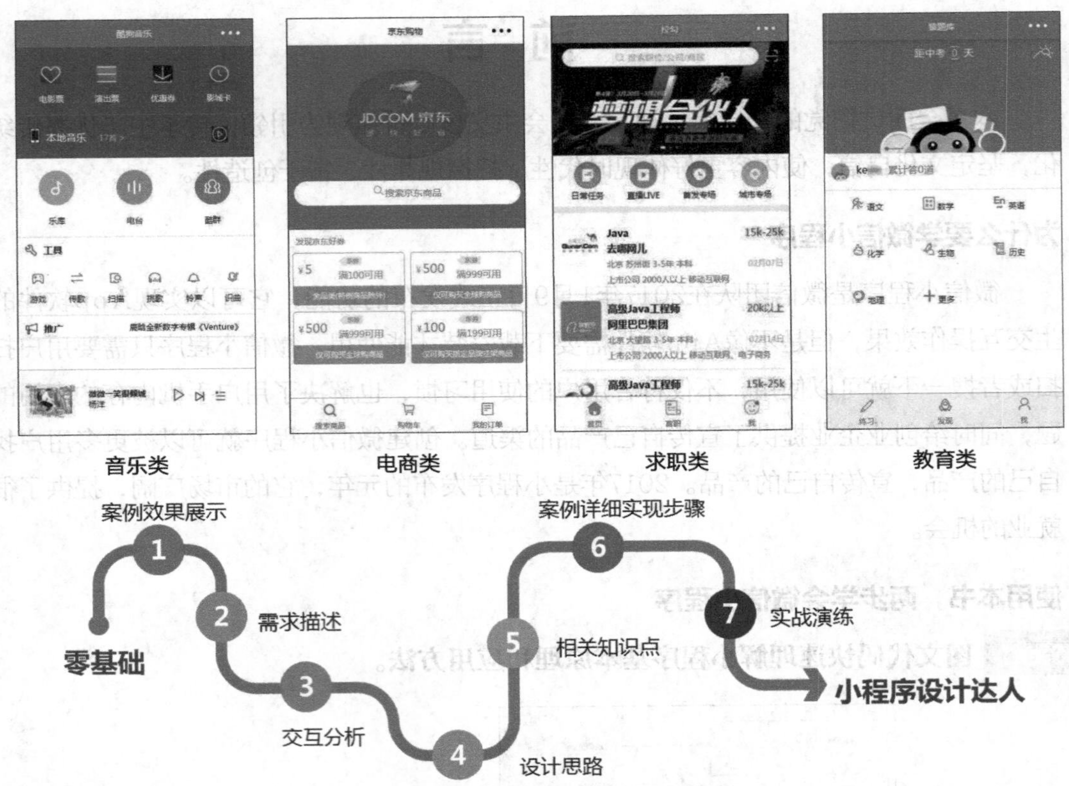

□ 小刚老师简介

本名刘刚，参与过多个软件项目的研发、设计和管理工作，拥有项目管理师高级认证、项目监理师中级认证，出版过的图书有《微信小程序开发图解案例教程（附精讲视频）》《Axure RP8原型设计图解微课视频教程（Web+App）》。曾在中国擎天公司、神州软件子公司任职，在项目管理和项目实践、软件设计等方面经验丰富；曾负责纪检监察廉政监督监管平台产品的设计与开发、国家邮政局项目的设计与开发、政务大数据项目的设计与开发等。

平台支撑，免费赠送资源

☑ 全部案例源代码、素材、最终文件，全书电子教案（下载链接：pan.baidu.com/s/1mhVtHck（其中1为阿拉伯数字），或登录人邮教育社区（www.ryjiaoyu.com.cn）下载）。

☑ 全书高清精讲视频课程（扫书中二维码或登录人邮学院观看）。

编　者

2022年12月

目录
CONTENTS

第 1 章 微信小程序基础

微信小程序是一种轻量级的 App，不需要下载安装就可以使用。要使用它时可以搜索小程序的名称，例如通过输入“猫眼电影”小程序的名称，检索出猫眼电影小程序（见图 1.1），单击“购票”按钮就可以完成电影票购买，还可以通过扫描二维码、群分享、好友分享来使用小程序。用户的体验是随时随地可用，而又不需要下载安装。自选股小程序如图 1.2 所示。

图 1.1　猫眼电影小程序

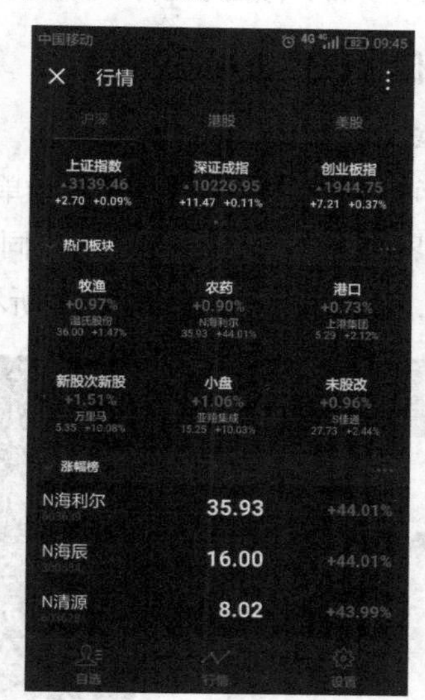

图 1.2　自选股小程序

1.1 微信小程序介绍

1.1.1 什么是微信小程序

微信小程序团队这样定义微信小程序。

微信小程序是一种不需要下载、安装即可使用的应用程序。它实现了应用“触手可及”的梦想，用户扫一扫或者搜一下即可打开应用，也体现了“用完即走”的理念，用户不必关心是否安装太多应用程序的问题。应用将无处不在，随时随地可用，但又无须安装和卸载。

从定义中可以看出：

① 微信小程序是不需要下载和安装的；

② 它可以完成 App 应用软件的交互功能；

③ 用户扫一扫或者搜一下就可以使用小程序；

④ 微信小程序无处不在，随时随地可以使用；

⑤ 微信小程序无须卸载，应用方便。

1.1.2 微信小程序发展历程

① 2016 年 1 月 9 日，微信团队首次提出“应用号”概念。

② 2016 年 9 月 22 日，微信公众平台对外发送小程序内测邀请，内测名额 200 个。

③ 2016 年 11 月 3 日，微信小程序对外公测，开发完成后可以提交审核，但公测期间不能发布。

④ 2016 年 12 月 28 日，张小龙在微信公开课上解答外界对微信小程序的几大疑惑，包括没有应用商店、没有推送消息等内容。

⑤ 2016 年 12 月 30 日，微信公众平台对外公告，上线的微信小程序最多可生成 10 000 个带参数的二维码。

⑥ 2017 年 1 月 9 日，微信小程序正式上线。

1.1.3 微信小程序提供的功能

1 支持分享当前界面功能

微信小程序可以把当前访问界面分享给单个好友或者群里，例如在使用猫眼电影进行选座时，可以把选座这个界面分享给好友，让好友一同参与选座，并且选座的数据是实时更新的，分享出去的是动态的界面，如图 1.3、图 1.4 和图 1.5 所示。

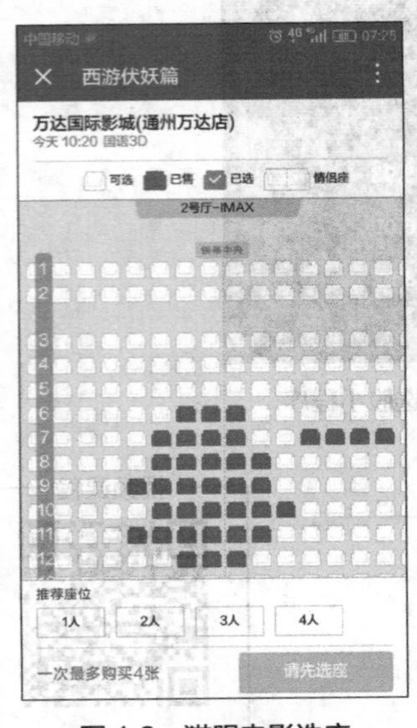

图 1.3 猫眼电影选座

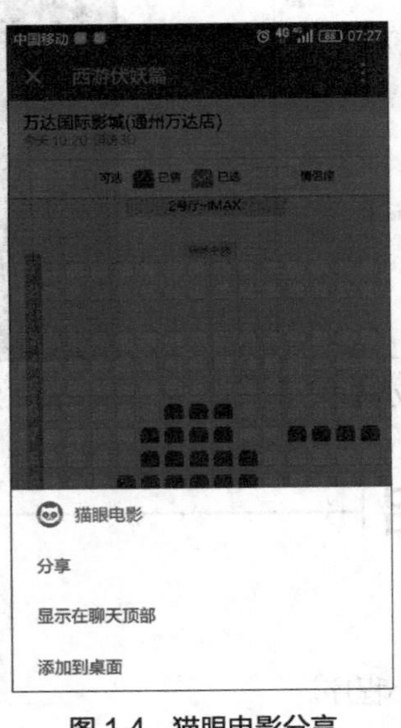

图 1.4 猫眼电影分享

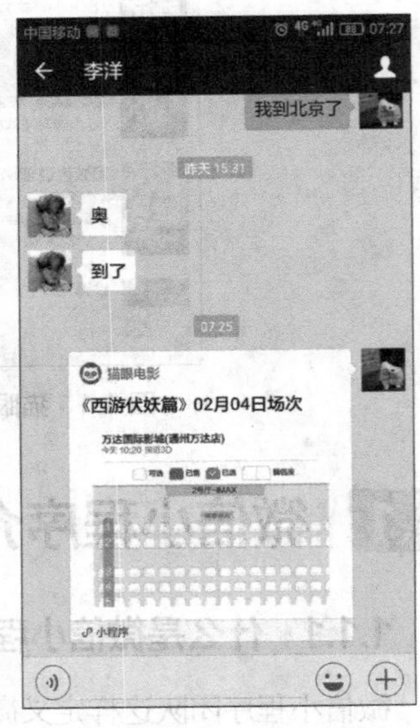

图 1.5 分享小程序

2 小程序线下扫码功能

提供线下提示用户有哪些小程序的功能，用户通过扫描二维码，就可以使用这些微信小程序。例如到饭店点餐、查看排队情况，都可以通过扫描二维码使用这些微信小程序，这也是微信倡导的接入方式。

3 小程序支持挂起状态

用户可以把小程序挂起，去做其他的事情，做完其他的事情，仍然可以使用小程序。例如在使用微信小程序过程中有电话打入，就可以先接电话，接完电话后，继续使用小程序。

4 小程序的消息通知

商户可以发送模板消息给接受过服务的用户，发送消息的前提是用户允许商户发送消息，如果用户不允许发送消息，商户也是没有权限推送消息的；用户可以在小程序内联系客服，可以发送文字内容和图片内容，进行与商户的沟通。

5 小程序和公众号的关联

一般小程序和公众号没有太多的关联，如果小程序和公众号是在统一开发主体的前提下，便允许小程序和公众号间相互跳转。

6 小程序的搜索和历史列表

微信平台会限制小程序的搜索能力。目前提供的搜索是按照名称或品牌搜索小程序（见图 1.6），微信平台倡导的是通过扫描二维码或者分享来使用微信小程序，所以会限制搜索能力。使用过的微信小程序会在微信“发现”模块中进行记录，如图 1.7 和图 1.8 所示。

图 1.6　搜索小程序

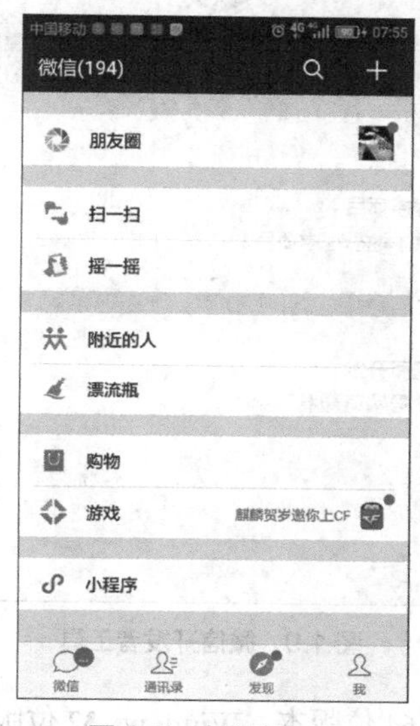

图 1.7　小程序入口

图 1.8　小程序历史列表

1.1.4　微信小程序不提供的功能

① 小程序没有集中入口，没有应用商店。

② 小程序没有订阅关系。

③ 小程序不能推送消息。

④ 小程序不能做游戏。

1.1.5　微信小程序带来的机会

- **给企业带来机会：**对于已有 App 软件的公司，提供了新的方式推广产品，而对于创业公司来说，使用微信小程序可以降低推广产品的成本。
- **给创业者带来机会：**创业者可以围绕小程序做社区、做应用商店、做微信小程序开发平台、做教育培训及出版书籍等来进行创业。
- **给小程序员带来机会：**给学生、网站编辑、前端开发人员等想做程序员的人们，提供了做小程序员的就业机会。

1.2 微信小程序开发工具的使用

视频课程
微信小程序开发者工具的使用

微信小程序的开发，需要使用微信开发者工具。借助微信开发者工具，可以进行本地小程序项目开发和公众号网页开发，如图 1.9 所示。开发者工具经常更新，大家在网上下载最新版本即可。

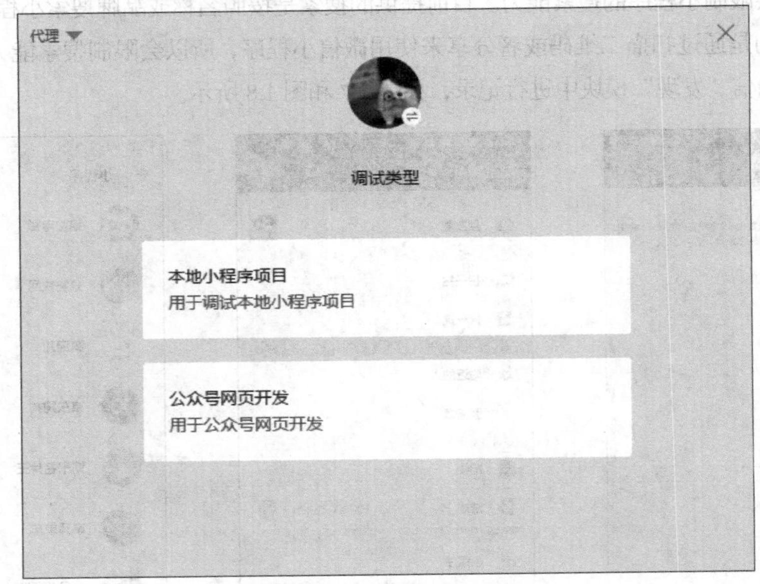

图 1.9　微信开发者工具

微信开发者工具提供 Windows 64 位版本、Windows 32 位版本和 Mac 版本，可以根据自己的计算机硬件和操作系统选择相应的版本，按提示安装即可。

1.2.1　获取微信小程序 AppID

访问微信公众平台，注册微信公众平台账号，选择小程序类型进行注册。注册成功后登录微信公众平台，开发者就可以在网站“设置”下的“开发设置”选项卡中查看到微信小程序的 AppID（见图 1.10），不可直接使用服务号或订阅号的 AppID。

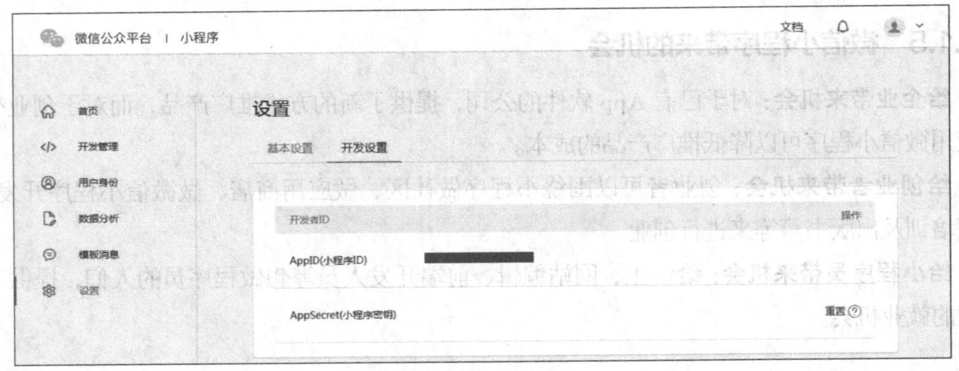

图 1.10　获取 AppID

微信小程序注册，主体类型可以是企业、政府、媒体和其他组织（不属于政府、媒体、企业或个人的类型），所以作为个人类型是无法注册的，如图 1.11 所示。

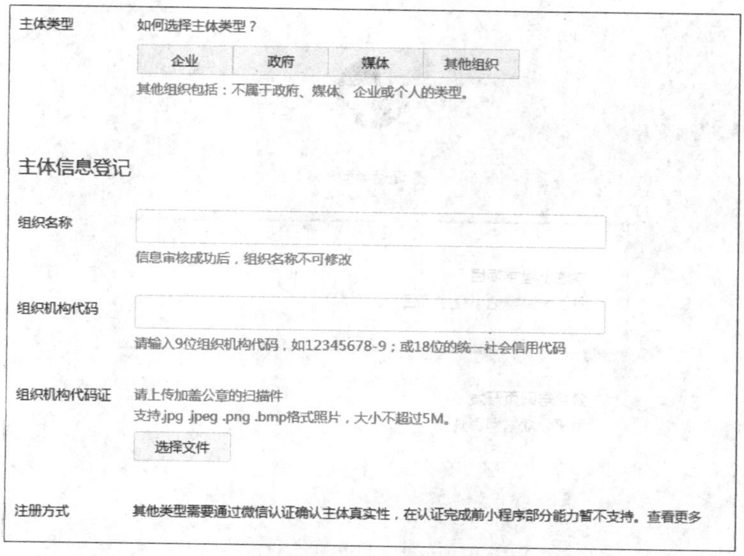

主体类型
如何选择主体类型？
企业
政府
媒体
其他组织
其他组织包括：不属于政府、媒体、企业或个人的类型。
主体信息登记
组织名称
信息审核成功后，组织名称不可修改
组织机构代码
请输入9位组织机构代码，如12345678-9；或18位的统一社会信用代码
组织机构代码证
请上传加盖公章的扫描件
支持.jpg .jpeg .png .bmp格式照片，大小不超过5M。
选择文件
注册方式
其他类型需要通过微信认证确认主体真实性，在认证完成前小程序部分能力暂不支持。查看更多

图 1.11　微信小程序开发者账号注册

作为个人学习微信小程序开发，可以先不获取微信小程序 AppID。如果没有 AppID，在开发过程中会部分权限受到限制和不允许发布微信小程序，但是对于学习微信小程序没有太大影响。

1.2.2　创建一个微信小程序项目

1 微信开发者工具需要使用微信扫描进行登录，示意图如图 1.12 所示（图中二维码只是示意，每次开发者工具生成的登录二维码都不同，请扫描开发者工具给您生成的二维码）。

代理
微信开发者工具
请使用微信扫描二维码登录
"微信web开发者工具"

图 1.12　微信扫描登录

2 扫描登录后，会进入调试类型选择界面，其中提供两种类型：本地小程序项目和公众号网页开发，选择“本地小程序项目”，如图 1.13 所示。

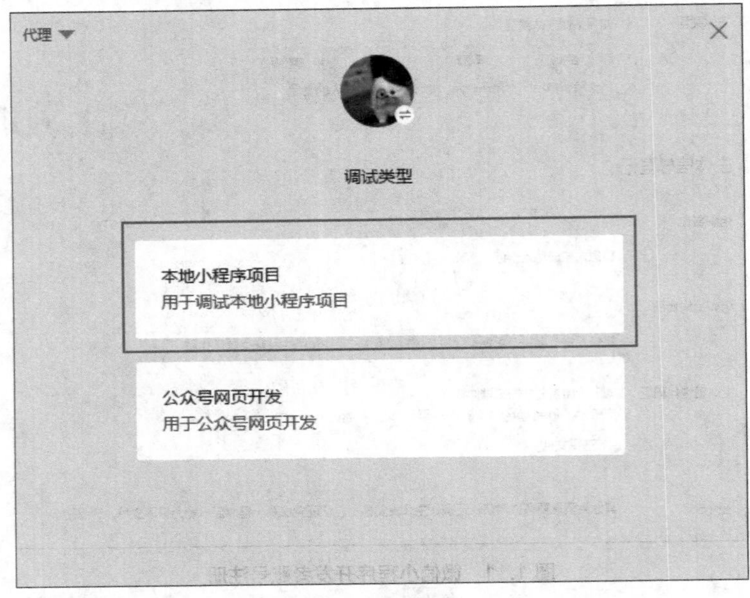

图 1.13 调试类型界面

3 选择本地小程序项目后，单击“添加项目”菜单，会进入添加项目界面，在其中可以填写 AppID、项目名称及选择项目目录。注意：AppID 如果没有，可以单击“无 AppID 部分功能受限”；选择项目目录前，先创建一个文件夹，然后选择该文件夹作为项目目录，如图 1.14 所示。

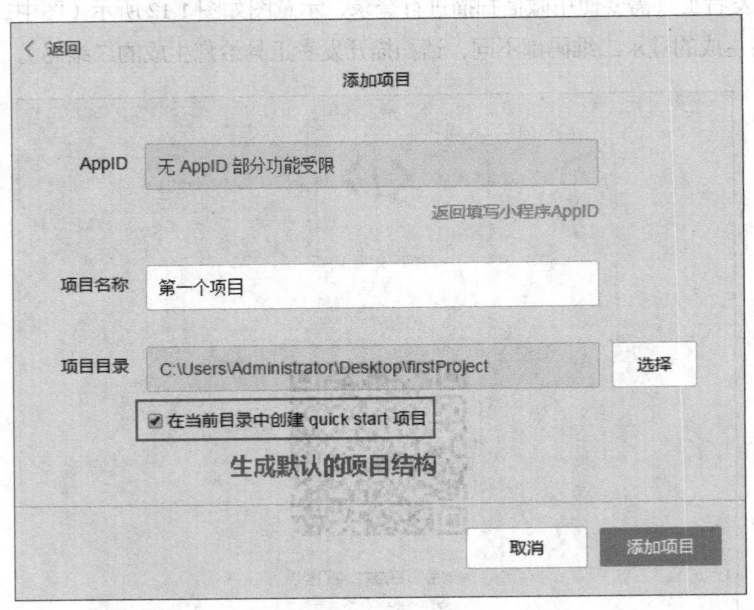

图 1.14 添加项目界面

4 添加项目后，会进入微信小程序开发的界面，如图 1.15 所示。

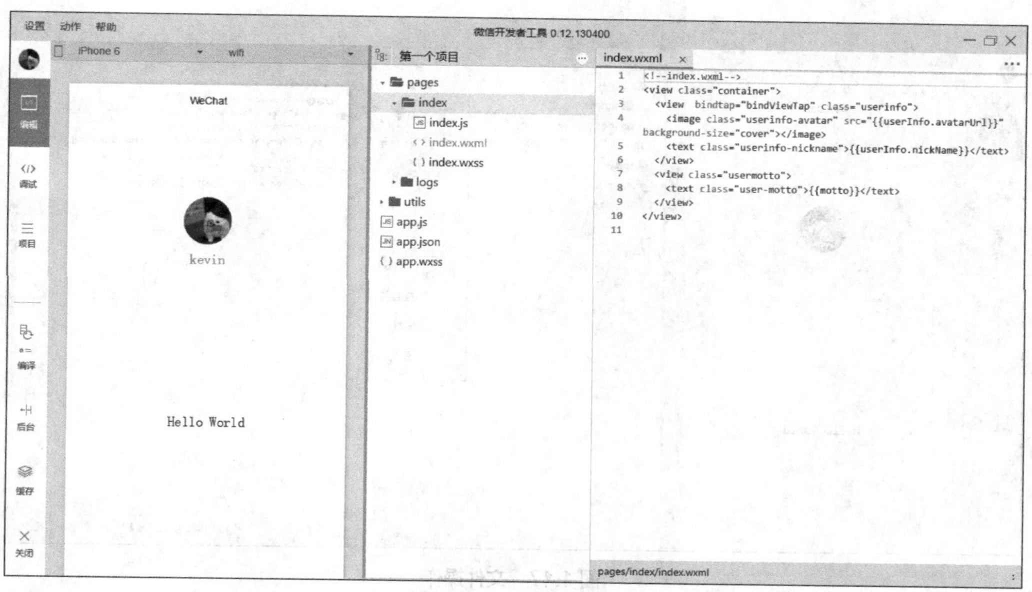

图 1.15 微信小程序开发界面

1.2.3 微信开发者工具的使用

1. 编辑功能

微信开发者工具界面可以用于代码编辑、代码调试、项目预览与上传、编译、前后台切换、缓存数据清理及关闭项目，如图 1.16 所示。

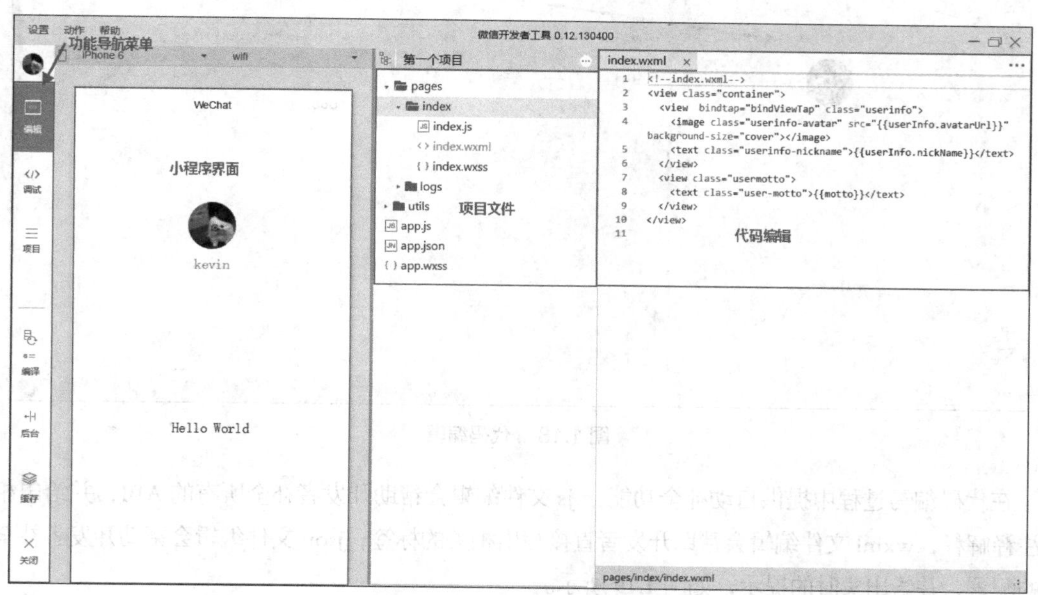

图 1.16 微信小程序开发界面

在硬盘中打开文件的目录，可以新建 4 种文件：.js、.json、.wxml 和 .wxss 文件，对文件进行重新命名、删除和查找操作，如图 1.17 所示。

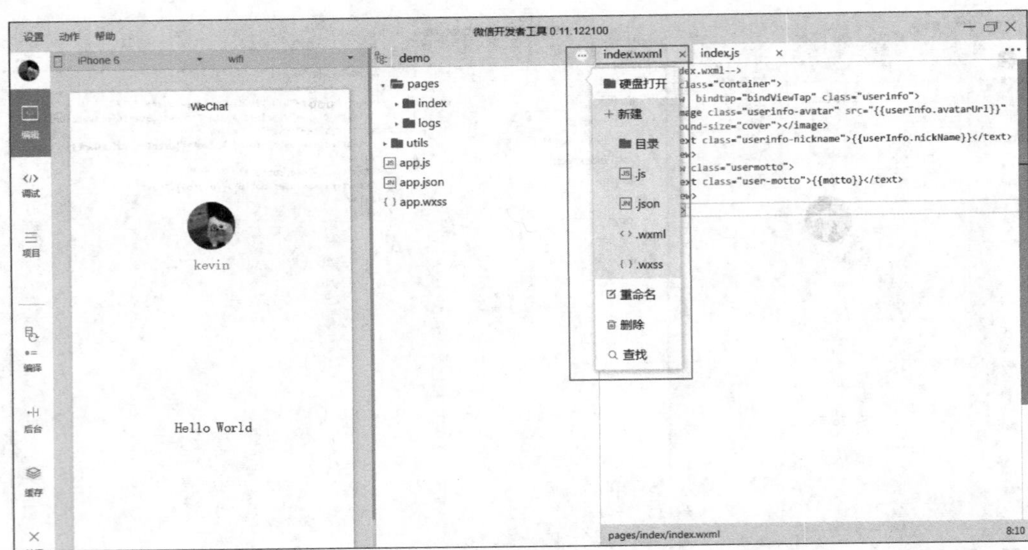

图 1.17　文件操作

通过编辑区左边的模拟器，可以实时预览编辑的情况：修改 .wxss、.wxml 文件，会刷新当前页面；修改 .js 文件或 .json 文件，会重新编译小程序，如图 1.18 所示。

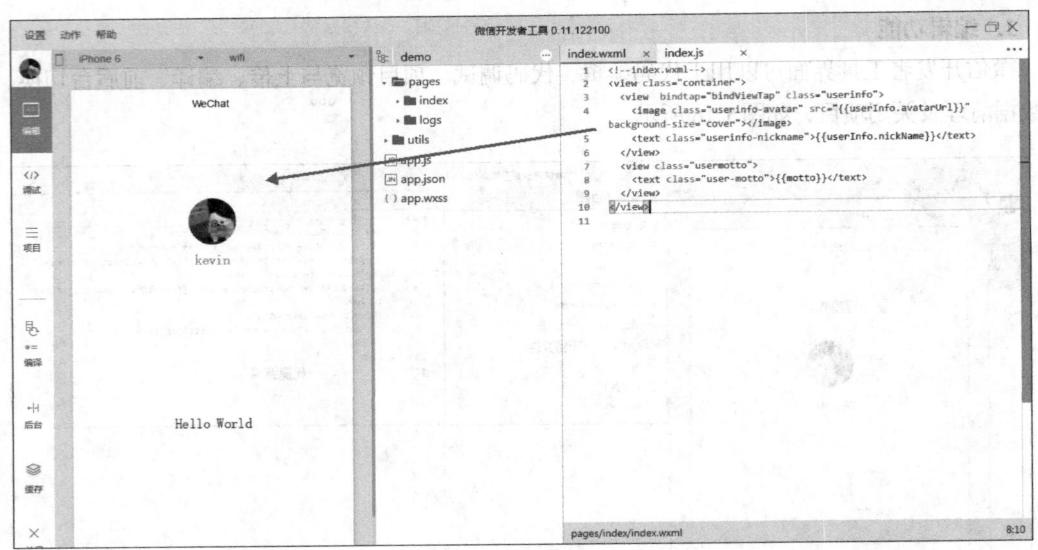

图 1.18　代码编辑

在代码编写过程中提供自动补全功能，.js 文件编辑会帮助开发者补全所有的 API，并给出相关的注释解释；.wxml 文件编辑会帮助开发者直接写出相关的标签；.json 文件编辑会帮助开发者补全相关的配置，并给出实时的提示，如图 1.19 所示。

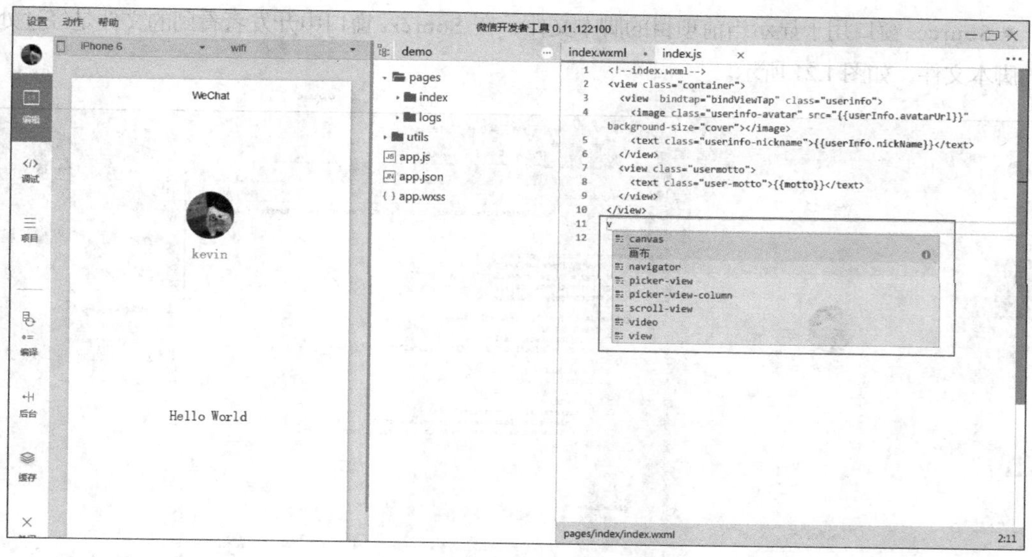

图 1.19　自动补全

提供自动保存功能。编写代码后，工具会自动帮助用户保存当前的代码编辑状态，直接关闭工具或切换到其他项目，并不会丢失已经编辑的文件状态，但需要注意的是，只有保存文件，修改内容才会真实地写入硬盘中，并触发实时预览。

2. 调试功能

小程序的调试工具有 Console、Sources、Network、Storage、AppData、wxml。

- Console 窗口用来显示小程序的输出出错信息和调试代码，如图 1.20 所示。

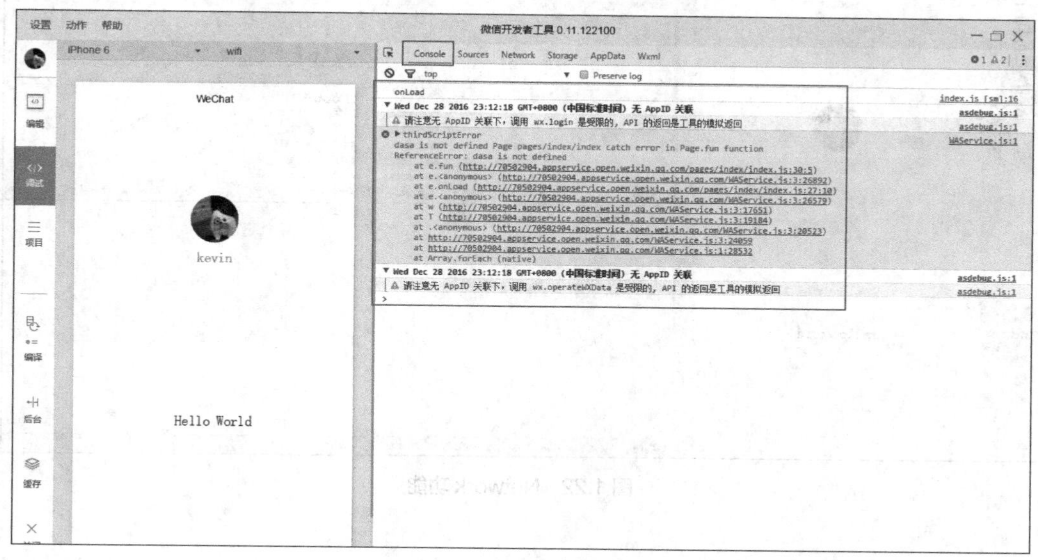

图 1.20　Console 功能

- Sources 窗口用于显示当前项目的脚本文件，在 Sources 窗口中开发者看到的文件是经过处理后的脚本文件，如图 1.21 所示。

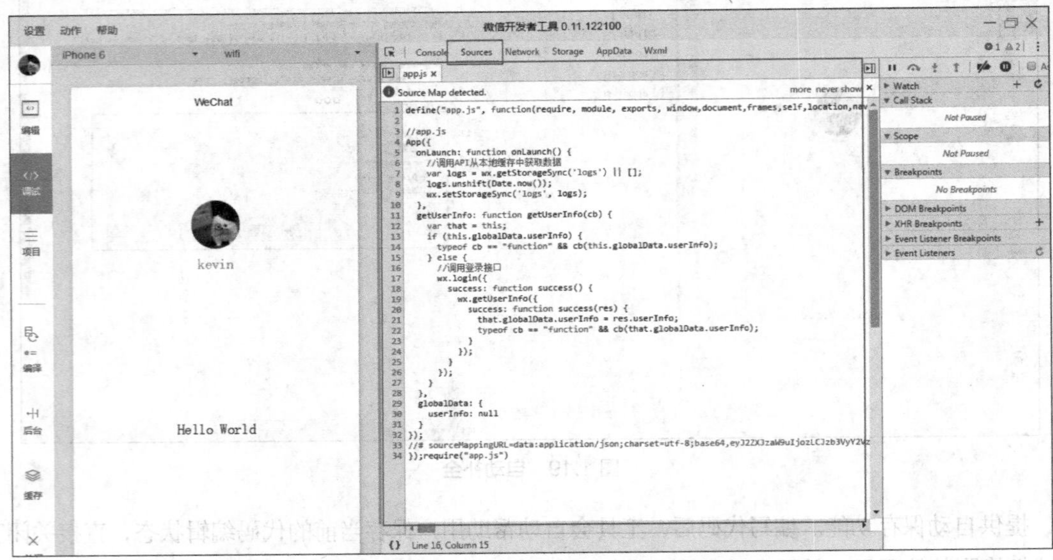

图 1.21　Sources 功能

- Network 用来观察发送的请求和调用文件的信息，如图 1.22 所示。

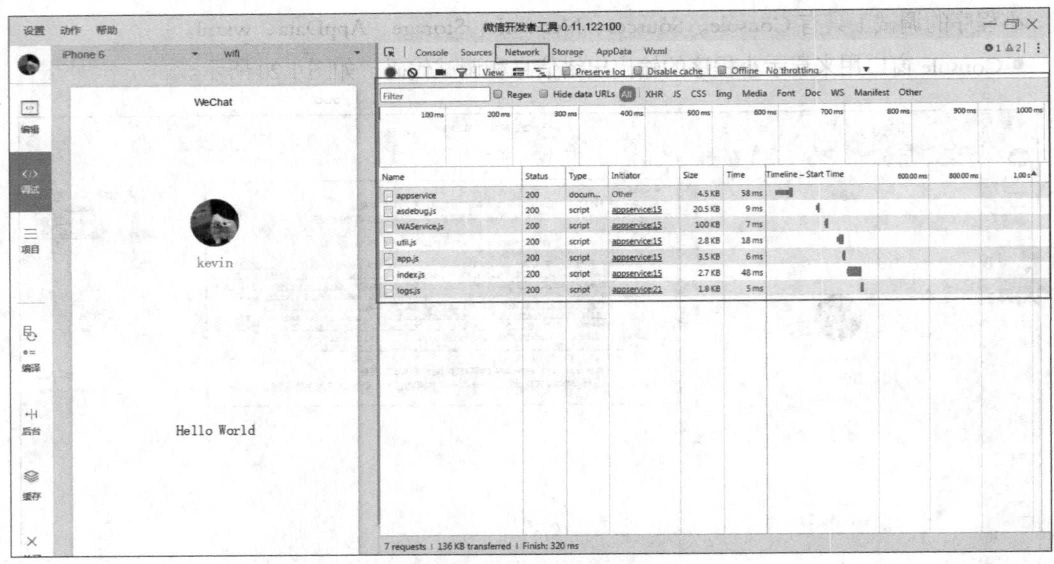

图 1.22　Network 功能

● Storage 窗口用于显示当前项目使用 wx.setStorage 或 wx.setStorageSync 后的数据存储情况，如图 1.23 所示。

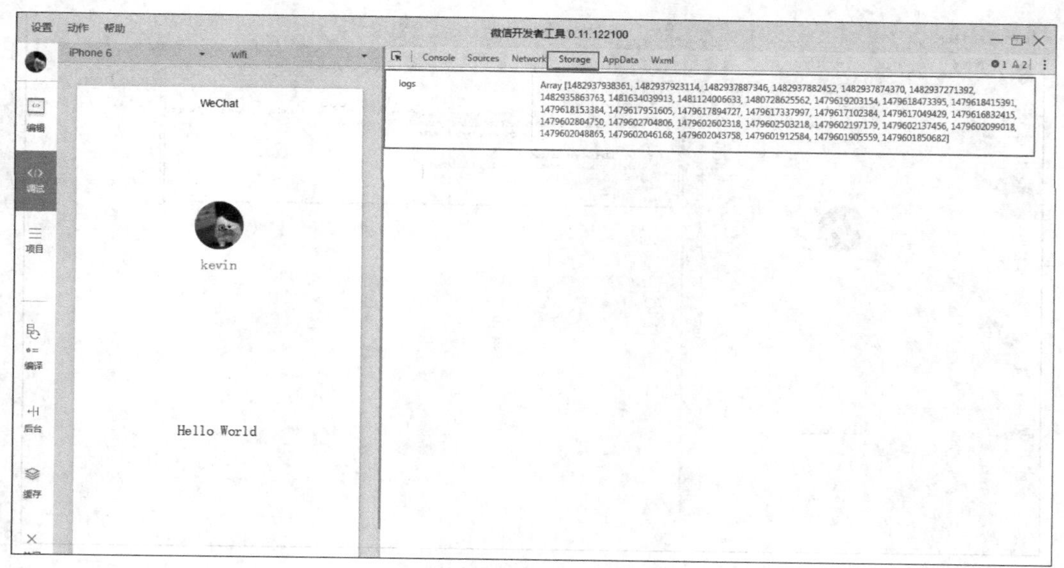

图 1.23 Storage 功能

● AppData 窗口用于显示当前项目、当前时刻具体数据，实时地反馈项目数据情况。用户可以在此处编辑数据，并及时地反馈到界面上，如图 1.24 所示。

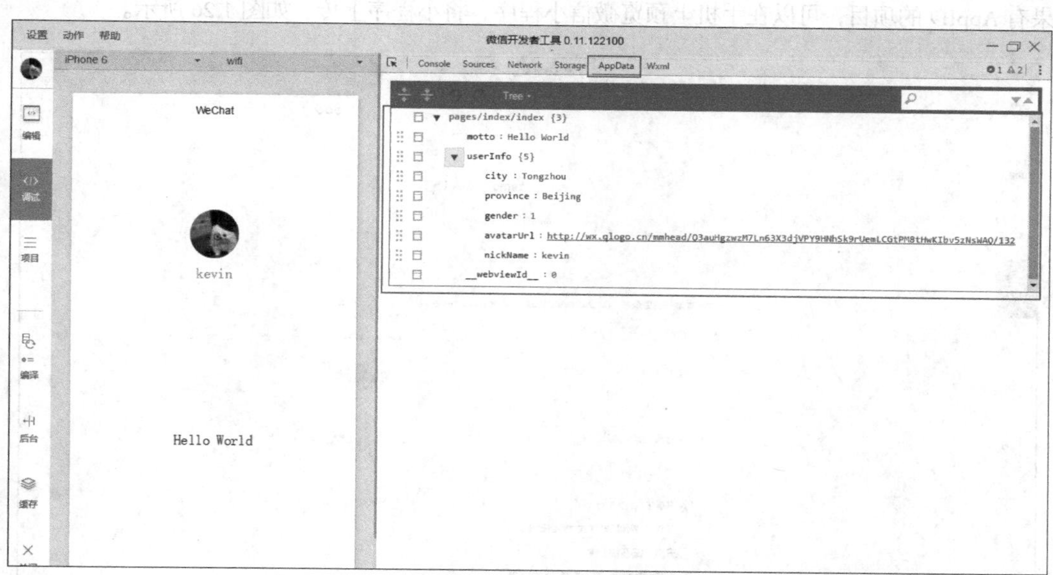

图 1.24 AppData 功能

● Wxml 窗口用于帮助开发者开发 wxml 转换后的界面。在这里可以看到真实的页面结构及结构对应的 wxss 属性，同时可以修改对应 wxss 属性，如图 1.25 所示。

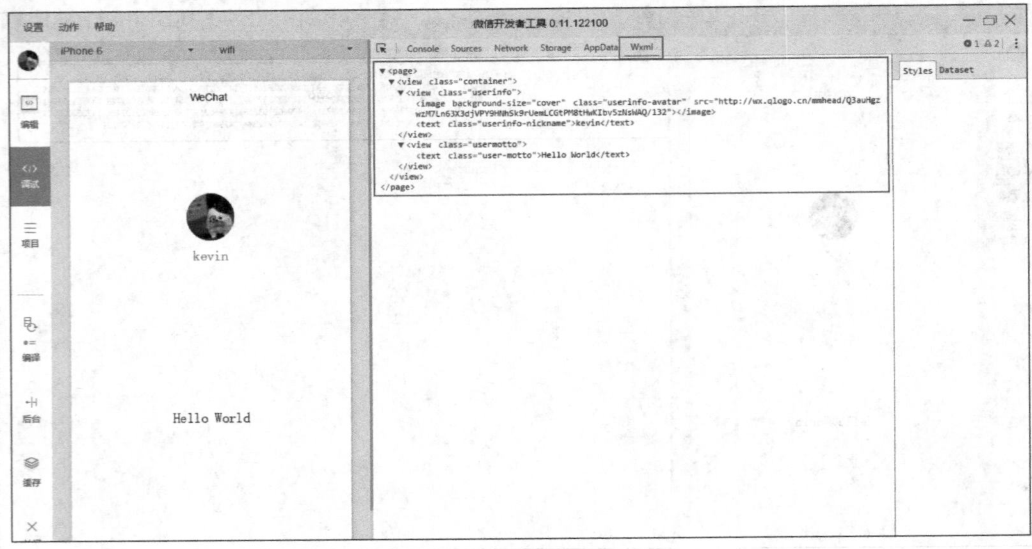

图 1.25　wxml 功能

3. 项目功能

在项目模块中，可以看到微信小程序项目的相关信息，包括项目名称、AppID、项目文件的路径，如果有 AppID 的项目，可以在手机上预览微信小程序，将小程序上传，如图 1.26 所示。

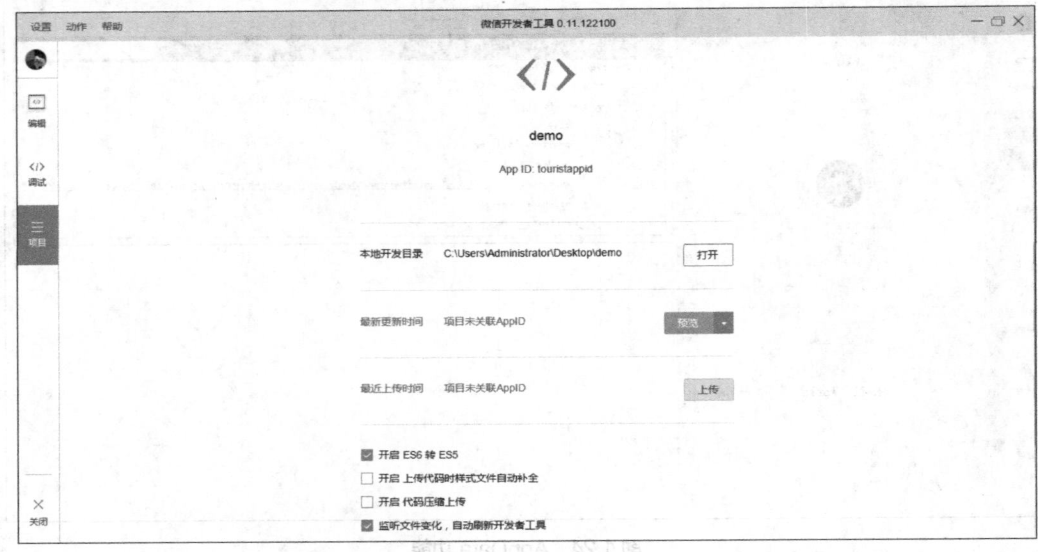

图 1.26　项目功能

4. 编译功能

编译是对整个项目进行重新编译，如图 1.27 所示。

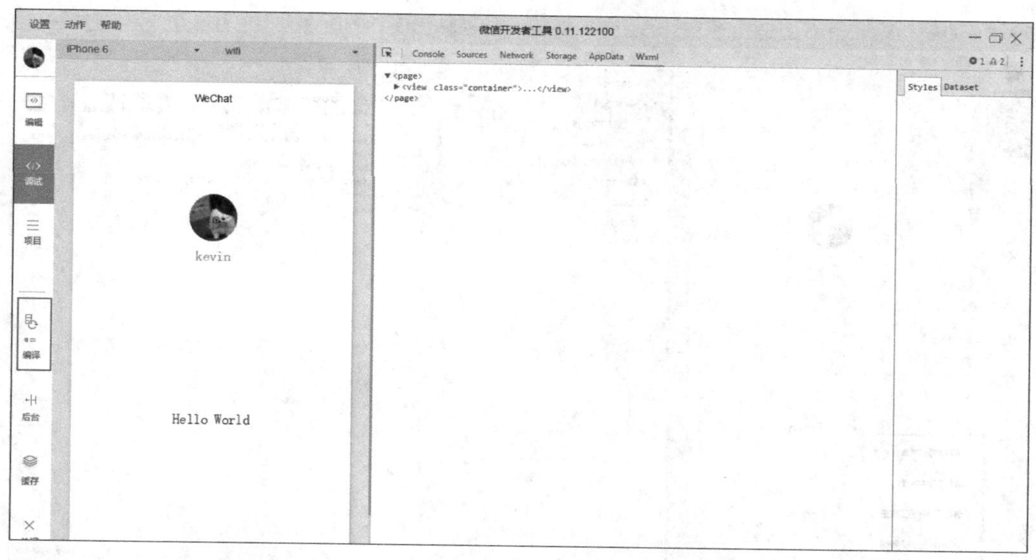

图 1.27　编译功能

5. 前台、后台功能

后台是指微信小程序从前台进入后台，例如在操作微信小程序过程中，突然打进来电话，如果接电话，这时小程序从前台进入后台；重新访问小程序，又会从后台进入前台，如图 1.28 所示。

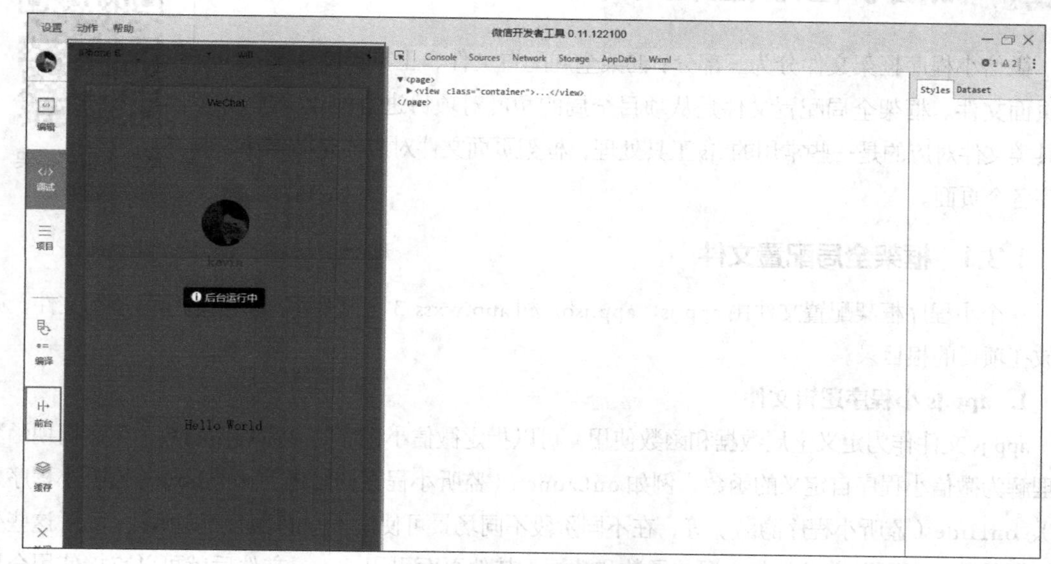

图 1.28　前台、后台功能

6. 缓存功能

缓存用来清除数据存储、清除文件存储及清除用户授权数据，如图 1.29 所示。

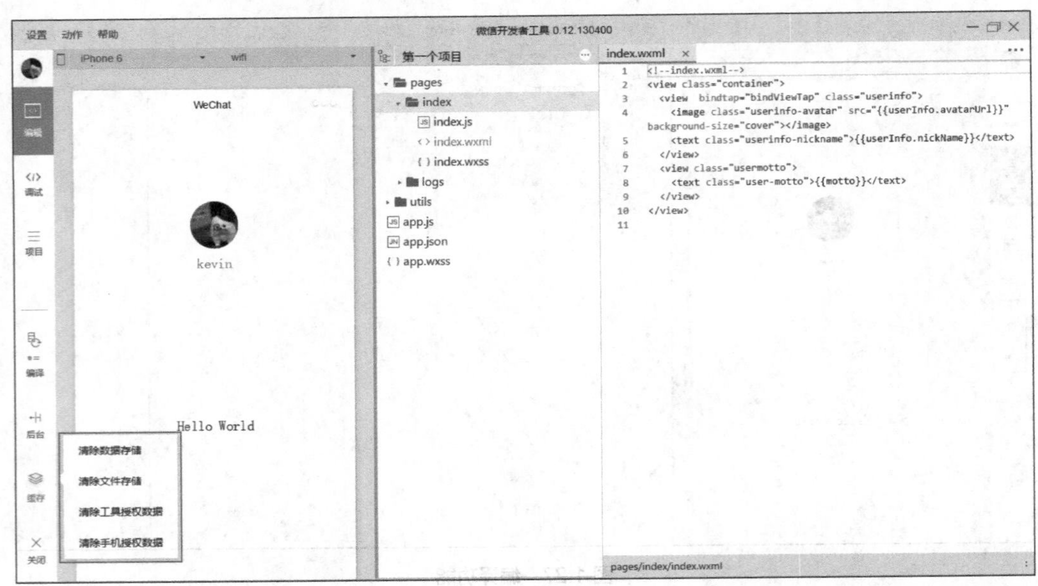

图 1.29 缓存功能

1.3 微信小程序框架文件

视频课程

微信小程序框架文件

微信小程序框架文件分为三部分：框架全局配置文件、工具类文件和框架页面文件。框架全局配置文件是从项目全局的角度对项目进行配置管理，工具类文件对应的是一些常用的 .js 工具处理，框架页面文件对应的是微信小程序各个页面。

1.3.1 框架全局配置文件

一个小程序框架配置文件由 app.js、app.json 和 app.wxss 3 个文件组成。它们作为全局文件，必须放在项目的根目录。

1. app.js 小程序逻辑文件

app.js 文件作为定义全局数据和函数使用，可以指定微信小程序的生命周期函数，生命周期函数可理解为微信小程序自定义的函数，例如 onLaunch（监听小程序初始化）、onShow（监听小程序显示）、onHide（监听小程序隐藏）等，在不同阶段不同场景可使用不同的生命周期函数；除了这些生命周期函数，还可以定义一些全局的函数和数据，其他页面引用 app.js 文件后就可以直接使用全局函数和数据，如图 1.30 所示。

```
App({
  onLaunch: function () {
    //调用API从本地缓存中获取数据
    var logs = wx.getStorageSync('logs') || []
    logs.unshift(Date.now())
    wx.setStorageSync('logs', logs)
  },
  getUserInfo:function(cb){
    var that = this
    if(this.globalData.userInfo){
      typeof cb == "function" && cb(this.globalData.userInfo)
    }else{
      //调用登录接口
      wx.login({
        success: function () {
          wx.getUserInfo({
            success: function (res) {
              that.globalData.userInfo = res.userInfo
              typeof cb == "function" && cb(that.globalData.userInfo)
            }
          })
        }
      })
    }
  },
  globalData:{
    userInfo:null
  }
})
```

生命周期函数

定义全局函数

定义全局数据

图 1.30 app.js 小程序逻辑文件

2. app.json 小程序公共设置文件

app.json 作为全局配置文件，可以设置 5 个功能：配置页面路径、配置窗口表现、配置标签导航、配置网络超时和配置 debug 模式，如图 1.31 所示。

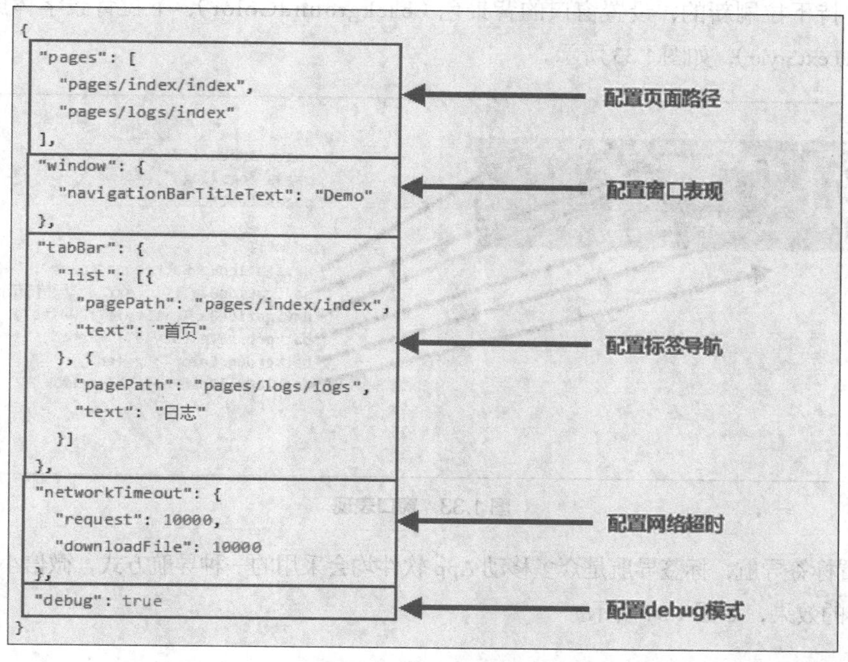

图 1.31 app.json 功能

① 配置页面路径，app.json 定义一个数组存放多个页面的访问路径，这是进行页面访问的必要条件，如果没有配置页面访问路径，页面被访问时就会报错；在这里定义页面访问路径后，微信小程序可以在页面文件夹下创建相应名称的文件夹及文件，免去手动添加文件夹和文件的烦琐，如图 1.32 所示。

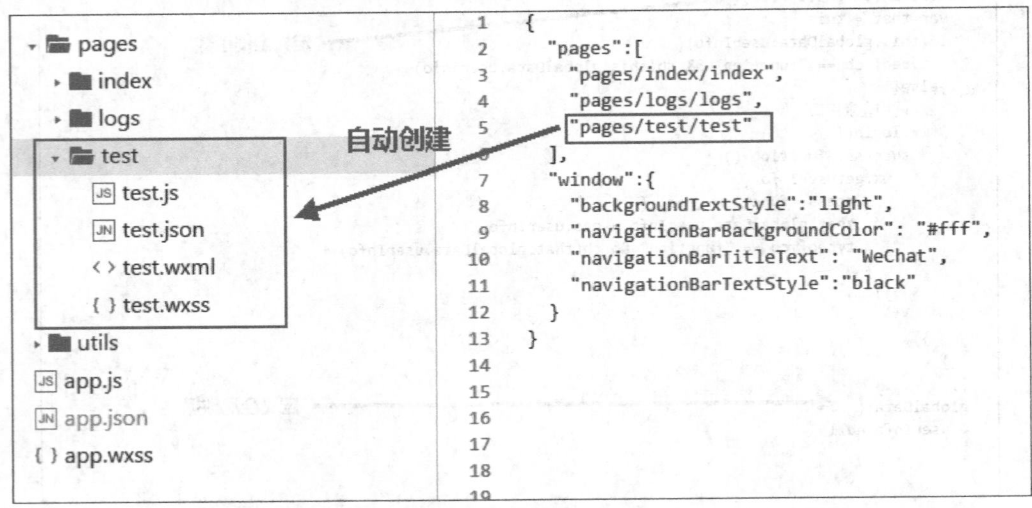

图 1.32　自动创建页面

② 配置窗口表现，用于配置小程序的状态栏、导航条、标题、窗口背景色，可以设置导航条背景色（navigationBarBackgroundColor）、导航条文字（navigationBarTitleText）及导航条文字颜色（navigationBarTextStyle），还可以设置窗口是否支持下拉刷新（enablePullDownRefresh），默认值是不支持下拉刷新的，设置窗口的背景色（backgroundColor）、下拉背景字体或文本样式（backgroundTextStyle），如图 1.33 所示。

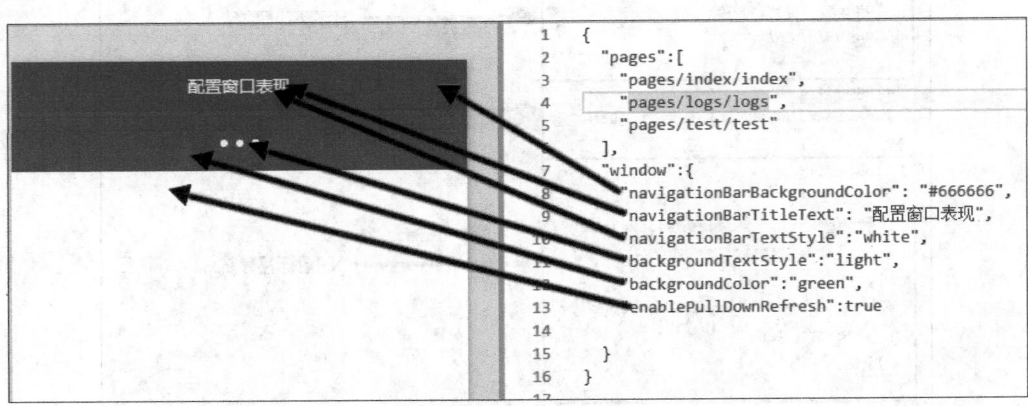

图 1.33　窗口表现

③ 配置标签导航，标签导航是众多移动 App 软件均会采用的一种导航方式，微信小程序同样可以实现这样的效果，如图 1.34 所示。

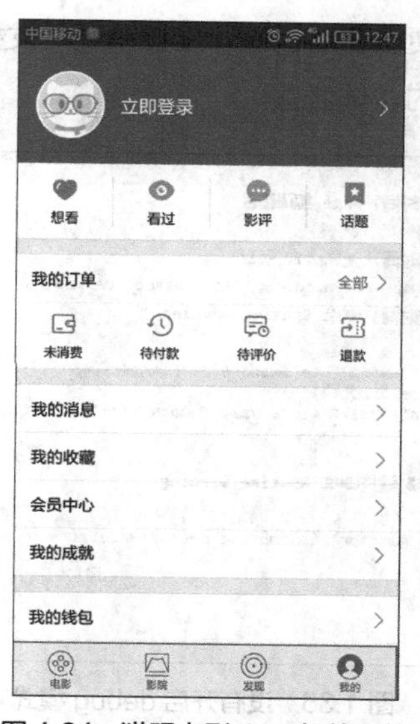

图 1.34　猫眼电影 App 标签导航

那么，怎么制作标签导航呢？需要在 app.json 中配置 tabBar 属性。tabBar 是一个对象，可以配置标签导航文字默认颜色、选中颜色、标签导航背景色及上边框颜色，上边框颜色可以配置 black、white 两种颜色。标签导航存放到 list 数组中，有一个标签导航就在 list 中配置标签导航，list 中的每个对象对应一个标签导航，每个对象中可以配置标签导航的路径、导航名称、默认图标及选中图标，如图 1.35 所示。

```
"tabBar": {
  "selectedColor":"#D53E37",
  "backgroundColor":"#F5F5F5",
  "borderStyle": "white",
  "list": [{
    "pagePath": "pages/movie/movie",
    "text": "电影",
    "iconPath": "images/bar/movie-0.jpg",
    "selectedIconPath": "images/bar/movie-1.jpg"
  },{
    "pagePath": "pages/cinema/cinema",
    "text": "影院",
    "iconPath": "images/bar/cinema-0.jpg",
    "selectedIconPath": "images/bar/cinema-1.jpg"
  },{
    "pagePath": "pages/find/find",
    "text": "发现",
    "iconPath": "images/bar/find-0.jpg",
    "selectedIconPath": "images/bar/find-1.jpg"
  },{
    "pagePath": "pages/me/me",
    "text": "我的",
    "iconPath": "images/bar/me-0.jpg",
    "selectedIconPath": "images/bar/me-1.jpg"
  }]
}
```

标签导航选中时文字颜色
标签导航背景色
标签导航上边框颜色
跳转页面路径
标签导航名称
默认时图标
选中时图标

图 1.35　猫眼电影微信小程序标签导航配置

④ 配置网络超时，可以配置网络请求、文件上传及文件下载时最长的请求时间，超过这个时间，不再允许请求。

⑤ 配置debug模式，用于方便微信小程序开发者调试开发程序，如图1.36和图1.37所示对比没有开启debug和开启debug模式的调试信息。

```
⊗ ▶Uncaught SyntaxError: Unexpected token var                                   login.js:16
▼ Mon Dec 05 2016 22:32:07 GMT+0800 (中国标准时间) page 编译错误                   appservice:40
  ⊗ ▶ pages/login/login 出现脚本错误或者未正确调用 Page()                           appservice:41
▼ Mon Dec 05 2016 22:32:19 GMT+0800 (中国标准时间) 无 AppID 关联                   asdebug.js:1
  ⚠ 工具未检查安全域名，更多请参考文档：https://mp.weixin.qq.com/debug/wxadoc/dev/api/network-request.html   asdebug.js:1
▼ Mon Dec 05 2016 22:32:20 GMT+0800 (中国标准时间) WXML Runtime warning             VM197:1
  ⚠ ./pages/movie/movie.wxml                                                     VM197:2
  ⚠ Now you can provide attr "wx:key" for a "wx:for" to improve performance.      VM197:3
     9 |     <swiper indicator-dots="{{indicatorDots}}"
    10 |         autoplay="{{autoplay}}" interval="{{interval}}" duration="{{duration}}">
  > 11 |         <block wx:for="{{imgUrls}}">
       |          ^
▼ Mon Dec 05 2016 22:32:20 GMT+0800 (中国标准时间) WXML Runtime warning             VM199:1
  ⚠ ./pages/movie/movie.wxml                                                     VM199:2
  ⚠ Now you can provide attr "wx:key" for a "wx:for" to improve performance.      VM199:3
    17 |     </view>
    18 |     <view class="list">
  > 19 |       <block wx:for="{{movies}}">
       |        ^
>
```

图1.36 没有开启debug模式

```
ⓘ Register Page: pages/cinema/cinema                                           WAService.js:3
ⓘ Register Page: pages/find/find                                               WAService.js:3
⊗ ▶Uncaught SyntaxError: Unexpected token var                                  login.js:16
▼ Mon Dec 05 2016 22:34:36 GMT+0800 (中国标准时间) page 编译错误                  appservice:40
  ⊗ ▶ pages/login/login 出现脚本错误或者未正确调用 Page()                          appservice:41
ⓘ On app route: pages/me/me                                                    WAService.js:3
ⓘ pages/me/me: onLoad have been invoked                                        WAService.js:3
ⓘ pages/me/me: onShow have been invoked                                        WAService.js:3
ⓘ Update view with init data                                                   WAService.js:3
ⓘ ▶Object {__webviewId__: 0}                                                   WAService.js:3
ⓘ pages/me/me: onReady have been invoked                                       WAService.js:3
ⓘ On app route: pages/movie/movie                                              WAService.js:3
ⓘ pages/me/me: onHide have been invoked                                        WAService.js:3
ⓘ pages/movie/movie: onLoad have been invoked                                  WAService.js:3
▼ Mon Dec 05 2016 22:34:43 GMT+0800 (中国标准时间) 无 AppID 关联                  asdebug.js:1
  ⚠ 工具未检查安全域名，更多请参考文档：https://mp.weixin.qq.com/debug/wxadoc/dev/api/network-request.html   asdebug.js:1
ⓘ pages/movie/movie: onShow have been invoked                                  WAService.js:3
ⓘ Update view with init data                                                   WAService.js:3
ⓘ ▶Object {imgUrls: Array[3], indicatorDots: false, autoplay: true, interval: 5000, duration: 1000…}   WAService.js:3
▼ Mon Dec 05 2016 22:34:43 GMT+0800 (中国标准时间) WXML Runtime warning            VM292:1
  ⚠ ./pages/movie/movie.wxml                                                    VM292:2
  ⚠ Now you can provide attr "wx:key" for a "wx:for" to improve performance.     VM292:3
     9 |     <swiper indicator-dots="{{indicatorDots}}"
    10 |         autoplay="{{autoplay}}" interval="{{interval}}" duration="{{duration}}">
  > 11 |         <block wx:for="{{imgUrls}}">
       |          ^
▼ Mon Dec 05 2016 22:34:43 GMT+0800 (中国标准时间) WXML Runtime warning            VM294:1
  ⚠ ./pages/movie/movie.wxml                                                    VM294:2
  ⚠ Now you can provide attr "wx:key" for a "wx:for" to improve performance.     VM294:3
    17 |     </view>
    18 |     <view class="list">
  > 19 |       <block wx:for="{{movies}}">
       |        ^
ⓘ pages/movie/movie: onReady have been invoked                                 WAService.js:3
>
```

图1.37 开启debug模式

从图1.36和图1.37可以看出，开启debug模式，可以看到每一步的调用情况和访问哪些路径及错误信息，这样更加方便开发者进行调试工作。

3. app.wxss 小程序公共样式文件

app.wxss文件对CSS样式进行了扩展。它的使用方式与CSS的使用方式一样，类选择器和行内样式的写法兼容大部分CSS样式，有一些CSS样式在这里是不起作用的，同时它还扩展了CSS样式，形成独立风格的样式文件，是针对所有页面定义的一个全局样式。只要页面有全局样式中的类，就可以渲染全局样式中的效果，但如果页面又重新定义了这个类样式，则会把全局样式的覆盖掉，使用自己的样式，如图 1.38 所示全局样式。

```
/**app.wxss**/
.container {
  height: 100%;
  display: flex;
  flex-direction: column;
  align-items: center;
  justify-content: space-between;
  padding: 200rpx 0;
  box-sizing: border-box;
}
```

图 1.38 app.wxss 小程序公共样式文件

除了 app.wxs 提供的默认全局样式，用户还可以自行定义一些全局样式。这样既方便每个页面的使用，又不用在每个页面都定义一次，达到一次定义，其他页面直接引用的效果。

1.3.2 工具类文件

在微信小程序框架目录中有一个 utils 文件夹，用来存放工具类的函数，例如日期格式化函数、时间格式化函数等常用函数。定义完这些函数后，要通过 module.exports 将定义的函数名称进行注册，这样在其他的页面才可以使用，如图 1.39 所示时间格式化工具类文件。

```
▸ images
▸ pages
▾ utils
    util.js
  app.js
  app.json
  app.wxss
```

```
function formatTime(date) {
  var year = date.getFullYear()
  var month = date.getMonth() + 1
  var day = date.getDate()

  var hour = date.getHours()
  var minute = date.getMinutes()
  var second = date.getSeconds()


  return [year, month, day].map(formatNumber).join('/') + ' ' +
        [hour, minute, second].map(formatNumber).join(':')
}

module.exports = {
  formatTime: formatTime,
  processSubject: processSubject,
  processSubjects:processSubjects
}
```

图 1.39 utils.js 工具类文件

1.3.3 框架页面文件

一个小程序框架页面文件由 4 个文件组成，分别是 .js 页面逻辑、.json 页面配置、.wxml 页面结构、.wxss 页面样式表文件。微信小程序的框架页面文件都是放置在 pages 文件夹下的，如图 1.40 所示。

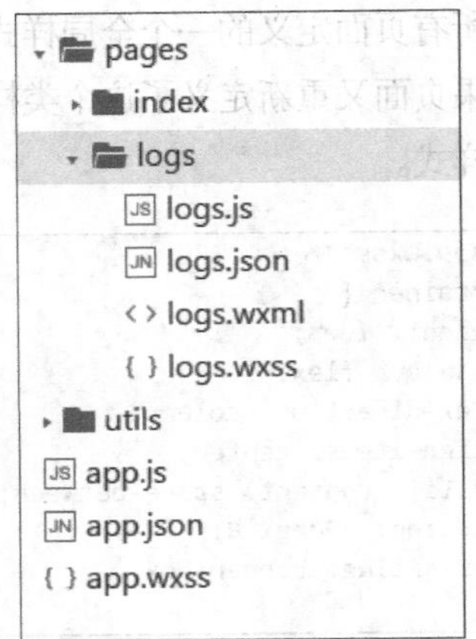

图 1.40 页面文件

每个页面都有一个独立的文件夹。就像 logs 文件夹，它的下面又放置 4 个文件：logs.js 负责进行业务路径处理；logs.json 负责进行页面的配置，可覆盖全局 app.json 配置；logs.wxml 是页面结构，负责渲染页面；logs.wxss 是针对 logs.wxml 页面的样式文件。

1.4 微信小程序逻辑层

小程序开发框架的逻辑层是用 JavaScript 编写的。逻辑层将数据进行处理后发送给视图层，同时接收视图层的事件反馈。编写过程中，在 JavaScript 的基础上做了一些扩展。

① 增加 App 和 Page 方法，进行程序和页面的注册。

② 增加 getApp 和 getCurrentPages 方法，分别用来获取 App 实例和当前页面栈。

③ 提供丰富的 API，如微信用户数据、扫一扫、支付等微信特有功能。

④ 每个页面有独立的作用域，并提供模块化功能。

⑤ 由于框架并非运行在浏览器中，所以 JavaScript 在 Web 中的一些功能会无法使用，如 document 和 window 等。

⑥ 开发者编写的所有代码最终将会打包成一个 JavaScript 文件，并在小程序启动时运行，直到小程序销毁。类似 ServiceWorker，所以逻辑层也称为 App Service。

1.4.1 App() 注册程序

函数 App() 用来注册一个小程序。接收一个 object 参数，其负责指定小程序的生命周期函数等。相关的生命周期函数包括 onLaunch 监听小程序初始化、onShow 监听小程序显示、onHide 监听小程序隐藏和 onError 错误监听函数，示例代码如下：

```
App({
  onLaunch: function() {
    // Do something initial when launch.
  },
  onShow: function() {
```

```
    // Do something when show.
  },
  onHide: function() {
    // Do something when hide.
  },
  onError: function(msg) {
    console.log(msg)
  },
  globalData: 'I am global data'
})
```

注意：App() 必须在 app..js 中注册，且不能注册多个；不要在定义于 App() 内的函数中调用getApp()，使用this 就可以获取app实例；不要在运行 onLaunch 时调用 getCurrentPage()，此时 page 还没有生成；通过 getApp() 获取实例后，不要私自调用生命周期函数。

1.4.2 Page() 注册页面

函数 Page() 用来注册一个页面。接收一个 object 参数，其负责指定页面的初始数据、生命周期函数和事件处理函数等。相关的生命周期函数包括 onLoad 监听页面加载、onReady 监听页面初次渲染完成状态、onShow 监听页面显示、onHide 监听页面隐藏和 onUnload 监听页面卸载，示例代码如下：

```
Page({
  data: {
    text: "This is page data."
  },
  onLoad: function(options) {
    // Do some initialize when page load.
  },
  onReady: function() {
    // Do something when page ready.
  },
  onShow: function() {
    // Do something when page show.
  },
  onHide: function() {
    // Do something when page hide.
  },
  onUnload: function() {
    // Do something when page close.
  },
  onPullDownRefresh: function() {
    // Do something when pull down.
  },
  onReachBottom: function() {
    // Do something when page reach bottom.
  },
  onShareAppMessage: function () {
   // return custom share data when user share.
```

```
  },
  // Event handler.
  viewTap: function() {
    this.setData({
      text: 'Set some data for updating view.'
    })
  },
  customData: {
    hi: 'MINA'
  }
})
```

1.5 微信小程序视图层

微信小程序框架的视图层用 WXML 和 WXSS 编写，由组件来进行展示。将逻辑层的数据在视图层中进行渲染，同时将视图层的事件发送给逻辑层。WXML（WeiXin Markup Language）用于描述页面的结构，WXSS（WeiXin Style Sheet）用于描述页面的样式，组件（Component）是视图的基本组成单元。

1.5.1 绑定数据

WXML 页面中的动态数据都是来自 .js 文件 Page 下的 data。数据绑定就是通过双大括号（{{}}）将变量包起来，在 WXML 页面中将数据值显示出来。

示例代码如下：

```
index.wxml
<view> {{ message }} </view>

index..js
Page({
  data: {
    message: 'Hello MINA!'
  }
})
```

1. 组件属性绑定

组件属性绑定是将 data 中的数据绑定到微信小程序的组件上，示例代码如下：

```
<view id="item-{{id}}"> </view>
```

```
Page({
  data: {
    id: 0
  }
})
```

2. 控制属性绑定

控制属性绑定是用来进行 if 语句条件判断，如果满足条件，则执行，否则不执行，示例代码如下：

```
<view wx:if="{{condition}}"> </view>
```

```
Page({
  data: {
    condition: true
  }
})
```

3. 关键字绑定

关键字绑定常用于组件的一些关键字。像复选框组件，checked 关键字如果等于 true，则代表复选框选中，false 代表不选中复选框，示例代码如下：

```
<checkbox checked="{{false}}"> </checkbox>
```

不要直接写成 checked="false"，否则其计算结果是一个字符串，转成 boolean 类型后代表真值。

4. 运算

在 {{}} 内可以进行简单的运算，主要支持以下几种方式的运算。

1 三元运算

```
<view hidden="{{flag ? true : false}}"> Hidden </view>
```

2 数学运算

```
<view> {{a + b}} + {{c}} + d </view>
```

```
Page({
  data: {
    a: 1,
    b: 2,
    c: 3
  }
})
```

view 中的显示内容为 3+3+d。

3 逻辑判断

```
<view wx:if="{{length > 5}}"> </view>
```

4 字符串运算

```
<view>{{"hello" + name}}</view>
```

```
Page({
  data:{
    name: 'MINA'
  }
})
```

5 数据路径运算

```
<view>{{object.key}} {{array[0]}}</view>
```

```
Page({
  data: {
    object: {
```

```
      key: 'Hello'
    },
    array: ['MINA']
  }
})
```

1.5.2 条件渲染

1. wx:if 判断单个组件

在微信小程序框架中，使用 wx:if="{{condition}}" 来判断是否需要渲染该代码块，示例代码如下：

```
<view wx:if="{{condition}}"> True </view>
```

使用 wx:elif 和 wx:else 来添加一个 else 块，示例代码如下：

```
<view wx:if="{{length > 5}}"> 1 </view>
<view wx:elif="{{length > 2}}"> 2 </view>
<view wx:else> 3 </view>
```

2. block wx:if 判断多个组件

wx:if 是一个控制属性，需要将它添加到一个标签上。如果想一次性判断多个组件标签，可以使用 <block> </block> 标签将多个组件包起来，并在 <block> 中使用 wx:if 控制属性，示例代码如下：

```
<block wx:if="{{true}}">
  <view> view1 </view>
  <view> view2 </view>
</block>
```

<block></block> 并不是一个组件，其仅仅是一个包装元素，不会在页面中做任何渲染，只接受控制属性。

1.5.3 列表渲染

1. wx:for 列表渲染单个组件

在组件上使用 wx:for 控制属性绑定一个数组，即可使用数组中各项的数据重复渲染该组件。默认数组当前项的下标变量名为 index，数组当前项的变量名为 item，示例代码如下：

```
<view wx:for="{{array}}">
  {{index}}: {{item.message}}
</view>
```

```
Page({
  data: {
    array: [{
      message: 'foo',
    }, {
      message: 'bar'
    }]
  }
})
```

使用 wx:for-item 可以指定数组当前元素的变量名，使用 wx:for-index 可以指定数组当前项下标的变量名，示例代码如下：

```
<view wx:for="{{array}}" wx:for-index="idx" wx:for-item="itemName">
```

```
  {{idx}}: {{itemName.message}}
</view>
```

2. block wx:for 列表渲染多个组件

如果想渲染一个包含多节点的结构块，这时 wx:for 需要应用在 <block> 标签上，示例代码如下：

```
<block wx:for="{{[1, 2, 3]}}">
  <view> {{index}}: </view>
  <view> {{item}} </view>
</block>
```

3. wx:key 指定唯一标识符

如果列表中项目的位置会动态改变或有新的项目添加到列表中，并且希望列表中的项目保持自己的特征和状态（如 <input/> 中的输入内容，<switch/> 的选中状态），需要使用 wx:key 来指定列表中项目的唯一标识符。

wx:key 的值可以两种形式表示。

1 字符串：代表在 for 循环的 array 中 item 的某个属性，该属性的值需要是列表中唯一的字符串或数字，且不能动态改变。

2 保留关键字：*this 代表在 for 循环中的 item 本身，这种表示需要 item 本身是唯一的字符串或数字。当数据改变触发渲染层重新渲染的时候，会校正带有关键字的组件，框架会确保它们被重新排序，而不是重新创建，以确保使组件保持自身的状态，并且提高列表渲染时的效率。

示例代码如下：

```
<switch wx:for="{{objectArray}}" wx:key="unique" style="display: block;"> {{item.id}} </switch>
Page({
  data: {
    objectArray: [
      {id: 5, unique: 'unique_5'},
      {id: 4, unique: 'unique_4'},
      {id: 3, unique: 'unique_3'},
      {id: 2, unique: 'unique_2'},
      {id: 1, unique: 'unique_1'},
      {id: 0, unique: 'unique_0'},
    ]
  }
}
```

注意：若不提供 wx:key，会提示警告。如果明确知道该列表是静态，或者不必关注其顺序，可以选择忽略。

1.5.4 定义模板

WXML 提供模板（template）功能，允许将一些共用的、复用的代码在模板中定义成代码片段，然后在不同的地方调用，以达到一次编写，多次直接使用的效果。

1 定义模板

在 <template/> 内定义代码片段，使用 name 属性指定模板的名称，示例代码如下：

```
<template name="msgItem">
```

```
  <view>
    <text> {{index}}: {{msg}} </text>
    <text> Time: {{time}} </text>
  </view>
</template>
```

2 使用模板

在WXML文件中，使用is属性声明需要使用的模板，然后将模板所需要的data传入，示例代码如下：

```
<template is="msgItem" data="{{item}}"/>
Page({
  data: {
    item: {
      index: 0,
      msg: 'this is a template',
      time: '2016-09-15'
    }
  }
})
```

is 属性可以使用三元运算语法来动态决定具体需要渲染哪个模板，示例代码如下：

```
<template name="odd">
  <view> odd </view>
</template>
<template name="even">
  <view> even </view>
</template>

<block wx:for="{{[1, 2, 3, 4, 5]}}">
    <template is="{{item % 2 == 0 ? 'even' : 'odd'}}"/>
</block>
```

1.5.5 引用功能

WXML 提供 import 引用和 include 引用两种文件引用方式。两者的区别在于：import 引用模板文件，include 引用整个文件（除了 <template/>）。

1. import 引用

import 可以在当前文件中引用目标文件定义的模板。

假如在 item.wxml 中定义一个叫 item 的模板，示例代码如下：

```
<!-- item.wxml -->
<template name="item">
  <text>{{text}}</text>
</template>
```

在 index.wxml 中引用 item.wxml，就可以使用 item 模板，示例代码如下：

```
<import src="item.wxml"/>
<template is="item" data="{{text: 'forbar'}}"/>
```

2. include 引用

include 可以将目标文件（除了 <template/>）的整个代码引入，相当于是复制到 include 位置，示例代码如下：

```
<!-- index.wxml -->
<include src="header.wxml"/>
<view> body </view>
<include src="footer.wxml"/>
```

```
<!-- header.wxml -->
<view> header </view>
```

```
<!-- footer.wxml -->
<view> footer </view>
```

1.6 微信小程序组件介绍

微信小程序组件介绍

1.6.1 视图容器组件

视图容器组件提供了 3 种容器组件：view 视图容器组件、scroll-view 可滚动视图区域组件和 swiper 滑块视图容器组件。

1. view 视图容器组件

view 视图容器组件是 WXML 界面布局的基础组件，它的功能和 HTML 中的 div 功能类似，用来进行界面的布局，示例代码如下：

```
<view class="section">
  <view class="section__title">flex-direction: row</view>
  <view class="flex-wrp" style="display:flex;flex-direction:row;">
    <view class="flex-item bc_green" style="width:100px;height:100px;background-color:
green;color:#ffffff;text-align:center;line-height:100px;">1</view>
    <view class="flex-item bc_red" style="width:100px;height:100px;background-color:red;
color:#ffffff;text-align:center;line-height:100px;">2</view>
    <view class="flex-item bc_blue" style="width:100px;height:100px;background-color:blue;
color:#ffffff;text-align:center;line-height:100px;">3</view>
  </view>
</view>
```

2. scroll-view 可滚动视图区域组件

scroll-view 可滚动视图区域组件允许视图区域内容横向滚动或者纵向滚动，类似于浏览器的横向滚动条和垂直滚动条，示例代码如下：

```
<view class="section">
  <view class="section__title">scroll-view</view>
  <scroll-view scroll-y="true" style="height: 200px;" bindscrolltoupper="upper"
bindscrolltolower="lower" bindscroll="scroll" scroll-into-view="{{toView}}" scroll-top=
"{{scrollTop}}">
    <view id="green" style="width:100%;height:100px;background-color:green;"></view>
    <view id="red"  style="width:100%;height:100px;background-color:red;"></view>
    <view id="yellow" style="width:100%;height:100px;background-color:yellow;"></view>
    <view id="blue" style="width:100%;height:100px;background-color:blue;"></view>
  </scroll-view>
</view>
```

注意：请勿在 scroll-view 中使用 textarea、map、canvas、video 组件，scroll-into-view 的优先级高于 scroll-top，在滚动视图区域时会阻止页面回弹，所以在可滚动视图区域中滚动，是无法触发 onPullDownRefresh的。若要使用下拉刷新，需使用页面的滚动功能，而不是 scroll-view ，这样也能通过点击顶部状态栏返回到页面顶部。

3. swiper 滑块视图容器组件

swiper 滑块视图容器组件用来在指定区域内切换内容的显示，常用来制作海报轮播效果和页签内容切换效果，示例代码如下：

```
<view class="haibao">
 <swiper indicator-dots="{{indicatorDots}}" autoplay="{{autoplay}}" interval="{{interval}}"
duration="{{duration}}">
    <block wx:for="{{imgUrls}}">
       <swiper-item>
         <image src="{{item}}" class="silde-image" style="width:100%"></image>
       </swiper-item>
    </block>
  </swiper>
 </view>
```

```
Page({
  data:{
   indicatorDots:true,
   autoplay:true,
   interval:5000,
   duration:1000,
   imgUrls:[
   "http://img06.tooopen.com/images/20160818/tooopen_sy_175866434296.jpg", "http://img06.
tooopen.com/images/20160818/tooopen_sy_175833047715.jpg","http://img02.tooopen.com/images/
20150928/tooopen_sy_143912755726.jpg"
   ]
  }
})
```

上述代码中，设置 autoplay 等于 true 时就可以自动进行海报轮播，设置 indicatorDots 等于 true 时代表面板显示指示点，同时可以设置 interval（自动切换时长）和 duration（滑动动画时长）。

1.6.2 基础内容组件

基础内容组件包括 icon（图标）组件、text（文本）组件和 progress（进度条）组件。

1. icon 组件

微信小程序提供了丰富的图标组件，应用于不同的场景，主要有成功、警告、提示、取消、下载等代表不同含义的图标，如图 1.41 所示。

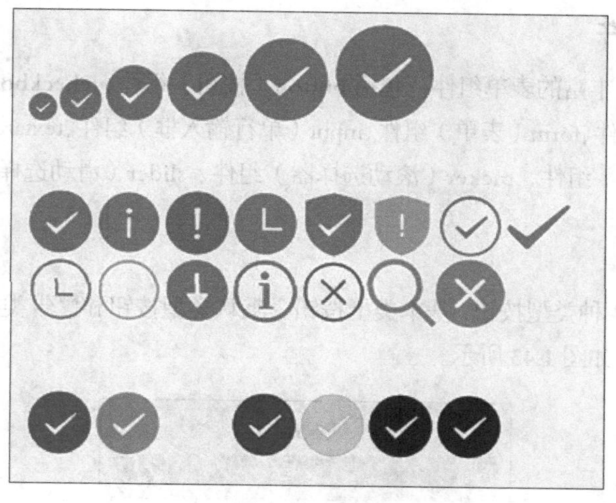

图 1.41 图标

2. text 组件

text 组件支持转义符 "\"，例如换行 \n、空格 \t。text 组件内只支持 <text> <text/> 嵌套，除了文本节点以外的其他节点都无法长按选中。示例代码如下：

```
<view class="btn-area">
  <view class="body-view">
    <text> 我爱北京 \t 我爱中国 </text>
    <text> 我爱北京 \n 我爱中国 </text>
  </view>
</view>
```

3. progress 组件

progress 组件是一种提高用户体验度的组件。就像视频播放一样，可以通过进度条看到完整视频的长度、当前播放的进度，这样能让用户合理地安排自己的时间，提高用户的体验度。示例代码如下：

```
<progress percent="20" show-info />
<progress percent="40" stroke-width="12" />
<progress percent="60" color="pink" />
<progress percent="80" active />
```

界面效果如图 1.42 所示。

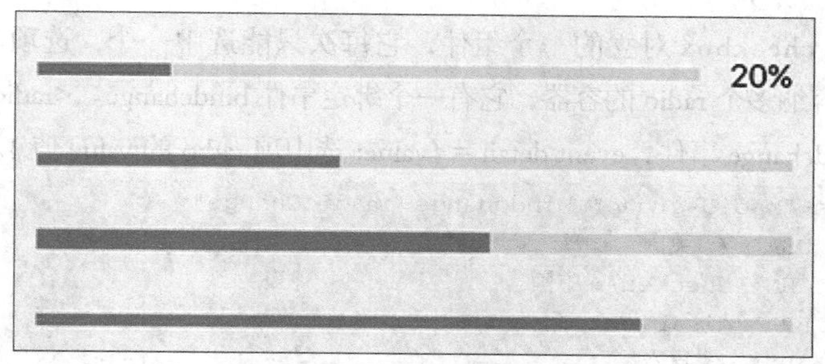

图 1.42 进度条

1.6.3 表单组件

微信小程序提供了丰富的表单组件，包括 button（按钮）组件、checkbox（多项选择器）组件、radio（单项选择器）组件、form（表单）组件、input（单行输入框）组件、textarea（多行输入框）组件、label（改进表单可用性）组件、picker（滚动选择器）组件、slider（滑动选择器）组件和 switch（开关选择器）组件等。

1. button 组件

button 组件提供 3 种类型按钮：基本类型按钮、默认类型按钮和警告类型按钮，同时提供默认和迷你两种大小按钮，如图 1.43 所示。

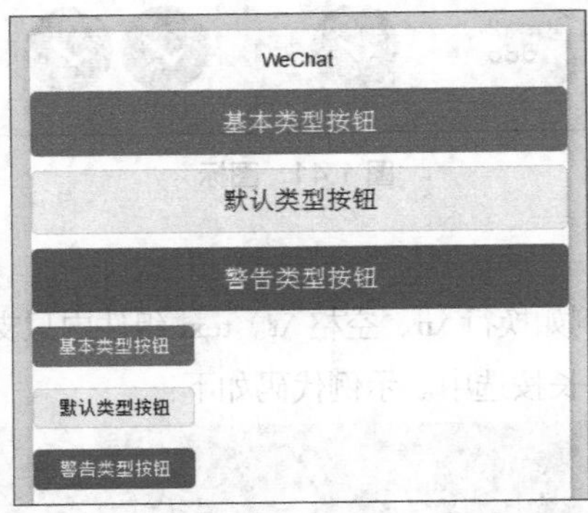

图 1.43　按钮类型和大小

2. checkbox 组件

checkbox 组件，也就是我们常说的复选框，用来进行多项选择的时候会用到。checkbox-group 是用来容纳多个 checkbox 的容器，它有一个绑定事件 bindchange。<checkbox-group/> 中选中项发生改变是触发 change 事件，detail = {value:[选中 checkbox 的 value 值]}。示例代码如下：

```
<checkbox-group bindchange="checkboxChange">
    <checkbox value="USA"/>美国
    <checkbox value="CHN" checked="true"/>中国
    <checkbox value="BRA"/>巴西
    <checkbox value="JPN"/>日本
    <checkbox value="ENG" disabled/>英国
</checkbox-group>
```

3. radio 组件

radio 组件是与 checkbox 对立的一个组件，它每次只能选中一个，选项间是一种互斥关系。radio-group 是用来容纳多个 radio 的容器，它有一个绑定事件 bindchange。<radio-group/> 中选中项发生变化时触发 bindchange 事件，event.detail = {value: 选中项 radio 的 value 值 }。示例代码如下：

```
<radio-group class="radio-group" bindchange="radioChange">
    <radio value="USA" />美国
    <radio value="CHN" checked/>中国
    <radio value="BRA" disabled/>巴西
    <radio value="JPN" />日本
    <radio value="ENG" />英国
</radio-group>
```

4. input 组件

input 用来控制输入单行文本内容，可以设置 input（输入）框的类型为 text、number、idcard 和 digit；可以设置输入框是否为密码类型，如果是密码类型，则会用点号代替具体值显示；通过 placeholder 来给输入框添加友好的提示信息，类似于“请输入手机号 / 用户名 / 邮箱”这样友好的提示；可以设置输入框禁用和最大长度、获取焦点；该输入框有 3 个常用的事件：输入时事件（bindinput）、光标聚焦时事件（bindfocus）和光标离开时事件（bindblur）。示例代码如下：

```
<view class="section">
  <input placeholder="这是一个可以自动聚焦的 input" auto-focus/>
</view>
</view>
<view class="section">
  <input  maxlength="10" placeholder="最大输入长度 10" />
</view>
<view class="section">
  <input password type="number" />
</view>
<view class="section">
  <input password type="text" />
</view>
<view class="section">
  <input type="digit" placeholder="带小数点的数字键盘"/>
</view>
<view class="section">
  <input type="idcard" placeholder="身份证输入键盘" />
</view>
<view class="section">
  <input placeholder-style="color:red" placeholder="占位符字体是红色的" />
</view>
```

5. textarea 组件

textarea 组件是与 input 对立的一个组件，用来控制输入多行文本内容。通过 placeholder 来给输入框添加友好的提示信息，类似于“请输入手机号 / 用户名 / 邮箱”这样友好的提示；可以设置输入框禁用和最大长度、获取焦点、自动调整行高；该输入框有 4 个常用的事件：输入时事件（bindinput）、光标聚焦时事件（bindfocus）、光标离开时事件（bindblur）和行数变化时事件（bindlinechange）。示例代码如下：

```
<view class="section">
  <textarea bindblur="bindTextAreaBlur" auto-height placeholder="自动变高" />
</view>
<view class="section">
  <textarea placeholder="placeholder 颜色是红色的" placeholder-style="color:red;"  />
</view>
```

6. label 组件

label 组件用来改进表单可用性，目前可以用来改进的组件有 button、checkbox、radio 和 switch。它只有一个 for 属性，是用来绑定控件的 id。它的使用有两种方式：一种是没有定义 for 属性，一种是定义 for 属性。

1 label 组件没有定义 for 属性

label 组件没有定义 for 属性时，在 label 内包含 <button/>、<checkbox/>、<radio/> 和 <switch/> 这些组件。当单击 label 组件时，会触发 label 内包含的第一个组件，假如 <button/> 在第一个位置，就会触发 <button/> 对应的事件；假如 <radio/> 在第一个位置，就会触发 <radio/> 对应的事件。

2 label 组件定义 for 属性

label 组件定义 for 属性后，就会根据 for 属性的值找到组件 id 等于 for 属性值，然后触发相应事件。

7. picker 组件

Picker 组件支持 3 种滚动选择器：普通选择器、时间选择器和日期选择器，默认是普通选择器，如图 1.44、图 1.45 和图 1.46 所示。

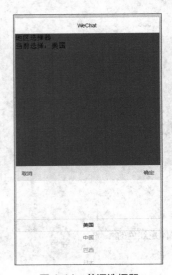

图 1.44 普通选择器

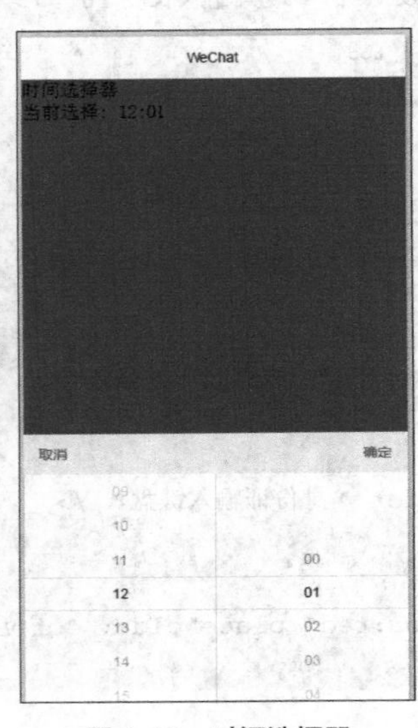

图 1.45 时间选择器

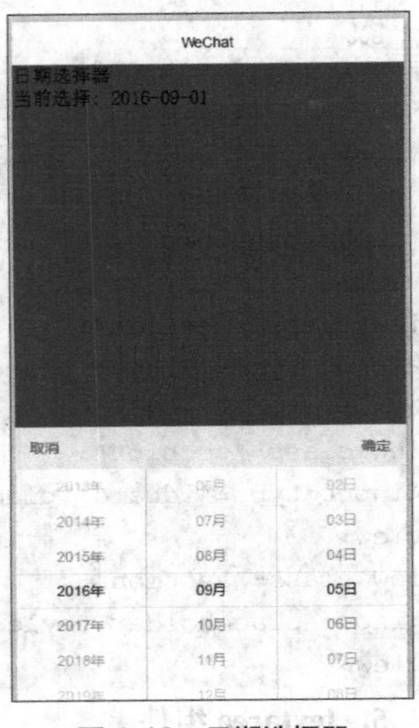

图 1.46 日期选择器

这 3 种选择器是通过 mode 来区分的。例如，普通选择器 mode = selector，时间选择器 mode = time，日期选择器 mode = date。

除了普通选择器、时间选择器和日期选择器 3 种滚动选择器外，还有一种嵌入页面的滚动选择器（picker-view）。使用 picker-view 组件在页面中的布局，如图 1.47 所示。

图 1.47 嵌入页面滚动选择器

8. slider 组件

slider 组件常用来控制声音的大小、屏幕的亮度等，它可以设置滑动步长、显示当前值及设置最小值 / 最大值，如图 1.48 所示。

9. switch 组件

switch 组件应用十分普遍，它有两个状态："开"或"关"。在很多场景下会用到开关这个功能，例如微信中的新消息提醒界面，它通过开关来设置是否接收消息、是否显示消息、是否有声音、是否震动等功能，如图 1.49 所示。

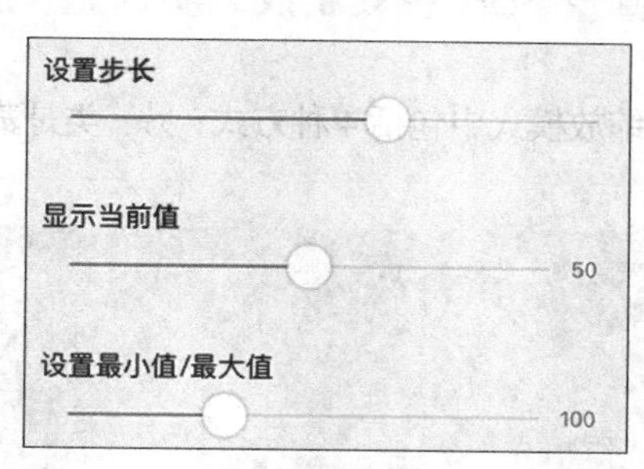

图 1.48　滑动选择器

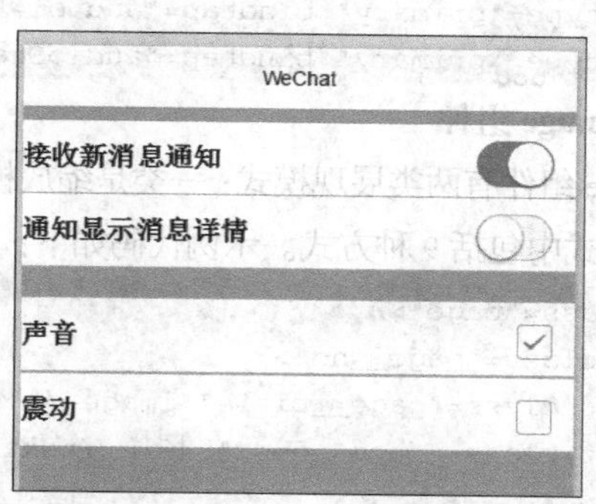

图 1.49　开关选择器应用

10. form 组件

form 组件用于将表单中组件的值提交给 .js 进行处理，它可以提交 <switch/>、<input/>、<checkbox/> 、<slider/>、<radio/> 和 <picker/> 这些组件的值。提交表单的时候，会借助于 button 组件的 formType 为 submit 的属性，将表单组件中的 value 值进行提交，并需要在表单组件中加上 name 来作为关键字。单击 Reset 按钮，可以重置表单；单击 Submit 按钮，可以把表单数据提交到 .js 中进行处理。

1.6.4　导航组件

微信小程序导航组件可以在页面中设置导航，可以使用 navigator 页面链接组件进行页面跳转，示例代码如下：

```
<view class="btn-area">
  <navigator url="../navigator/navigator?title=navigator" open-type="navigate" hover-class=
"navigator-hover">wx.navigateTo 保留当前页跳转 </navigator>
  <navigator url="../redirect/redirect?title=redirect" open-type="redirect" hover-class=
"other-navigator-hover">wx.redirectTo 关闭当前页跳转 </navigator>
  <navigator url="../redirect/redirect" open-type="switchTab" hover-class="other-navigator-
hover">wx.switchTab 跳转到 tabBar 页面 </navigator>
</view>
```

1.6.5　媒体组件

媒体组件包括 audio（音频）组件、image（图片）组件和 video（视频）组件。audio 组件用来播放音乐，image 组件用来显示图片，video 组件用来播放视频。

1. audio 组件

audio 组件需要有唯一的 id，根据 id 使用 wx.createAudioContext('myAudio') 创建音频播放的环境；

src 属性值为音频播放的资源路径；poster 属性值为音频的播放图片；name 属性值为音频名称。绑定播放、暂停等事件的示例代码如下：

```
<!-- audio..wxml -->
<audio poster="{{poster}}" name="{{name}}" author="{{author}}" src="{{src}}" id="myAudio"
controls loop></audio>

<button type="primary" bindtap="audioPlay">播放</button>
<button type="primary" bindtap="audioPause">暂停</button>
<button type="primary" bindtap="audio14">设置当前播放时间为 14 秒</button>
<button type="primary" bindtap="audioStart">回到开头</button>
```

2. image 组件

image 组件有两类展现模式：一类是缩放模式，在缩放模式中包括 4 种方式；另一类是裁剪模式，在裁剪模式中包括 9 种方式。示例代码如下：

```
<view class="page">
  <view class="page__hd">
    <text class="page__title">image</text>
    <text class="page__desc">图片</text>
  </view>
  <view class="page__bd">
    <view class="section section_gap" wx:for="{{array}}" wx:for-item="item">
      <view class="section__title">{{item.text}}</view>
      <view class="section__ctn">
        <image style="width: 200px; height: 200px; background-color: #eeeeee;" mode="{{item.mode}}"
src="{{src}}"></image>
      </view>
    </view>
  </view>
</view>
```

```
Page({
  data: {
    array: [{
      mode: 'scaleToFill',
      text: 'scaleToFill：不保持纵横比缩放图片，使图片完全适应'
    }, {
      mode: 'aspectFit',
      text: 'aspectFit：保持纵横比缩放图片，使图片的长边能完全显示出来'
    }, {
      mode: 'aspectFill',
      text: 'aspectFill：保持纵横比缩放图片，只保证图片的短边能完全显示出来'
    }, {
      mode: 'top',
      text: 'top：不缩放图片，只显示图片的顶部区域'
    }, {
      mode: 'bottom',
      text: 'bottom：不缩放图片，只显示图片的底部区域'
    }, {
      mode: 'center',
```

```
      text: 'center：不缩放图片，只显示图片的中间区域'
    }, {
      mode: 'left',
      text: 'left：不缩放图片，只显示图片的左边区域'
    }, {
      mode: 'right',
      text: 'right：不缩放图片，只显示图片的右边区域'
    }, {
      mode: 'top left',
      text: 'top left：不缩放图片，只显示图片的左上边区域'
    }, {
      mode: 'top right',
      text: 'top right：不缩放图片，只显示图片的右上边区域'
    }, {
      mode: 'bottom left',
      text: 'bottom left：不缩放图片，只显示图片的左下边区域'
    }, {
      mode: 'bottom right',
      text: 'bottom right：不缩放图片，只显示图片的右下边区域'
    }],
    src: '../../resources/cat.jpg'
  },
  imageError: function(e) {
    console.log('image3 发生 error 事件，携带值为', e.detail.errMsg)
  }
})
```

3. video 组件

video 组件是用来播放视频的组件，这个组件可以控制是否显示默认播放控件（播放 / 暂停按钮、播放进度、时间）及发送弹幕信息等功能；video 组件默认宽度为 300px、高度为 225px，设置宽高需要通过 wxss 修改 width 值和 height 值，示例代码如下：

```
<view class="section tc">
  <video id="myVideo" src="http://wxsnsdy.tc.qq.com/105/20210/snsdyvideodownload?filekey=30280201010421301f0201690402534804102ca905ce620b1241b726bc41dcff44e00204012882540400&bizid=1023&hy=SH&fileparam=302c020101042530230204136ffd93020457e3c4ff02024ef202031e8d7f02030f42400204045a320a0201000400" danmu-list="{{danmuList}}" enable-danmu danmu-btn controls></video>
  <view class="btn-area">
    <button bindtap="bindButtonTap">获取视频</button>
    <input bindblur="bindInputBlur"/>
    <button bindtap="bindSendDanmu">发送弹幕</button>
  </view>
</view>
```

```
function getRandomColor () {
  let rgb = []
  for (let i = 0 ; i < 3; ++i){
    let color = Math.floor(Math.random() * 256).toString(16)
    color = color.length == 1 ? '0' + color : color
```

```
    rgb.push(color)
  }
  return '#' + rgb.join('')
}
```

```
Page({
  onReady: function (res) {
    this.videoContext = wx.createVideoContext('myVideo')
  },
  inputValue: '',
    data: {
        src: '',
    danmuList: [
      {
        text: '第 1s 出现的弹幕',
        color: '#ff0000',
        time: 1
      },
      {
        text: '第 3s 出现的弹幕',
        color: '#ff00ff',
        time: 3
    }]
    },
  bindInputBlur: function(e) {
    this.inputValue = e.detail.value
  },
  bindButtonTap: function() {
    var that = this
    wx.chooseVideo({
      sourceType: ['album', 'camera'],
      maxDuration: 60,
      camera: ['front','back'],
      success: function(res) {
        that.setData({
          src: res.tempFilePath
        })
      }
    })
  },
  bindSendDanmu: function () {
    this.videoContext.sendDanmu({
      text: this.inputValue,
      color: getRandomColor()
    })
  }
})
```

1.6.6 地图组件

地图（map）组件用来开发与地图有关的应用程序，像地图导航、打车软件、京东商城的订单轨迹都会用到地图组件。在地图上可以标记覆盖物及指定一系列的坐标位置、仓库和客户的收货地址，示例代码如下：

```
<!-- map..wxml -->
<map id="map" longitude="113.324520" latitude="23.099994" scale="14" controls="{{controls}}"
bindcontroltap="controltap" markers="{{markers}}" bindmarkertap="markertap" polyline="
{{polyline}}" bindregionchange="regionchange" show-location style="width: 100%; height:
300px;"></map>
```

```
// map..js
Page({
  data: {
    markers: [{
      iconPath: "/resources/others.png",
      id: 0,
      latitude: 23.099994,
      longitude: 113.324520,
      width: 50,
      height: 50
    }],
    polyline: [{
      points: [{
        longitude: 113.3245211,
        latitude: 23.10229
      }, {
        longitude: 113.324520,
        latitude: 23.21229
      }],
      color:"#FF0000DD",
      width: 2,
      dottedLine: true
    }],
    controls: [{
      id: 1,
      iconPath: '/resources/location.png',
      position: {
        left: 0,
        top: 300 - 50,
        width: 50,
        height: 50
      },
      clickable: true
    }]
  },
  regionchange(e) {
    console.log(e.type)
  },
  markertap(e) {
    console.log(e.markerId)
  },
```

```
  controltap(e) {
    console.log(e.controlId)
  }
})
```

1.6.7 画布组件

画布（canvas）组件用来绘制正方形、圆形或其他的形状，示例代码如下：

```
<!-- canvas..wxml -->
<canvas style="width: 300px; height: 200px;" canvas-id="firstCanvas"></canvas>
<!-- 当使用绝对定位时，文档流后边的 canvas 的显示层级高于前边的 canvas -->
<canvas style="width: 400px; height: 500px;" canvas-id="secondCanvas"></canvas>
<!-- 因为 canvas-id 与前一个 canvas 重复,该 canvas 不会显示,并会发送一个错误事件到 AppService -->
<canvas style="width: 400px; height: 500px;" canvas-id="secondCanvas" binderror="canva
sIdErrorCallback"></canvas>
```

```
// canvas..js
Page({
  canvasIdErrorCallback: function (e) {
    console.error(e.detail.errMsg)
  },
  onReady: function (e) {

    // 使用 wx.createContext 获取绘图上下文 context
    var context = wx.createContext()

    context.setStrokeStyle("#00ff00")
    context.setLineWidth(5)
    context.rect(0, 0, 200, 200)
    context.stroke()
    context.setStrokeStyle("#ff0000")
    context.setLineWidth(2)
    context.moveTo(160, 100)
    context.arc(100, 100, 60, 0, 2 * Math.PI, true)
    context.moveTo(140, 100)
    context.arc(100, 100, 40, 0, Math.PI, false)
    context.moveTo(85, 80)
    context.arc(80, 80, 5, 0, 2 * Math.PI, true)
    context.moveTo(125, 80)
    context.arc(120, 80, 5, 0, 2 * Math.PI, true)
    context.stroke()

    // 调用 wx.drawCanvas，通过 canvasId 指定在哪张画布上绘制，通过 actions 指定绘制行为
    wx.drawCanvas({
      canvasId: 'firstCanvas',
      actions: context.getActions() // 获取绘图动作数组
    })
  }
})
```

1.6.8 客服会话按钮组件

客服会话按钮（contact-button）组件用于在页面上显示一个客服会话按钮，用户单击该按钮后会进入客服会话模式。示例代码如下：

```
<contact-button
  type="default-light"
  size="20"
  session-from="weapp"
>
</contact-button>
```

1.7 微信小程序 API 说明

视频课程

微信小程序 API 说明

1.7.1 请求服务器数据 API

wx.request 是用来请求服务器数据的 API，它发起的是 HTTPS 请求，同时它需要在微信公众平台配置HTTPS服务器域名，一个月内可申请3次修改，否则在由 AppID 创建的项目中无法使用 wx.request 请求服务器数据这个 API，WebSocket 会话、文件上传下载服务器域名都是如此。配置服务器域名如图 1.50 所示。

图 1.50 配置服务器域名

示例代码如下：

```
Page({
  onLoad:function(){
   wx.request({
     url: 'http://m.maoyan.com/movie/list...json',
     data: {
       type:'hot',
       offset:0,
       limit:1000
     },
```

```
    method: 'GET',
    success: function(res){
     console.log(res);
    },
    fail: function() {
      // fail
    },
    complete: function() {
      // complete
    }
  })
 }
})
```

如果项目没有填写 AppID，是可以访问 HTTP 请求及公众开发平台以外的一些服务器请求，但在手机上是无法预览和使用的，所以学习过程中可以不填写 AppID 来学习这些 API 的使用。

1.7.2 文件上传与下载 API

文件上传与下载 API 是经常会用到的 API，可以用来与服务器进行文件的上传与下载，例如从微信小程序客户端向服务器传输一些图片，或者从服务器获得图片，这时就可以使用文件上传与下载 API，示例代码如下：

```
Page({
  onLoad:function(){
    wx.chooseImage({
      count: 9, // 最多可以选择的图片张数，默认 9
      sizeType: ['original', 'compressed'], // original 原图，compressed 压缩图，默认二者都有
      sourceType: ['album', 'camera'], // album 从相册选图，camera 使用相机，默认二者都有
      success: function(res){
         var tempFilePaths = res.tempFilePaths;
        wx.uploadFile({
          url: 'http://localhost:8555/wxapp/WxUploadFileServlet',
          filePath:tempFilePaths[0],
          name:'name',
          header: {
              'content-type': 'application/..json'
           },
          formData: {
             imgName:'我是图片名称',
             imgSize:'122kb'
          },
          success: function(res){
            console.log(res);
          }
        })
      }

    })
  }
})
```

```
Page({
  data:{
    src:''
  },
  onLoad:function(){
    var page = this;
    wx.downloadFile({
      url: "https://ss0.bdstatic.com/5aV1bjqh_Q23odCf/static/superman/img/logo/bd_logo1_
31bdc765.png",
      type: 'image', // 下载资源的类型，用于客户端识别处理，有效值：image、audio 和 video
      success: function(res){
        console.log(res);
        var tempPath = res.tempFilePath;
        page.setData({src:tempPath});
      }
    })
  }
})
```

wx.downloadFile 文件下载最大并发限制量是 10 个，默认超时和最大超时都是 60s，网络请求的 referer 是不可设置的，格式固定为 https://servicewechat.com/{appid}/{version}/page-frame.html，其中 {appid} 为小程序的 AppID；{version} 为小程序的版本号，版本号 0 代表开发版。

1.7.3 WebSocket 会话 API

WebSocket 会话用来创建一个会话连接，创建会话连接后可以相互通信，例如利用微信聊天和 QQ 聊天工具进行通信。它会用到以下 7 个 API。

- wx.connectSocket(OBJECT) 创建一个会话连接。
- wx.onSocketOpen(CALLBACK) 监听 WebSocket 连接打开事件。
- wx.onSocketError(CALLBACK) 监听 WebSocket 错误。
- wx.sendSocketMessage(OBJECT) 发送数据。
- wx.onSocketMessage(CALLBACK) 监听 WebSocket 接收到服务器的消息事件。
- wx.closeSocket() 关闭 WebSocket 连接。
- wx.onSocketClose(CALLBACK) 监听 WebSocket 关闭。

示例代码如下：

```
Page({
  data:{
    msg:'',
    sendMsg:[],
    socketOpen:false,
    resData:[]
  },
  createConn:function(){
    var page = this;
    wx.connectSocket({
      url: 'ws://localhost:8555/wxapp/getServer',
```

```
        data:{
          x: '',
          y: ''
        },
        header:{
          'content-type': 'application/json'
        },
        method:"GET"
      });
      wx.onSocketOpen(function(res) {
          console.log(res);
          page.setData({socketOpen:true});
          console.log('WebSocket 连接已打开！ ')
      });
      wx.onSocketError(function(res){
          console.log('WebSocket 连接打开失败，请检查！ ')
      })
  },
  send:function(e){
      if (this.data.socketOpen) {
          console.log(this.data.socketOpen);
          wx.sendSocketMessage({
            data:this.data.msg
          });
          var sendMsg = this.data.sendMsg;
          sendMsg.push(this.data.msg);
          this.setData({sendMsg:sendMsg});
          var page = this;
          wx.onSocketMessage(function(res) {
            var resData = page.data.resData;
            resData.push(res.data);
            page.setData({resData:resData});
            console.log(resData);
            console.log(' 收到服务器内容： ' + res.data)
          })
        } else {
          console.log('WebSocket 连接打开失败，请检查！ ');
        }
  },
  closeConn:function(e){
      wx.closeSocket();
      wx.onSocketClose(function(res) {
        console.log('WebSocket  已关闭！ ')
    });
  },
  getMsg:function(e){
    var page = this;
    page.setData({msg:e.detail.value});
  }
})
```

1.7.4 图片处理 API

微信小程序针对图片处理提供 3 个 API：wx.chooseImage(OBJECT) 选择图片 API、wx.previewImage(OBJECT) 预览图片 API 和 wx.getImageInfo(OBJECT) 获得图片信息 API。

1. wx.chooseImage(OBJECT) 选择图片

wx.chooseImage(OBJECT) 可以从本地相册选择图片或使用相机拍照来选择图片，通过 count 属性可以设置每次最多选择的图片数量，通过 sizeType 属性来设置显示原图或者压缩图，通过 sourceType 属性设置相册选图、使用相机选图或者两者都可以。示例代码如下：

```
Page({
  onLoad:function(){
    wx.chooseImage({
      count: 9, // 默认 9
      sizeType: ['original', 'compressed'], // 可以指定是原图还是压缩图，默认二者都有
      sourceType: ['album', 'camera'], // 可以指定来源是相册还是相机，默认二者都有
      success: function (res) {
        // 返回选定照片的本地文件路径列表，tempFilePath 可以作为 img 标签的 src 属性显示图片
        var tempFilePaths = res.tempFilePaths
      }
    })
  }
})
```

2. wx.previewImage(OBJECT) 预览图片

wx.previewImage(OBJECT) 可以用来预览多张图片及设置默认显示的图片，示例代码如下：

```
Page({
  onLoad:function(){
    wx.previewImage({
      current: 'http://img02.tooopen.com/images/20150928/tooopen_sy_143912755726.jpg',
// 当前显示图片的 http 链接
      urls: [
        "http://img02.tooopen.com/images/20150928/tooopen_sy_143912755726.jpg",
        "http://img06.tooopen.com/images/20160818/tooopen_sy_175866434296.jpg",
        "http://img06.tooopen.com/images/20160818/tooopen_sy_175833047715.jpg"
      ] // 需要预览的图片 http 链接列表
    })
  }
})
```

3. wx.getImageInfo(OBJECT) 获得图片信息

wx.getImageInfo(OBJECT) 用来获得图片信息，包括图片的宽度、图片的高度及图片返回的路径，示例代码如下：

```
Page({
  onLoad:function(){
    wx.getImageInfo({
      src: 'http://img02.tooopen.com/images/20150928/tooopen_sy_143912755726.jpg',
      success: function (res) {
        console.log("图片宽度 ="+res.width);
        console.log("图片高度 ="+res.height);
```

```
        console.log("图片返回路径 ="+res.path);
      }
    })
  }
})
```

1.7.5 文件操作 API

微信小程序针对文件操作提供 5 个 API：wx.saveFile 将文件保存到本地、wx.getSavedFileList 获取本地已保存的文件列表、wx.getSavedFileInfo 获取本地文件信息、wx.removeSavedFile 删除本地文件和 wx.openDocument 打开文档。

1. wx.saveFile 保存文件到本地

wx.saveFile 将文件可以保存到本地，下次启动微信小程序的时候，仍然可以获取到该文件；如果是临时路径，下次启动微信小程序的时候，就无法获取到该文件。本地文件存储大小限制为 10MB，示例代码如下：

```
Page({
  onLoad:function(){
    wx.getImageInfo({
      src: 'http://img02.tooopen.com/images/20150928/tooopen_sy_143912755726.jpg',
      success: function (res) {
        var path = res.path;
        console.log("临时文件路径 ="+path);
        wx.saveFile({
          tempFilePath: path,
          success: function(res){
            var savedFilePath = res.savedFilePath;
            console.log("本地文件路径 ="+savedFilePath);
          }
        })
      }
    })
  }
})
```

2. wx.getSavedFileList 获取本地文件列表

通过 wx.getSavedFileList 来获取本地文件列表，可以获取到 wx.saveFile 保存的文件，示例代码如下：

```
Page({
  onLoad:function(){
    wx.getSavedFileList({
      success: function(res) {
        var fileList = res.fileList;
        console.log(fileList)
        for(var i=0;i<fileList.length;i++){
            var file = fileList[i];
            console.log("第 "+(i+1)+" 个文件 :");
            console.log("文件创建时间 ="+file.createTime);
            console.log("文件大小 ="+file.size);
```

```
                console.log(" 文件本地路径 ="+file.filePath);
            }
        }
    })
  }
})
```

3. wx.getSavedFileInfo 获取本地文件信息

wx.getSavedFileInfo 获取本地指定路径的文件信息，包括文件的创建时间、文件大小及接口调用结果等，示例代码如下：

```
Page({
  onLoad:function(){
   wx.getSavedFileList({
      success: function(res) {
        var fileList = res.fileList;
        console.log(fileList)
        var file = fileList[0];
        wx.getSavedFileInfo({
          filePath: file.filePath,
          success: function(res){
              console.log(" 文件创建时间 ="+res.createTime);
              console.log(" 文件大小 ="+res.size);
              console.log(" 文件本地路径 ="+res.errMsg);
          }
        })
      }
    })
  }
})
```

4. wx.removeSavedFile 删除本地文件

wx.saveFile 用来将文件保存到本地，而 wx.removeSavedFile 用来删除本地文件，示例代码如下：

```
Page({
  onLoad:function(){
   wx.getSavedFileList({
      success: function(res) {
        var fileList = res.fileList;
        console.log(fileList)
        var file = fileList[0];
        wx.removeSavedFile({
          filePath: file.filePath,
          complete: function(res) {
            console.log(res)
          }
        })
      }
    })
  }
})
```

5. wx.openDocument 打开文档

wx.openDocument 可以打开 .doc、.xls、.ppt、.pdf、.docx、.xlsx、.pptx 多种格式的文档，示例代码如下：

```
Page({
  onLoad:function(){
    wx.downloadFile({
      url: 'http://www.crcc.cn/portals/0/word/应聘材料样本 .doc',
      success: function (res) {
        var filePath = res.tempFilePath
        wx.openDocument({
          filePath: filePath,
          success: function (res) {
            console.log('打开文档成功')
          }
        })
      }
    })
  }
})
```

1.7.6 数据缓存 API

数据缓存 API 用来处理数据缓存信息，可以将数据缓存到本地、获取本地缓存数据、移除缓存数据及清理缓存数据，常用的数据缓存 API 有以下几种。

- wx.setStorage(OBJECT) 异步方式将数据存储在本地缓存指定的 key 中。
- wx.setStorageSync(KEY,DATA) 同步方式将数据存储在本地缓存指定的 key 中。
- wx.getStorage(OBJECT) 异步方式从本地缓存中异步获取指定 key 对应的内容。
- wx.getStorageSync(KEY) 同步方式从本地缓存中同步获取指定 key 对应的内容。
- wx.getStorageInfo(OBJECT) 异步方式获取当前 storage 的相关信息。
- wx.getStorageInfoSync( ) 同步方式获取当前 storage 的相关信息。
- wx.removeStorage(OBJECT) 异步方式从本地缓存中移除指定 key。
- wx.removeStorageSync(KEY) 同步方式从本地缓存中移除指定 key。
- wx.clearStorage() 异步方式清理本地缓存数据。
- wx.clearStorageSync() 同步方式清理本地缓存数据。

1. 数据缓存到本地

微信小程序提供了两种将数据缓存到本地的方式，一种是 wx.setStorage(OBJECT) 异步方式，另一种是 wx.setStorageSync(KEY,DATA) 同步方式，本地缓存最大为 10MB。

1 wx.setStorage(OBJECT)

异步方式将数据存储在本地缓存指定的 key 中，会覆盖原来该 key 对应的内容，示例代码如下：

```
Page({
  onLoad:function(){
    var user = this.getUserInfo();
```

```
    console.log(user);
    wx.setStorage({
      key: 'user',
      data: user,
      success: function(res){
        console.log(res);
      }
    })

  },
  getUserInfo:function(){
    var user = new Object();
    user.name = 'xiaogang';
    user.sex = '男';
    user.age = 30;
    user.address='北京市';
    return user;
  }
})
```

2 wx.setStorageSync(KEY,DATA)

同步方式将数据存储到本地缓存指定的 key 中，也会覆盖原来该 key 对应的内容。相比于异步缓存数据，该方式更简练一些，示例代码如下：

```
Page({
  onLoad:function(){
    var userSync = this.getUserInfo();
    //同步方式将数据存储到本地
    wx.setStorageSync('userSync', userSync)
  },
  getUserInfo:function(){
    var user = new Object();
    user.name = 'xiaogang';
    user.sex = '男';
    user.age = 30;
    user.address='北京市';
    return user;
  }
})
```

2. 获取本地缓存数据

获取本地缓存数据提供了 4 个 API，即 wx.getStorage(OBJECT)、wx.getStorageSync(KEY)、wx.getStorageInfo(OBJECT)、wx.getStorageInfoSync()。前两个 API 是通过指定 key 值来获取缓存数据，而后两个是获取当前 storage 的相关信息。

1 wx.getStorage (OBJECT)

wx.getStorage(OBJECT) 使用异步方式从本地缓存中获取指定 key 对应的内容，具体代码如下：

```
Page({
  onLoad:function(){
    //异步方式获取本地数据
    wx.getStorage({
```

```
      key: 'user',
      success: function(res){
        console.log(res);
      }
    })
  }
})
```

2 wx.getStorageSync (KEY)

wx.getStorageSync (KEY) 是一个同步的接口，从本地缓存中同步获取指定 key 对应的内容，示例代码如下：

```
Page({
  onLoad:function(){
    //同步方式获取本地数据
    var userSync = wx.getStorageSync('userSync');
    console.log(userSync);
  }
})
```

3 wx. getStorageInfo (OBJECT)

wx.getStorage 和 wx.getStorageSync 这两个接口都是从本地的指定 key 值来获取数据，wx.getStorageInfo(OBJECT) 是使用异步方式获取当前 storage 的相关信息，是获取所有 key 的值，示例代码如下：

```
Page({
  onLoad:function(){
    wx.getStorageInfo({
      success: function(res){
        console.log(res);
      }
    })
  }
})
```

4 wx.getStorageInfoSync ()

wx.getStorageInfoSync() 是使用同步的方式来获取当前 storage 的相关信息，示例代码如下：

```
Page({
  onLoad:function(){
    var storage = wx.getStorageInfoSync();
    console.log(storage);
  }
})
```

它和 wx.getStorageInfo() 异步获取 storage 返回的数据一样，都是返回所有的 key 值，然后根据 key 值再查找完整的数据。

3. 移除和清理本地缓存数据

wx.removeStorage(OBJECT) 和 wx.removeStorageSync(KEY) 用来从本地缓存中移除指定 key；wx.clearStorage() 和 wx.clearStorageSync() 用来清理本地缓存数据。

1 wx.removeStorage(OBJECT)

wx.removeStorage(OBJECT) 用来异步从本地缓存中移除指定的 key，示例代码如下：

```
Page({
  onLoad:function(){
   // 异步移除 key=user 的数据
   wx.removeStorage({
     key: 'user',
     success: function(res){
       console.log(res);
     },
   })
  }
})
```

2 wx.removeStorageSync(KEY)

wx.removeStorageSync (KEY) 用来同步从本地缓存中移除指定的 key，它的效果和 wx.removeStorage(OBJECT) 效果一样，示例代码如下：

```
Page({
  onLoad:function(){
   // 同步移除 key=userSync 的数据
   wx.removeStorageSync('userSync');
  }
})
```

3 wx.clearStorage () 和 wx.clearStorageSync ()

wx.clearStorage () 和 wx.clearStorageSync () 中，前一个是异步清理本地缓存数据，后一个是同步清理本地缓存数据。

示例代码如下：

```
wx.clearStorage()

try {
    wx.clearStorageSync()
} catch(e) {
}
```

1.7.7 位置信息 API

微信小程序针对位置提供 4 个 API：wx.getLocation(OBJECT)、wx.chooseLocation(OBJECT)、wx.openLocation(OBJECT) 和 wx.createMapContext(mapId)。

1. 获得位置、选择位置和查看位置

1 wx.getLocation(OBJECT)

使用 wx.getLocation(OBJECT) 可以获得当前位置信息，包括当前位置的地理坐标、速度，用户离开小程序后，此接口无法调用；当用户单击“显示在聊天顶部”时，此接口可继续调用。示例代码如下：

```
Page({
  onLoad:function(){
    wx.getLocation({
    type: 'wgs84',
    success: function(res) {
```

```
      var latitude = res.latitude;
      console.log("纬度="+latitude);
      var longitude = res.longitude;
      console.log("经度="+longitude);
      var speed = res.speed;
      console.log("速度="+speed);
      var accuracy = res.accuracy;
      console.log("精确度="+accuracy);
    }
  })
  }
})
```

2 wx.chooseLocation(OBJECT)

使用 wx.chooseLocation(OBJECT) 打开地图来选择位置，示例代码如下：

```
Page({
  onLoad:function(){
    wx.chooseLocation({
      success: function(res){
         console.log(res);
      }
    })
  }
})
```

3 wx.openLocation(OBJECT)

使用 wx.openLocation(OBJECT) 可以借助微信内置地图查看位置，示例代码如下：

```
Page({
  onLoad:function(){
    wx.getLocation({
        type: 'gcj02', //返回可以用于wx.openLocation的经纬度
        success: function(res) {
          var latitude = res.latitude
          var longitude = res.longitude
          wx.openLocation({
            latitude: latitude,
            longitude: longitude,
            scale: 28
          })
        }
    })
  }
})
```

2. 地图组件控制

wx.createMapContext(mapId) 地图组件控制是用来创建并返回 map 上下文 mapContext 对象。它有两个方法：一个是 getCenterLocation 获取当前地图中心的经纬度，返回的是 GCJ-02 坐标系，可以用于 wx.openLocation；另一个是 moveToLocation 将地图中心移动到当前定位点，需要配合 map 组件的 show-location 使用。示例代码如下：

```
<!-- map.wxml -->
<map id="myMap" show-location />

<button type="primary" bindtap="getCenterLocation">获取位置</button>
<button type="primary" bindtap="moveToLocation">移动位置</button>
```

```
// map.js
Page({
  onReady: function (e) {
    // 使用 wx.createMapContext 获取 map 上下文
    this.mapCtx = wx.createMapContext('myMap')
  },
  getCenterLocation: function () {
    this.mapCtx.getCenterLocation({
      success: function(res){
        console.log(res.longitude)
        console.log(res.latitude)
      }
    })
  },
  moveToLocation: function () {
    this.mapCtx.moveToLocation()
  }
})
```

1.7.8 设备应用 API

微信小程序针对设备应用提供六类 API：获取系统信息、获取网络类型、重力感应、罗盘、拨打电话和扫码。

1. 获取系统信息

获取系统信息提供两个 API：一个是异步获取系统信息的 wx.getSystemInfo(OBJECT)，另一个是同步获取系统信息的 wx.getSystemInfoSync()。

1 wx.getSystemInfo(OBJECT)

wx.getSystemInfo(OBJECT) 是用来异步获取设备的系统信息，示例代码如下：

```
Page({
  onLoad:function(){
    wx.getSystemInfo({
      success: function(res) {
        console.log("手机型号="+res.model)
        console.log("设备像素比="+res.pixelRatio)
        console.log("窗口宽度="+res.windowWidth)
        console.log("窗口高度="+res.windowHeight)
        console.log("微信设置的语言="+res.language)
        console.log("微信版本号="+res.version)
        console.log("操作系统版本="+res.system)
        console.log("客户端平台="+res.platform)
      }
    })
  }
})
```

2 wx.getSystemInfoSync()

wx.getSystemInfoSync() 用于同步获取系统信息，它是没有参数的，示例代码如下：

```
Page({
  onLoad: function () {
    try {
      var res = wx.getSystemInfoSync()
      console.log("手机型号 =" + res.model)
      console.log("设备像素比 =" + res.pixelRatio)
      console.log("窗口宽度 =" + res.windowWidth)
      console.log("窗口高度 =" + res.windowHeight)
      console.log("微信设置的语言 =" + res.language)
      console.log("微信版本号 =" + res.version)
      console.log("操作系统版本 =" + res.system)
      console.log("客户端平台 =" + res.platform)
    } catch (e) {
      // Do something when catch error
    }
  }
})
```

2. 获取网络类型

微信小程序使用 wx.getNetworkType(OBJECT) 来获取网络类型，网络类型分为：2G、3G、4G 和 WiFi，示例代码如下：

```
Page({
  onLoad: function () {
    wx.getNetworkType({
      success: function (res) {
        // 返回网络类型 2G、3G、4G 和 WiFi
        var networkType = res.networkType;
        console.log("网络类型 ="+networkType);
      }
    })
  }
})
```

3. 重力感应

微信小程序使用 wx.onAccelerometerChange(CALLBACK) 来进行重力感应，监听重力感应数据，频率为 5 次 / 秒，示例代码如下：

```
Page({
  onLoad: function () {
    wx.onAccelerometerChange(function(res) {
      console.log("X 轴 ="+res.x)
      console.log("Y 轴 ="+res.y)
      console.log("Z 轴 ="+res.z)
    })
  }
})
```

4. 罗盘

微信小程序使用 wx.onCompassChange(CALLBACK) 来监听罗盘数据，频率为 5 次 / 秒，示例代码如下：

```
Page({
  onLoad: function () {
    wx.onCompassChange(function (res) {
      console.log("面对的方向度数="+res.direction)
    })
  }
})
```

5. 拨打电话

微信小程序使用 wx.makePhoneCall(OBJECT) 来拨打电话，示例代码如下：

```
wx.makePhoneCall({
  phoneNumber: '13811112222'
})
```

6. 扫码

微信小程序使用 wx.scanCode(OBJECT) 来调出客户端扫码界面，扫码成功后返回对应的结果，示例代码如下：

```
wx.scanCode({
  success: (res) => {
    console.log(res)
  }
})
```

1.7.9 交互反馈 API

微信小程序提供 4 种交互反馈 API：wx.showToast(OBJECT) 显示消息提示框、wx.hideToast() 隐藏消息提示框、wx.showModal(OBJECT) 显示模态弹窗和 wx.showActionSheet(OBJECT) 显示操作菜单。

1. 消息提示框

消息提示框经常用来提示提交“成功”或者“加载中”，是一种友好提示方式，示例代码如下：

```
Page({
  onLoad: function () {
    wx.showToast({
      title: '成功',
      icon: 'success',
      duration: 2000
    })
  }
})
```

```
Page({
  onLoad: function () {
    wx.showToast({
      title: '加载中',
      icon: 'loading',
      duration: 2000
```

```
    })
  }
})
```

如果想手动隐藏消息提示框，可以使用 wx.hideToast() 接口，示例代码如下：

```
Page({
  onLoad: function () {
    wx.showToast({
      title: '加载中',
      icon: 'loading',
      duration: 10000
    })

    setTimeout(function () {
      wx.hideToast()
    }, 2000)
  }
})
```

2. 模态弹窗

模态弹窗是对整个界面进行覆盖，防止用户操作界面中的其他内容。使用 wx.showModal(OBJECT) 可以设置提示的标题、提示的内容、"取消"按钮和样式、"确定"按钮和样式及一些绑定的事件，示例代码如下：

```
Page({
  onLoad: function () {
   wx.showModal({
     title: '提示',
     content: '这是一个模态弹窗',
     success: function (res) {
       if (res.confirm) {
         console.log('用户点击确定')
       }
     }
   })
  }
})
```

3. 操作菜单

在 App 软件中，经常可以看到会从底部弹出很多选项供选择，也可以取消选择。在微信小程序中，同样可以实现这样的效果，需要使用 wx.showActionSheet(OBJECT) 显示操作菜单接口，示例代码如下：

```
Page({
  onLoad: function () {
   wx.showActionSheet({
     itemList: ['语文', '数学', '英语','化学','物理','生物',],
     success: function (res) {
       if (!res.cancel) {
         console.log(res.tapIndex)
       }
```

```
        }
    })
  }
})
```

1.7.10 登录 API

微信小程序的登录是必不可少的环节，可以简单理解为这样几个步骤。

① 使用 wx.login 获取 code 值。

② 获取 code 值后再加上 AppID、secret（公众开发平台 AppID 下面）、grant_type（授权类型）去请求 https://api.weixin.qq.com/sns/.jscode2session 这个路径，来获取 session_key。

③ 获取 session_key 后可以生成自己的 3rd_session 存储在 storage 中。

④ 后续用户进入微信小程序，先从 storage 中获得 3rd_session，再根据它去查找合法的 session_key。

1 wx.login(OBJECT) 获取登录凭证

微信小程序使用 wx.login(OBJECT) 接口来获取登录凭证（code），进而换取用户登录状态信息，包括用户的唯一标识（openid）及本次登录的会话密钥（session_key）。用户数据的加解密通信需要依赖会话密钥完成。示例代码如下：

```
App({
  onLaunch: function() {
    wx.login({
      success: function(res) {
        if (res.code) {
          // 发起网络请求
          wx.request({
            url: 'https://test.com/onLogin',
            data: {
              code: res.code
            }
          })
        } else {
          console.log('获取用户登录态失败！' + res.errMsg)
        }
      }
    });
  }
})
```

2 code 换取 session_key

https://api.weixin.qq.com/sns/.jscode2session 这是一个 HTTPS 接口，开发者服务器使用登录凭证（code）获取 session_key 和 openid。其中 session_key 是对用户数据进行加密签名的密钥。为了应用安全，session_key 不应该在网络上传输。

接口地址为：https://api.weixin.qq.com/sns/.jscode2session?appid=APPID&secret=SECRET&js_code=JSCODE&grant_type=authorization_code。

返回示例：

```
// 正常返回的 JSON 数据包
{
```

```
    "openid": "OPENID",
    "session_key": "SESSIONKEY"
}
//错误时返回 JSON 数据包(示例为 code 无效)
{
    "errcode": 40029,
    "errmsg": "invalid code"
}
```

3 wx.checkSession(OBJECT) 检查登录状态是否过期

微信小程序可以使用 wx.checkSession(OBJECT) 检查登录状态是否过期，如果过期就重新登录，示例代码如下：

```
wx.checkSession({
  success: function(){
    //登录态未过期
  },
  fail: function(){
    //登录态过期
    wx.login()
  }
})
```

4 wx.getUserInfo(OBJECT) 获取用户信息

微信小程序使用 wx.getUserInfo(OBJECT) 来获取用户信息。在获取用户信息前，需要调用 wx.login 接口，只有用户在登录状态，才能获取到用户的相关信息。示例代码如下：

```
Page({
  onLoad: function () {
    wx.getUserInfo({
      success: function (res) {
        console.log(res);
        var userInfo = res.userInfo
        var nickName = userInfo.nickName
        var avatarUrl = userInfo.avatarUrl
        var gender = userInfo.gender //性别 0：未知、1：男、2：女
        var province = userInfo.province
        var city = userInfo.city
        var country = userInfo.country
      }
    })
  }
})
```

1.7.11 微信支付 API

微信支付主要经过 5 个步骤：小程序内调用登录接口、商户系统调用支付统一下单、商户系统调用再次签名、商户系统接收支付通知、商户系统查询支付结果。小程序支付交互过程如图 1.51 所示。

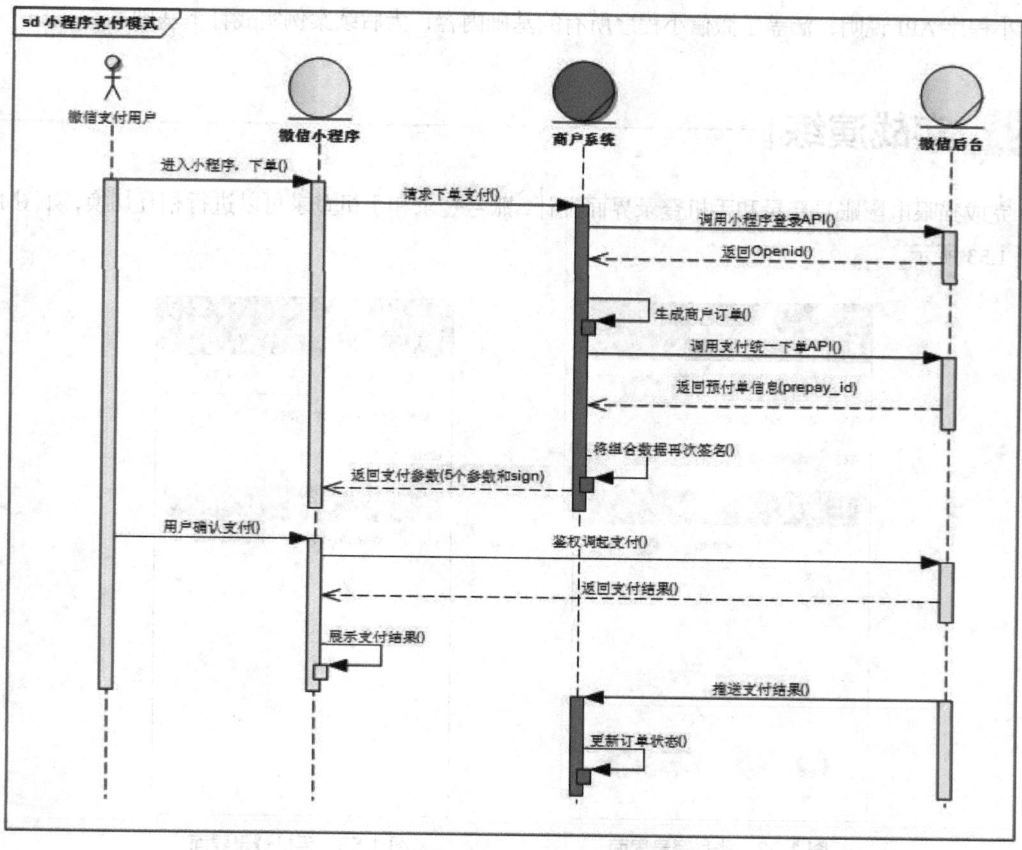

图 1.51　小程序支付交互过程

1.7.12　分享 API

微信小程序在 Page 中定义 onShareAppMessage 函数，用来设置该页面的分享信息。只有定义此事件处理函数，右上角菜单才会显示“分享”按钮，用户单击“分享”按钮时会调用。此事件需要返回一个 Object，用于自定义分享内容，示例代码如下：

```
Page({
  onShareAppMessage: function () {
    return {
      title: '自定义分享标题',
      desc: '自定义分享描述',
      path: '/page/user?id=123'
    }
  }
})
```

1.8　小结

本章重点讲述有关微信小程序的基础知识，包括微信小程序的功能和发展历程、微信小程序工具的使用、微信小程序框架文件、微信小程序逻辑层、微信小程序视图层、微信小程序组件介绍及微信小程序 API 说明，涵盖了微信小程序所有的基础内容，为后续案例实战打下基础。

1.9 实战演练

完成猫眼电影账号登录和手机登录界面设计，账号登录和手机登录可以进行相互切换，如图 1.52 和图 1.53 所示。

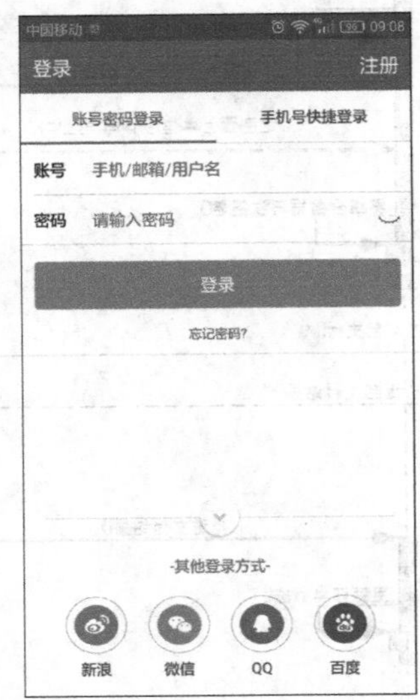

图 1.52 账号登录界面

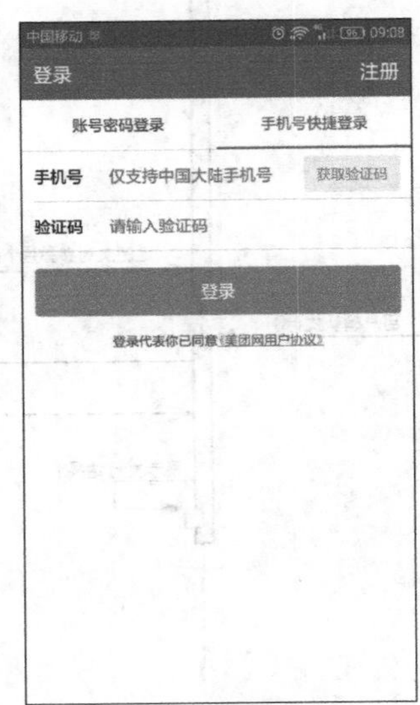

图 1.53 手机登录界面

第2章 美食类：仿菜谱精灵微信小程序

美食类微信小程序是围绕美食而设计的一款小程序，可以查看各式各样的菜谱及这些菜如何来做，有哪些最新、最热的菜式（见图 2.1 和图 2.2），每个菜式又有多少人喜欢及做过。菜谱精灵 App 是美食类有代表性的 App 软件。对于菜谱类 App 软件，用户使用的频次不是那么高，当用户碰到不会做的菜式或者想做一些新的菜式，才会去 App 软件查看，而微信小程序就可以满足这种低频次使用场景——不需要它的时候，在哪里静静待着；需要它的时候，打开就可以使用，且不像 App 软件占用内存空间。

图 2.1 菜谱精灵专题

图 2.2 菜谱精灵专题详情

2.1 需求描述及交互分析

视频课程

需求描述及交互分析

2.1.1 需求描述

仿菜谱精灵微信小程序，要具备以下功能。

① 底部标签导航设计，分为“专题”“分类”“下载”“我的”和“设置”这 5 个标签导航，标签导航可相互切换，选中时图标及文字为红色，如图 2.3 所示。

图 2.3 底部标签导航

② 通过幻灯片轮播效果动态展示一些美食图片，如图 2.4 和图 2.5 所示。

图 2.4　美食一

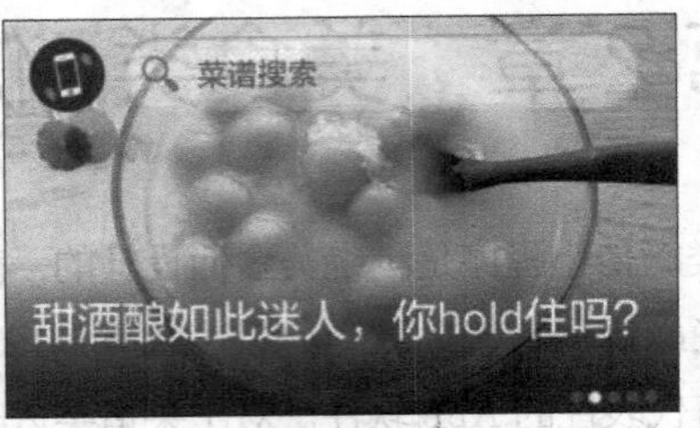

图 2.5　美食二

③ 美食专题列表设计，显示美食的图片、分类、菜谱、点赞个数及浏览数量，如图 2.6 所示。

④ 点击美食专题的列表可以查看具体菜谱详情，在菜谱详情页显示各个美食的图片、做法、食材等内容，如图 2.7 所示。

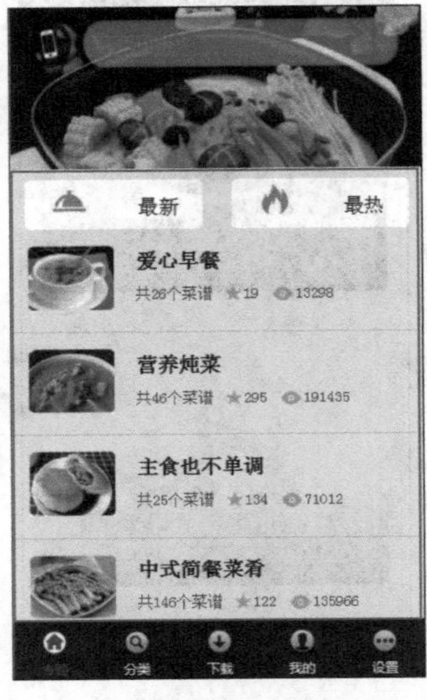

图 2.6　美食专题列表

图 2.7　美食专题列表详情

2.1.2　交互分析

① 底部标签导航切换效果，单击不同标签导航，显示对应的导航内容。

② 幻灯片轮播效果可以自动进行播放，切换显示不同的美食图片。现在很多的网站或 App 软件均采用这种方式展示商品图片或广告图片，在有限区域显示无限的内容。

③ 展示美食专题列表，通过单击列表，可以查看相关的菜谱信息。

2.2　设计思路及相关知识点

视频课程

设计思路及相关知识点

2.2.1　设计思路

按以下思路设计仿菜谱精灵微信小程序，以实现要具备的功能。

① 设计底部标签导航，准备好底部标签导航的图标和创建相应的 5 个页面。

② 设计幻灯片轮播效果，准备好幻灯片需要轮播的图片。

③ 设计“最新”“最热”两个按钮区域。

④ 设计美食专题列表内容，准备好专题需要的美食图片。

⑤ 设计美食专题列表详情内容，准备好需要使用的图片。

2.2.2 相关知识点

① app.json 配置文件用来对微信小程序进行全局配置，决定页面文件的路径、窗口表现、设置网络超时时间、设置底部标签导航及开启 debug 开发模式，如图 2.8 所示。

```
{
  "pages": [
    "pages/index/index",
    "pages/logs/index"
  ],
  "window": {
    "navigationBarTitleText": "Demo"
  },
  "tabBar": {
    "list": [{
      "pagePath": "pages/index/index",
      "text": "首页"
    }, {
      "pagePath": "pages/logs/logs",
      "text": "日志"
    }]
  },
  "networkTimeout": {
    "request": 10000,
    "downloadFile": 10000
  },
  "debug": true
}
```

图 2.8　app.json 配置

② swiper 滑块视图容器组件，采用这个组件可以实现幻灯片轮播效果。swiper 滑块视图容器属性如表 2.1 所示。

表 2.1　swiper 滑块视图容器属性

属性名	类　型	默认值	说　明
indicator-dots	Boolean	false	是否显示面板指示点
autoplay	Boolean	false	是否自动切换
current	Number	0	当前所在页面的 index
interval	Number	5000	自动切换时间间隔
duration	Number	1000	滑动动画时长
bindchange	EventHandle		current 改变时会触发 change 事件，event.detail = {current: current}

注意：<swiper>其中只可放置<swiper-item/>组件，其他节点会被自动删除，且swiper-item仅可放置在<swiper/>组件中，宽高自动设置为100%。

③ view 视图容器组件用来进行界面的布局。

④ image 图片组件用来展示图片内容。image 图片组件属性如表 2.2 所示。

表 2.2　image 图片组件属性

属性名	类　型	默认值	说　明
src	String		图片资源地址
mode	String	'scaleToFill'	图片裁剪、缩放的模式
binderror	HandleEvent		当错误发生时，发布到 AppService 的事件名，事件对象 event.detail = {errMsg: 'something wrong'}
bindload	HandleEvent		当图片载入完毕，发布到 AppService 的事件名，事件对象 event.detail = {height:' 图片高度 px', width:' 图片宽度 px'}

⑤ wx:for 列表渲染，在组件上使用 wx:for 控制属性绑定一个数组，即可使用数组中各项的数据重复渲染该组件。

```
<view wx:for="{{array}}">
  {{index}}: {{item.message}}
</view>
```

```
Page({
  data: {
    array: [{
      message: 'foo',
    }, {
      message: 'bar'
    }]
  }
})
```

使用 wx:for-item 可以指定数组当前元素的变量名；使用 wx:for-index 可以指定数组当前下标的变量名。

⑥ block wx:for 列表渲染，渲染一个包含多节点的结构块。

```
<block wx:for="{{[1, 2, 3]}}">
  <view> {{index}}: </view>
  <view> {{item}} </view>
</block>
```

⑦ wx.navigateTo 保留当前页面，跳转到应用内的某个页面；使用 wx.navigateBack 可以返回到原页面。

2.3 底部标签导航设计

仿菜谱精灵微信小程序底部标签导航有 5 个，标签导航被选中时导航图标会变为红色图标，导航文字会变为红色文字，如图 2.9 所示。

图 2.9　底部标签导航选中效果

设计底部标签导航选中效果的具体操作步骤如下。

1 新建一个无 AppID 的 cpjl 项目，如图 2.10 所示。

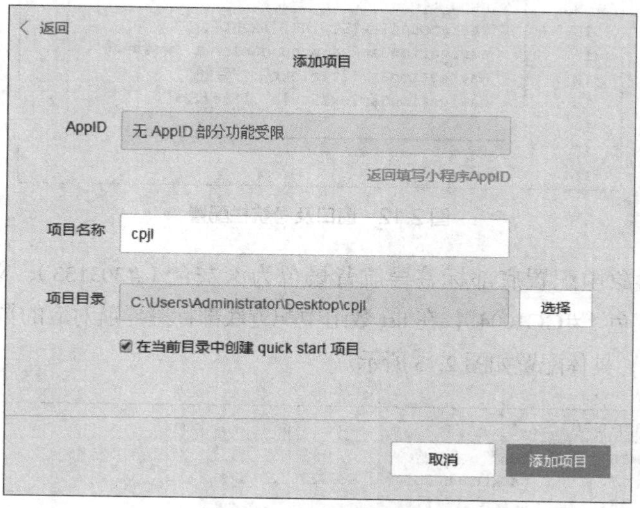

图 2.10　添加项目

2 将准备好的底部标签导航图标、美食轮播图片及专题美食图片等复制到 pages 文件夹下。

3 打开 app.json 配置文件，在 pages 数组中添加 5 个页面路径 “pages/subject/subject” “pages/classify/classify” “pages/download/download” “pages/me/me” “pages/setup/setup”，保存后会自动生成相应的页面文件夹。删除 “pages/index/index” “pages/logs/logs” 页面路径及对应的文件夹，如图 2.11 所示。

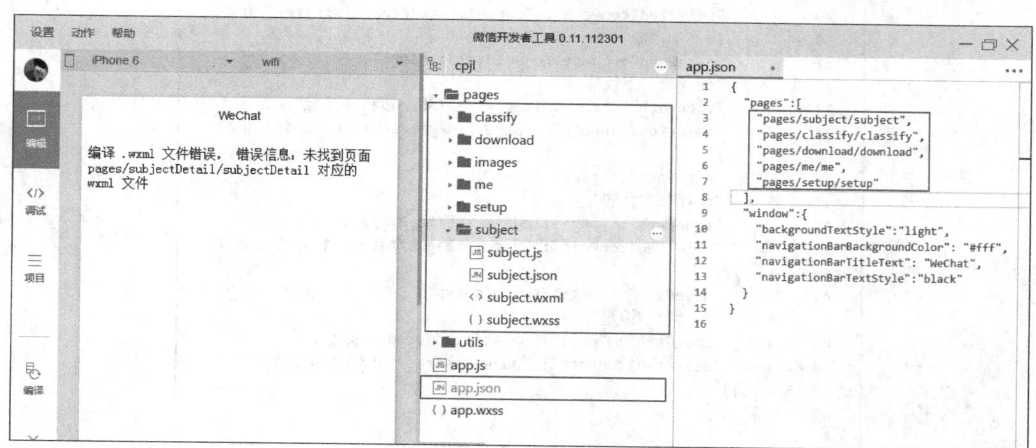

图 2.11　配置页面路径

4 在 window 数组中配置窗口导航背景颜色为灰色（#494949）、导航栏文字为“专题”，字体颜色设置为白色（#ffffff），具体配置如图 2.12 所示。

```
app.json
{
  "pages":[
    "pages/subject/subject",
    "pages/classify/classify",
    "pages/download/download",
    "pages/me/me",
    "pages/setup/setup"
  ],
  "window":{
    "backgroundTextStyle":"light",
    "navigationBarBackgroundColor": "#494949",
    "navigationBarTitleText": "专题",
    "navigationBarTextStyle":"#ffffff"
  }
}
```

图 2.12 窗口及导航栏配置

5 在 tabBar 对象中配置底部标签导航背景色为深灰色（#303133）、文字默认颜色为白色（#ffffff）、选中时为红色（#CC1004），在 list 数组中配置底部标签导航对应的页面、导航名称、默认时图标、选中时图标，具体配置如图 2.13 所示。

```
app.json
  "tabBar": {
    "backgroundColor":"#303133",
    "color":"#ffffff",
    "selectedColor":"#CC1004",
    "list": [{
      "pagePath": "pages/subject/subject",
      "text": "专题",
      "iconPath": "pages/images/tab/subject-0.jpg",
      "selectedIconPath": "pages/images/tab/subject-1.jpg"
    },{
      "pagePath": "pages/classify/classify",
      "text": "分类",
      "iconPath": "pages/images/tab/classify-0.jpg",
      "selectedIconPath": "pages/images/tab/classify-1.jpg"
    },{
      "pagePath": "pages/download/download",
      "text": "下载",
      "iconPath": "pages/images/tab/download-0.jpg",
      "selectedIconPath": "pages/images/tab/download-1.jpg"
    },{
      "pagePath": "pages/me/me",
      "text": "我的",
      "iconPath": "pages/images/tab/me-0.jpg",
      "selectedIconPath": "pages/images/tab/me-1.jpg"
    },{
      "pagePath": "pages/setup/setup",
      "text": "设置",
      "iconPath": "pages/images/tab/setup-0.jpg",
      "selectedIconPath": "pages/images/tab/setup-1.jpg"
    }]
  }
}
```

图 2.13 底部标签导航配置

至此，就完成了仿菜谱精灵微信小程序的底部标签导航配置。单击不同的导航，可以切换显示不同的界面，同时导航图标和导航文字会呈现为选中状态，如图 2.14 所示。

图 2.14 专题界面

2.4 幻灯片轮播效果设计

视频课程

幻灯片轮播效果设计

幻灯片轮播效果可以在有限的区域内动态地显示不同的幻灯片图片。在仿菜谱精灵微信小程序中，采用幻灯片轮播效果展示美食图片，如图 2.15 所示。

图 2.15 幻灯片轮播显示效果

设计幻灯片轮播显示效果的具体操作步骤如下。

1 进入 pages/subject/subject.wxml 文件，采用 view、swiper 和 image 组件进行布局，定义 content、section 和 slide-image 的类（class），具体代码如下：

```
<view class="content">
  <view class="section">
    <swiper autoplay="true" interval="3000" duration="1000">
      <block wx:for="{{imgUrls}}">
        <swiper-item>
          <image src="{{item}}" class="slide-image" width="350" height="211" />
        </swiper-item>
      </block>
```

```
    </swiper>
  </view>
</view>
```

- 将 swipr 滑块视图容器设置为自动播放（autoplay="true"）、自动切换时间间隔为 3s（interval="3000"）、滑动动画时长为 1s（duration="1000"）。
- 采用 wx:for 循环来显示要展示的图片，从 subject.js 中获取 imgUrls 图片路径。
- 将 image 的默认宽度设置为 350px，高度设置为 211px。

2 进入 pages/subject/subject.js 文件，在 data 对象中定义 imgUrls 数组，存放幻灯片轮播的图片路径，具体代码如下：

```
Page({
  data:{
    imgUrls:[
      "../images/haibao/haibao-1.jpg",
      "../images/haibao/haibao-2.jpg",
      "../images/haibao/haibao-3.jpg",
      "../images/haibao/haibao-4.jpg",
      "../images/haibao/haibao-5.jpg"
    ]
  }
})
```

3 进入 pages/subject/subject.wxss 文件，设置界面背景色为灰色（#F2F2F2）、图片的宽度为 100%，具体代码如下：

```
.content{
    background-color: #F2F2F2;
}
.section image{
   width:100%;
}
```

至此，就可以实现幻灯片轮播效果，如图 2.16 和图 2.17 所示。

图 2.16　幻灯片轮播一

图 2.17　幻灯片轮播二

2.5 菜谱专题列表式显示设计

菜谱专题列表用来显示相关美食信息，将美食分成不同的类别，例如爱心早餐、营养炖菜等。在这些分类中，又有很多的菜谱，方便用户按类别进行查看，如图 2.18 所示。

图 2.18 菜谱专题列表

设计菜谱专题列表的具体操作步骤如下。

1 进入 pages/subject/subject.wxml 文件，先设计“最新”“最热”两个按钮区域，在这个区域中有白色背景、图标和文字，具体代码如下：

```
<view class="opr">
    <view class="btn">
      <view>
        <image src="../images/icon/zuixin.jpg" style="width:36px; height:25px"></image>
      </view>
      <view> 最新 </view>
    </view>
    <view class="btn">
      <view>
        <image src="../images/icon/zuire.jpg" style="width:32px; height:34px"></image>
      </view>
      <view> 最热 </view>
    </view>
  </view>
```

2 进入 pages/subject/subject.wxss 文件，设计界面样式，opr 数组设置为水平方向布局，btn 数组设置为水平方向布局、宽度为 43%、高度为 46px、背景色为白色（#ffffff），具体代码如下：

```
.opr{
   display: flex;
   flex-direction: row;
}
```

```
.btn{
    display: flex;
    flex-direction: row;
    width: 43%;
    background-color: #ffffff;
    height: 46px;
    margin: 0 auto;
    margin-top:10px;
    line-height: 46px;
    border-radius: 5px;
}
.btn view{
     margin:0 auto;
     margin-top:3px;
}
```

3 界面设置样式后，效果如图 2.19 所示。

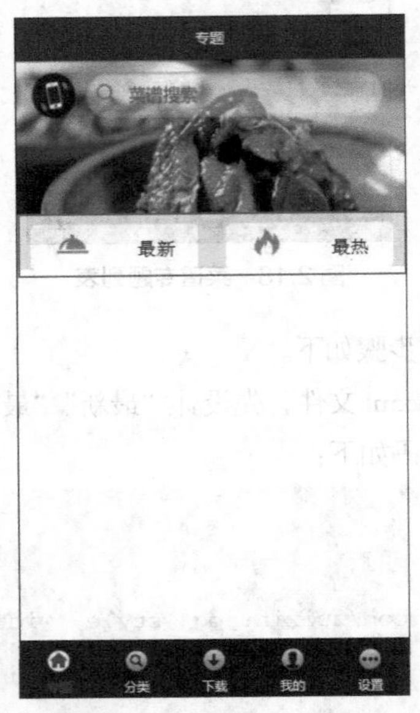

图 2.19 “最新”“最热”按钮区域

4 进入 pages/subject/subject.wxml 文件，设计菜谱专题列表界面布局，包括美食图片、美食分类名称、菜谱数量、点赞数量、浏览数量及间隔线，具体代码如下：

```
<view class="list">
    <view class="item" bindtap="seeDetail" id="0">
      <view>
        <image src="../images/list/pic-1.jpg" style="width:78px;height:60px;"></image>
      </view>
      <view class="desc">
        <view class="title">爱心早餐</view>
        <view class="count">
          <view>共 26 个菜谱</view>
```

```
            <view>
              <image src="../images/icon/xingxing.jpg" style="width:18px;height:17px;"></image>
            </view>
            <view>19</view>
            <view>
              <image src="../images/icon/yanjing.jpg" style="width:23px;height:17px;"></image>
            </view>
            <view>13298</view>
          </view>
        </view>
      </view>
<view class="hr"></view>
</view>
```

- class="item" 用来定义美食图片的样式。
- class="desc" 用来描述美食分类信息，包括美食分类名称、菜谱数量、点赞数量和浏览数量。
- class="hr" 用来定义间隔线。

5 进入 pages/subject/subject.wxss 文件，设置美食图片大小和位置、美食分类相关信息及间隔线样式，具体代码如下：

```
.item{
    display: flex;
    flex-direction: row;
    margin: 15px;
}
.desc{
    margin-left: 20px;
    line-height: 30px;
}
.title{
    font-weight: bold;
}
.count{
    display: flex;
    flex-direction: row;
    font-size: 14px;
    color: #666666;
}
.count image{
    margin-left: 10px;
    margin-top: 7px;
}
.hr{
    height: 1px;
    background-color: #cccccc;
    opacity: 0.5;
}
```

6 通过美食专题列表界面布局设计和样式设计，界面效果如图 2.20 所示。

7 多添加几条美食信息分类，界面效果如图 2.21 所示。

图 2.20　一条美食

图 2.21　多条美食

pages/subject/subject.wxml 完整代码如下：

```
<view class="content">
  <view class="section">
    <swiper autoplay="true" interval="3000" duration="1000">
      <block wx:for="{{imgUrls}}">
        <swiper-item>
          <image src="{{item}}" class="slide-image" width="350" height="211" />
        </swiper-item>
      </block>
    </swiper>
  </view>
  <view class="opr">
    <view class="btn">
      <view>
        <image src="../images/icon/zuixin.jpg" style="width:36px; height:25px"></image>
      </view>
      <view>最新</view>
    </view>
    <view class="btn">
      <view>
        <image src="../images/icon/zuire.jpg" style="width:32px; height:34px"></image>
      </view>
      <view>最热</view>
    </view>
  </view>
  <view class="list">
    <view class="item" bindtap="seeDetail" id="0">
      <view>
        <image src="../images/list/pic-1.jpg" style="width:78px;height:60px;"></image>
      </view>
      <view class="desc">
        <view class="title">爱心早餐</view>
```

```
      <view class="count">
        <view> 共 26 个菜谱 </view>
        <view>
          <image src="../images/icon/xingxing.jpg" style="width:18px;height:17px;"></image>
        </view>
        <view>19</view>
        <view>
          <image src="../images/icon/yanjing.jpg" style="width:23px;height:17px;"></image>
        </view>
        <view>13298</view>
      </view>
    </view>
  </view>
  <view class="hr"></view>
  <view class="item">
    <view>
      <image src="../images/list/pic-2.jpg" style="width:78px;height:60px;"></image>
    </view>
    <view class="desc">
      <view class="title"> 营养炖菜 </view>
      <view class="count">
        <view> 共 46 个菜谱 </view>
        <view>
          <image src="../images/icon/xingxing.jpg" style="width:18px;height:17px;"></image>
        </view>
        <view>295</view>
        <view>
          <image src="../images/icon/yanjing.jpg" style="width:23px;height:17px;"></image>
        </view>
        <view>191435</view>
      </view>
    </view>
  </view>
  <view class="hr"></view>
  <view class="item">
    <view>
      <image src="../images/list/pic-3.jpg" style="width:78px;height:60px;"></image>
    </view>
    <view class="desc">
      <view class="title"> 主食也不单调 </view>
      <view class="count">
        <view> 共 25 个菜谱 </view>
        <view>
          <image src="../images/icon/xingxing.jpg" style="width:18px;height:17px;"></image>
        </view>
        <view>134</view>
        <view>
          <image src="../images/icon/yanjing.jpg" style="width:23px;height:17px;"></image>
        </view>
        <view>71012</view>
      </view>
    </view>
```

```
</view>
<view class="hr"></view>
<view class="item">
  <view>
    <image src="../images/list/pic-4.jpg" style="width:78px;height:60px;"></image>
  </view>
  <view class="desc">
    <view class="title">中式简餐菜肴 </view>
    <view class="count">
      <view> 共 146 个菜谱 </view>
      <view>
        <image src="../images/icon/xingxing.jpg" style="width:18px;height:17px;"></image>
      </view>
      <view>122</view>
      <view>
        <image src="../images/icon/yanjing.jpg" style="width:23px;height:17px;"></image>
      </view>
      <view>135966</view>
    </view>
  </view>
</view>
<view class="hr"></view>
<view class="item">
  <view>
    <image src="../images/list/pic-5.jpg" style="width:78px;height:60px;"></image>
  </view>
  <view class="desc">
    <view class="title">犯懒专用宝宝饭 </view>
    <view class="count">
      <view> 共 43 个菜谱 </view>
      <view>
        <image src="../images/icon/xingxing.jpg" style="width:18px;height:17px;"></image>
      </view>
      <view>555</view>
      <view>
        <image src="../images/icon/yanjing.jpg" style="width:23px;height:17px;"></image>
      </view>
      <view>553432</view>
    </view>
  </view>
</view>
<view class="hr"></view>
<view class="hr"></view>
<view class="item">
  <view>
    <image src="../images/list/pic-6.jpg" style="width:78px;height:60px;"></image>
  </view>
  <view class="desc">
    <view class="title">用烤箱解放你的双手 </view>
    <view class="count">
      <view> 共 35 个菜谱 </view>
      <view>
```

```
            <image src="../images/icon/xingxing.jpg" style="width:18px;height:17px;"></image>
          </view>
          <view>855</view>
          <view>
            <image src="../images/icon/yanjing.jpg" style="width:23px;height:17px;"></image>
          </view>
          <view>372703</view>
        </view>
      </view>
    </view>
    <view class="hr"></view>
  </view>
</view>
```

pages/subject/subject.wxss 完整代码如下：

```
.content{
    background-color: #F2F2F2;
}
.section image{
  width:100%;
}
.opr{
    display: flex;
    flex-direction: row;
}

.btn{
    display: flex;
    flex-direction: row;
    width: 43%;
    background-color: #ffffff;
    height: 46px;
    margin: 0 auto;
    margin-top:10px;
    line-height: 46px;
    border-radius: 5px;
}
.btn view{
     margin:0 auto;
     margin-top:3px;
}
.item{
    display: flex;
    flex-direction: row;
    margin: 15px;
}
.desc{
    margin-left: 20px;
    line-height: 30px;
}
.title{
    font-weight: bold;
}
```

```
.count{
    display: flex;
    flex-direction: row;
    font-size: 14px;
    color: #666666;
}
.count image{
    margin-left: 10px;
    margin-top: 7px;
}
.hr{
    height: 1px;
    background-color: #cccccc;
    opacity: 0.5;
}
```

pages/subject/subject.js 完整代码如下：

```
Page({
  data:{
    imgUrls:[
      "../images/haibao/haibao-1.jpg",
      "../images/haibao/haibao-2.jpg",
      "../images/haibao/haibao-3.jpg",
      "../images/haibao/haibao-4.jpg",
      "../images/haibao/haibao-5.jpg"
    ]
  }
})
```

2.6 菜谱专题详情设计

视频课程
菜谱专题详情设计

单击美食列表信息，会进入菜谱专题详情界面。在这个界面中，有详细的菜谱信息及食材内容，如图 2.22 所示。

图 2.22 菜谱专题详情页

设计菜谱专题详情页的具体操作步骤如下。

1 进入 app.json 文件，在 pages 数组中添加 subjectDetail 菜谱专题详情页路径，具体代码如下：

```
"pages":[
    "pages/subject/subject",
    "pages/subjectDetail/subjectDetail",
    "pages/classify/classify",
    "pages/download/download",
    "pages/me/me",
    "pages/setup/setup"
  ]
```

2 进入 pages/subject/subject.wxml 文件，找到 class="item" 的 view 组件，在这个组件中添加 bindtap="seeDetail" 单击事件，具体代码如下：

```
<view class="item" bindtap="seeDetail" id="0">
      <view>
        <image src="../images/list/pic-1.jpg" style="width:78px;height:60px;"></image>
      </view>
      <view class="desc">
        <view class="title">爱心早餐</view>
        <view class="count">
          <view> 共 26 个菜谱</view>
          <view>
            <image src="../images/icon/xingxing.jpg" style="width:18px;height:17px;"></image>
          </view>
          <view>19</view>
          <view>
            <image src="../images/icon/yanjing.jpg" style="width:23px;height:17px;"></image>
          </view>
          <view>13298</view>
        </view>
      </view>
    </view>
    <view class="hr"></view>
```

3 进入 pages/subject/subject.js 文件，设置 seeDetail 单击事件函数，让它打开详情页面，具体代码如下：

```
Page({
  data:{
    imgUrls:[
      "../images/haibao/haibao-1.jpg",
      "../images/haibao/haibao-2.jpg",
      "../images/haibao/haibao-3.jpg",
      "../images/haibao/haibao-4.jpg",
      "../images/haibao/haibao-5.jpg"
    ]
  },
  seeDetail:function(e){
    wx.navigateTo({
      url: '../subjectDetail/subjectDetail?id='+e.currentTarget.id
    })
  }
})
```

4 进入 pages/subjectDetail/subjectDetail.wxml 文件，进行菜谱图片、浏览数量、评论数量及间隔线布局，具体代码如下：

```
<view class="content">
   <view class="item">
     <view class="pic"><image src="../images/detail/pdsrz.jpg" style="width:312px;
height:219px;"></image></view>
     <view class="opr">
        <view><image src="../images/icon/xingxing.jpg" style="width:18px;height:17px">
</image></view>
        <view>17841</view>
        <view class="zw"> </view>
        <view><image src="../images/icon/huifu.jpg" style="width:21px;height:20px;">
</image></view>
        <view>48</view>
     </view>
     <view class="hr"></view>
   </view>
</view>
```

- class="pic" 用来定义菜谱图片的样式。
- class="opr" 用来定义浏览数量、评论数量的样式。
- class="hr" 用来定义间隔线。

5 进入 pages/subjectDetail/subjectDetail.wxss 文件，进行菜谱图片、浏览数量、评论数量及间隔线样式设计，具体代码如下：

```
.content{
    background-color: #F2F2F2;
}
.pic{
    text-align: center;
    padding-top:20px;
}
.opr{
    display: flex;
    flex-direction: row;
    margin-top:10px;
    margin-bottom: 10px;
    margin-left:60%;
    font-size: 14px;
    color: #666666;
}
.zw{
    margin-left: 10px;
    margin-right: 10px;
}
.hr{
    height: 1px;
    background-color: #cccccc;
    opacity: 0.5;
}
```

6 通过对菜谱专题详情页的布局设计及样式设计，界面效果如图 2.23 所示。

图 2.23　爱心早餐详情页

pages/subjectDetail/subjectDetail.wxml 完整代码如下：

```
<view class="content">
   <view class="item">
     <view class="pic"><image src="../images/detail/pdsrz.jpg" style="width:312px;
height:219px;"></image></view>
     <view class="opr">
        <view><image src="../images/icon/xingxing.jpg" style="width:18px;height:
17px"></image></view>
        <view>17841</view>
        <view class="zw"> </view>
        <view><image src="../images/icon/huifu.jpg" style="width:21px;height:20px;">
</image></view>
        <view>48</view>
     </view>
     <view class="hr"></view>
   </view>
   <view class="item">
     <view class="pic"><image src="../images/detail/ycqdb.jpg" style="width:312px;
height:219px;"></image></view>
     <view class="opr">
        <view><image src="../images/icon/xingxing.jpg" style="width:18px;height:17px">
</image></view>
        <view>469</view>
         <view class="zw"> </view>
        <view><image src="../images/icon/huifu.jpg" style="width:21px;height:20px;">
</image></view>
        <view>7</view>
     </view>
```

```
        <view class="hr"></view>
    </view>
</view>
```

2.7 小结

仿菜谱精灵微信小程序主要完成底部标签导航设计、幻灯片轮播效果设计、菜谱专题列表显示设计及菜谱专题详情页设计。通过这些内容的设计，要学会以下内容：

1 view、image 和 swiper 界面的布局设计及样式设计；

2 底部标签导航配置，包括标签导航背景色、导航文字默认颜色和选中颜色及导航的页面路径、默认图标和选中图标；

3 使用 swiper 滑块视图容器来完成幻灯片轮播效果；

4 使用 block wx:for 进行循环和数据绑定操作；

5 使用 wx.navigateTo 保留当前页进行跳转，跳转后可以返回跳转前的界面。

2.8 实战演练

完成分类界面的布局设计，界面效果如图 2.24 所示。

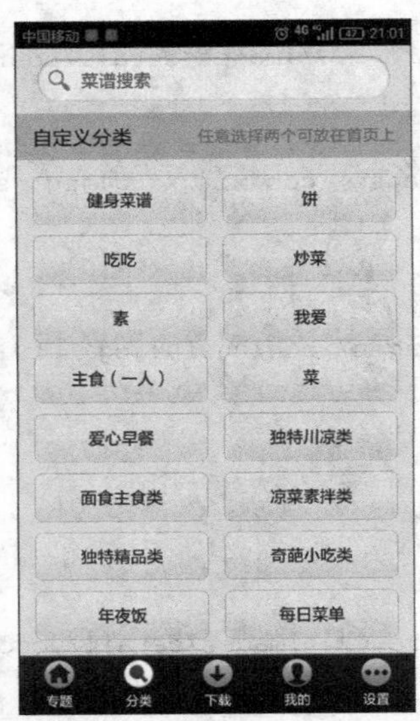

图 2.24　分类界面

需求描述：

① 完成菜谱搜索区域的布局设计。

② 完成自定义分类布局设计。

第3章 资讯类：仿今日头条微信小程序

新闻资讯阅读是人们日常生活中不可或缺的一件事。今日头条App、腾讯新闻App、网易新闻App，这些都是非常受欢迎的资讯类App。人们在闲暇时间，可以打开手机App，随时随地了解最新资讯。资讯类App也可以设计成微信小程序。本章我们将一起来做仿今日头条微信小程序，设计今日头条首页界面及“我的”界面如图3.1和图3.2所示。

图3.1 首页界面

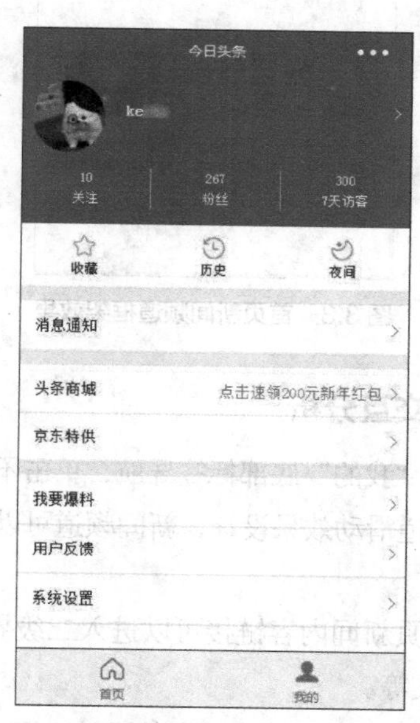

图3.2 “我的”界面（一）

3.1 需求描述及交互分析

视频课程

需求描述及交互分析

3.1.1 需求描述

仿今日头条微信小程序，要具备以下功能。

① 首页新闻频道框架设计，包括底部标签导航设计、新闻检索框设计及新闻频道滑动效果设计，如图3.3所示。

② 首页新闻内容设计，包括新闻标题、新闻图片及新闻评论设计。

③ 首页新闻详情页设计，显示新闻的详细内容包括标题、发布人、发布时间、正文内容及底部评论区域，如图3.4所示。

④“我的”界面列表式导航设计，采用列表式导航来设计我的界面，同时作为二级界面的导航。

图 3.3　首页新闻频道框架效果

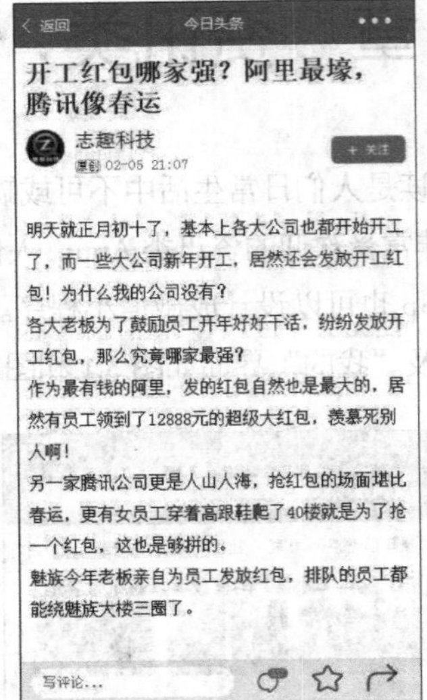

图 3.4　新闻详情页

3.1.2　交互分析

①“首页”“我的”底部标签导航，单击不同标签导航，显示对应的导航内容界面。

② 新闻频道滑动效果设计，新闻频道可以向左向右滑动，单击不同的新闻频道可以显示对应新闻频道内容。

③ 单击首页新闻内容链接可以进入二级界面查看完整的新闻内容，包括新闻的标题、发布人、发布时间及正文等。

④“我的”界面采用列表式导航设计，通过列表式导航可以进入二级界面。

3.2　设计思路及相关知识点

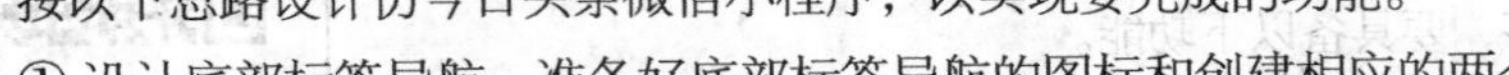

3.2.1　设计思路

按以下思路设计仿今日头条微信小程序，以实现要完成的功能。

① 设计底部标签导航，准备好底部标签导航的图标和创建相应的两个页面。

② 设计新闻频道滑动效果，需要借助于 scroll–view 可滚动视图容器组件，允许水平方向上进行滑动。

③ 设计新闻频道页签切换效果，单击新闻频道页签，显示相应的内容。

④ 设计首页新闻内容列表，设计新闻的标题样式、图片的显示及评论。

⑤ 设计首页新闻详情界面，包括新闻标题、发布人、发布时间、“关注”按钮、正文内容及评论区域。

⑥ 设计“我的”界面，获取账号信息及采用列表式导航进行设计。

3.2.2　相关知识点

① app.json 配置文件用来对微信小程序进行全局配置，决定页面文件的路径、窗口表现、设置网络超时时间、设置底部标签导航及开启 debug 开发模式，如图 3.5 所示。

```
{
  "pages": [
    "pages/index/index",
    "pages/logs/index"
  ],
  "window": {
    "navigationBarTitleText": "Demo"
  },
  "tabBar": {
    "list": [{
      "pagePath": "pages/index/index",
      "text": "首页"
    }, {
      "pagePath": "pages/logs/logs",
      "text": "日志"
    }]
  },
  "networkTimeout": {
    "request": 10000,
    "downloadFile": 10000
  },
  "debug": true
}
```

图 3.5　app.json 配置

② scroll-view 可滚动视图区域组件，采用这个组件可以在水平方向上或垂直方向上进行滚动，实现新闻频道滑动效果。scroll-view 可滚动视图区域组件属性如表 3.1 所示。

表 3.1　scroll-view 可滚动视图区域组件属性

属性名	类　型	默认值	说　明
scroll-x	Boolean	false	允许横向滚动
scroll-y	Boolean	false	允许纵向滚动
upper-threshold	Number	50	设置距顶部 / 左边多远时（单位为 px），触发 scrolltoupper 事件
lower-threshold	Number	50	设置距底部 / 右边多远时（单位为 px），触发 scrolltolower 事件
scroll-top	Number		设置竖向滚动条位置
scroll-left	Number		设置横向滚动条位置
scroll-into-view	String		值应为某子元素 id，则滚动到该元素，元素顶部对齐滚动区域顶部
bindscrolltoupper	EventHandle		滚动到顶部 / 左边，会触发 scrolltoupper 事件
bindscrolltolower	EventHandle		滚动到底部 / 右边，会触发 scrolltolower 事件
bindscroll	EventHandle		滚动时触发，event.detail = {scrollLeft, scrollTop, scrollHeight, scrollWidth, deltaX, deltaY}

注：使用竖向滚动时，需要给 <scroll-view/> 一个固定高度，通过 WXSS 设置 height 值；不要在 scroll-view 中使用 textarea、map、canvas、video 组件；scroll-into-view 的优先级高于 scroll-top。

③ swiper 滑块视图容器组件，可以实现幻灯片轮播效果动态展示及页签内容切换效果。swiper 滑块视图容器属性如表 3.2 所示。

表 3.2 swiper 滑块视图容器属性

属性名	类 型	默认值	说 明
indicator-dots	Boolean	false	是否显示面板指示点
autoplay	Boolean	false	是否自动切换
current	Number	0	当前所在页面的 index
interval	Number	5000	自动切换时间间隔
duration	Number	1000	滑动动画时长
bindchange	EventHandle		current 改变时会触发 change 事件，event.detail = {current: current}

④ view 视图容器组件用来进行界面的布局；image 图片组件用来展示图片信息。

⑤ input 输入框组件用来输入单行文本内容，input 输入框组件属性如表 3.3 所示。

表 3.3 input 输入框组件属性

属性名	类 型	默认值	说 明
value	String		输入框的初始内容
type	String	text	设置 input 的类型，有效值为 text、number、idcard 和 digit
password	Boolean	false	是否是密码类型
placeholder	String		输入框为空时占位符
placeholder-style	String		指定 placeholder 的样式
placeholder-class	String	input-placeholder	指定 placeholder 的样式类
disabled	Boolean	false	是否禁用
maxlength	Number	140	最大输入长度，设置为 -1 时不限制最大长度
cursor-spacing	Number	0	指定光标与键盘的距离（单位为 px）。取输入框与底部的距离和 cursor-spacing 指定的距离最小值作为光标与键盘的距离
auto-focus	Boolean	false	自动聚焦（即将废弃，请直接使用 focus），拉起键盘
focus	Boolean	false	获取焦点
bindinput	EventHandle		当用键盘输入时，触发 input 事件，event.detail = {value: value}，处理函数可以直接返回一个字符串，替换输入框的内容
bindfocus	EventHandle		输入框聚焦时触发，event.detail = {value: value}
bindblur	EventHandle		输入框失去焦点时触发，event.detail = {value: value}
bindconfirm	EventHandle		单击"完成"按钮时触发，event.detail = {value: value}

⑥ 获取账号信息。使用 app.getUserInfo 函数来获取账户信息，示例代码如下：

```
var app = getApp()
Page({
  data:{
    motto: '欢迎',
    userInfo: {}
  },
  onLoad:function(options){
    console.log( 'onLoad' )
      var that = this;
      //调用应用实例的方法获取全局数据
      app.getUserInfo( function( userInfo ) {
        //更新数据
        that.setData( {
          userInfo: userInfo
        })
      })
  },
  setting:function(){
    wx.navigateTo({
      url: '../setting/setting'
    })
  }
})
```

⑦ wx.navigateTo 保留当前页面，跳转到应用内的某个页面；使用 wx.navigateBack 可以返回到原页面。

3.3 首页新闻频道框架设计

首页新闻频道框架设计，先来设计首页的底部标签导航，即“首页”和“我的”两个标签导航，选中时图标和导航名称变为红色；再设计顶部的搜索区域，友好提示“搜你想要的”；最后设计新闻频道滑动效果，本例有多个新闻频道，可以设置成水平方向上滑动，如图 3.6 所示。

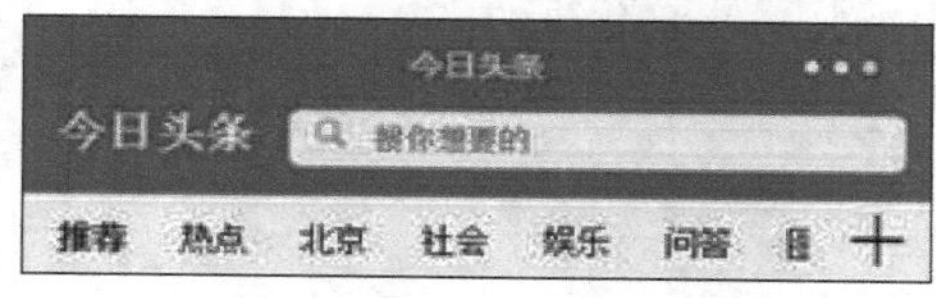

图 3.6　首页

3.3.1　底部标签导航设计

仿今日头条微信小程序，底部标签导航分为两个，标签导航选中时导航图标会变为红色图标，导航文字会变为红色文字，如图 3.7 所示。

图 3.7　底部标签导航选中效果

设计底部标签导航选中效果的具体操作步骤如下。

1 新建一个无 AppID 的仿今日头条微信小程序项目，如图 3.8 所示。

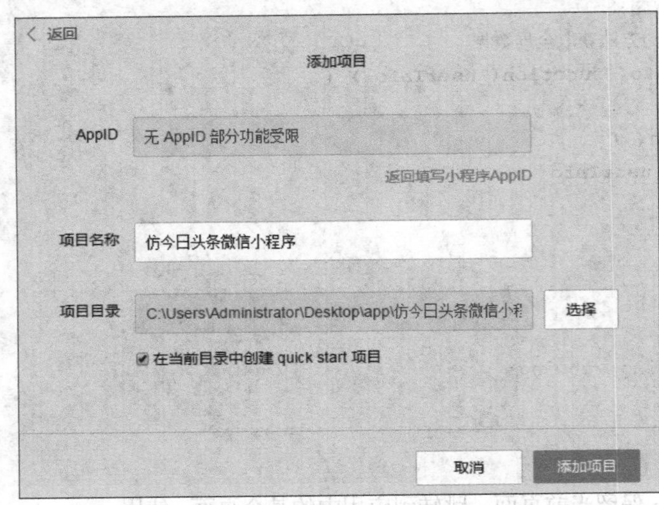

图 3.8　添加项目

2 将准备好的底部标签导航图标及界面中图片图标所在的 images 文件夹复制到项目根目录下。

3 打开 app.json 配置文件，在 pages 数组中添加一个页面路径 "pages/me/me"，保存后会自动生成相应的页面文件夹；删除 "pages/logs/logs" 页面路径及对应的文件夹，如图 3.9 所示。

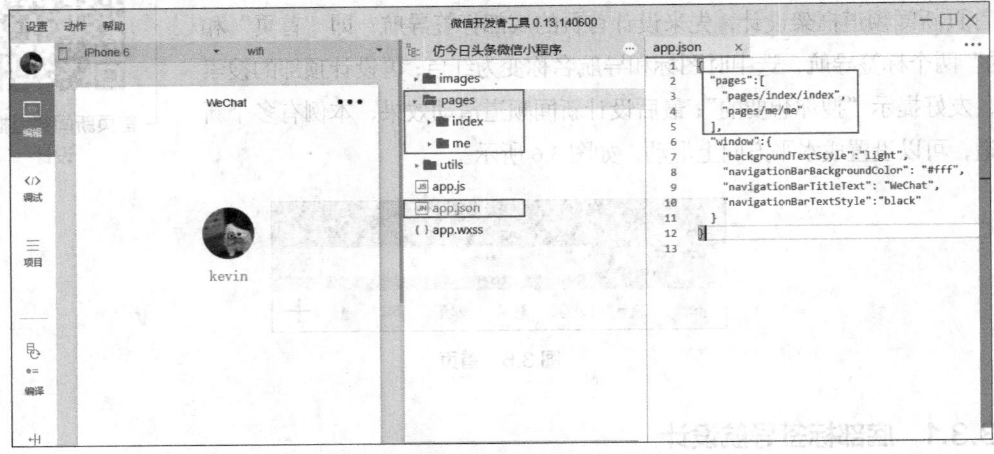

图 3.9　配置页面路径

4 在 window 数组中配置窗口导航背景颜色为红色（#D53C3E）、导航栏文字为“今日头条”，字体颜色设置为白色（white），具体配置如图 3.10 所示。

```
app.json ×
{
  "pages":[
    "pages/index/index",
    "pages/me/me"
  ],
  "window":{
    "backgroundTextStyle":"light",
    "navigationBarBackgroundColor": "#D53C3E",
    "navigationBarTitleText": "今日头条",
    "navigationBarTextStyle":"white"
  }
}
```

图 3.10　窗口及导航栏配置

5 在 tabBar 对象中配置底部标签导航背景色为灰色（#F9F9F9）、文字默认颜色为深灰色、选中时为红色（#D53C3E），在 list 数组中配置底部标签导航对应的页面、导航名称、默认时图标、选中时图标，具体配置如图 3.11 所示。

```
app.json ×
{
  "pages":[
    "pages/index/index",
    "pages/me/me"
  ],
  "window":{
    "backgroundTextStyle":"light",
    "navigationBarBackgroundColor": "#D53C3E",
    "navigationBarTitleText": "今日头条",
    "navigationBarTextStyle":"white"
  },
  "tabBar": {
    "selectedColor": "#D53C3E",
    "borderStyle": "black",
    "backgroundColor": "#F9F9F9",
    "list": [{
      "pagePath": "pages/index/index",
      "text": "首页",
      "iconPath": "../images/bar/index-0.jpg",
      "selectedIconPath": "../images/bar/index-1.jpg"
    },{
      "pagePath": "pages/me/me",
      "text": "我的",
      "iconPath": "../images/bar/me-0.jpg",
      "selectedIconPath": "../images/bar/me-1.jpg"
    }]
  }
}
```

图 3.11　底部标签导航配置

至此，就完成了仿今日头条微信小程序的底部标签导航配置。单击不同的导航，可以切换显示不同的页面，同时导航图标和导航文字会呈现为选中状态，如图 3.12 所示。

图 3.12 首页选中

3.3.2 顶部检索框设计

在首页的顶部有一块红色背景的检索区域，由放大镜检索图标、输入框及输入框友好提示“搜你想要的”组成，如图 3.13 所示。

图 3.13 顶部检索区域

设计顶部检索区域的具体操作步骤如下。

1 进入 pages/index/index.wxml 文件，清空文件内容，使用 view 和 image 组件进行布局，定义 content、bg、name 和 search 的类（class），定义放大镜检索图标的宽度和高度为 14px，具体代码如下：

```
<view class="content">
  <view class="bg">
    <view class="name"> 今日头条 </view>
    <view class="search">
       <view><image src="../../images/icon/search.jpg" style="width:14px;height:14px;">
</image></view>
       <view><input type="text" placeholder=" 搜你想要的 "/></view>
    </view>
  </view>
</view>
```

2 进入 pages/index/index.wxss 文件，清空文件内容，给 bg、name 和 search 添加样式，背景设置为红色，“今日头条” 4 个字设置为白色，具体代码如下：

```
.bg{
    background-color: #D53C3E;
    height: 40px;
    display: flex;
```

```
    flex-direction:row;
}
.name{
    width: 30%;
    text-align: center;
    color: #ffffff;
    font-weight: bold;
    font-size: 20px;
}
.search{
    width: 70%;
    display: flex;
    flex-direction:row;
    border: 1px solid #cccccc;
    height: 25px;
    margin-right:10px;
    background-color: #F6F5F3;
    border-radius: 5px;
    align-items: center;
}
.search image{
    margin-left: 10px;
}
.search input{
    margin-left: 10px;
    font-size: 13px;
}
```

界面效果如图 3.14 所示。

图 3.14　顶部检索区域效果

3.3.3　新闻频道滑动效果设计

在顶部检索框的下方是新闻频道显示区域，它包括推荐、热点、北京、社会、娱乐、问答、图片、科技、汽车、体育等，可以左右滑动；单击新闻频道页签，可以显示相应的界面内容，如图3.15所示。

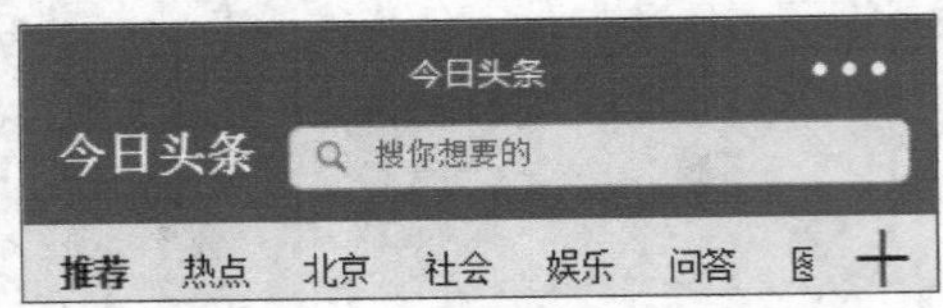

图 3.15 新闻频道

设计新闻频道滑动效果的具体操作步骤如下。

1 进入 pages/index/index.wxml 文件，使用 view 和 scroll-view 组件进行新闻频道布局，定义选中样式和默认样式，具体代码如下：

```
<view class="content">
  <view class="bg">
    <view class="name">今日头条</view>
    <view class="search">
      <view><image src="../../images/icon/search.jpg" style="width:14px;height:14px;">
</image></view>
      <view><input type="text" placeholder="搜你想要的"/></view>
    </view>
  </view>
<view class="navbg">
  <view class="nav">
     <scroll-view class="scroll-view_H" scroll-x="true" >
     <view class="scroll-view_H">
        <view><view class="{{flag==0?'select':'normal'}}" id="0" bindtap="switchNav">
推荐</view></view>
        <view><view class="{{flag==1?'select':'normal'}}" id="1" bindtap="switchNav">
热点</view></view>
        <view><view class="{{flag==2?'select':'normal'}}" id="2" bindtap="switchNav">
北京</view></view>
        <view><view class="{{flag==3?'select':'normal'}}" id="3" bindtap="switchNav">
社会</view></view>
        <view><view class="{{flag==4?'select':'normal'}}" id="4" bindtap="switchNav">
娱乐</view></view>
        <view><view class="{{flag==5?'select':'normal'}}" id="5" bindtap="switchNav">
问答</view></view>
        <view><view class="{{flag==6?'select':'normal'}}" id="6" bindtap="switchNav">
图片</view></view>
        <view><view class="{{flag==6?'select':'normal'}}" id="7" bindtap="switchNav">
科技</view></view>
        <view><view class="{{flag==6?'select':'normal'}}" id="8" bindtap="switchNav">
汽车</view></view>
        <view><view class="{{flag==6?'select':'normal'}}" id="9" bindtap="switchNav">
体育</view></view>
      </view>
   </scroll-view>
  </view>
```

```
    <view class="add">+</view>
</view>
</view>
```

2 进入 pages/index/index.wxss 文件，给 navbg、nav、add、scroll-view_H、normal 和 select 添加样式，具体代码如下：

```
.bg{
    background-color: #D53C3E;
    height: 40px;
    display: flex;
    flex-direction:row;
}
.name{
    width: 30%;
    text-align: center;
    color: #ffffff;
    font-weight: bold;
    font-size: 20px;
}
.search{
    width: 70%;
    display: flex;
    flex-direction:row;
    border: 1px solid #cccccc;
    height: 25px;
    margin-right:10px;
    background-color: #F6F5F3;
    border-radius: 5px;
    align-items: center;
}
.search image{
    margin-left: 10px;
}
.search input{
    margin-left: 10px;
    font-size: 13px;
}
.navbg{
  background-color: #F6F5F3;
  height: 36px;
  color: #000000;
  display: flex;
  flex-direction: row;
  align-items: center;
}
.nav{
  width: 85%;
  height: 36px;
}
.add{
  width: 15%;
```

```
  height: 50px;
  line-height: 50px;
  text-align: right;
  margin-right:10px;
  font-size: 50px;
}
.scroll-view_H{
  height: 40px;
  display: flex;
  flex-direction: row;
  margin-left: 5px;
}
.normal{
  width: 40px;
  height: 40px;
  line-height: 40px;
  padding-left:5px;
  padding-right: 5px;
  font-size: 14px;
}
.select{
  width: 40px;
  height: 40px;
  line-height: 40px;
  padding-left:5px;
  padding-right: 5px;
  font-size: 14px;
  font-weight: bold;
}
```

3 进入 pages/index/index.js 文件，定义两个变量，currentTab 变量值代表新闻频道的序号，当 flag 等于新闻频道的序号时，则是选中样式，否则是默认样式。绑定页签切换事件 switchNav，具体代码如下：

```
Page({
  data:{
    currentTab:0,
    flag:0
  },
  switchNav:function(e){
    console.log(e);
    var page = this;
    var id = e.target.id;
    if(this.data.currentTab == id){
       return false;
    }else{
      page.setData({currentTab:id});
    }
    page.setData({flag:id});
  }
})
```

4 进入 pages/index/index.wxml 文件，单击新闻频道，会进行页签相互切换，同时对应内容也跟着一起变化，需要借助于 swiper 滑块视图容器组件，具体代码如下：

```
<view class="content">
   <view class="bg">
     <view class="name">今日头条</view>
     <view class="search">
       <view><image src="../../images/icon/search.jpg" style="width:14px;height:14px;">
</image></view>
        <view><input type="text" placeholder="搜你想要的"/></view>
     </view>
   </view>
<view class="navbg">
   <view class="nav">
       <scroll-view class="scroll-view_H" scroll-x="true" >
       <view class="scroll-view_H">
         <view><view class="{{flag==0?'select':'normal'}}" id="0" bindtap="switchNav">
推荐</view></view>
         <view><view class="{{flag==1?'select':'normal'}}" id="1" bindtap="switchNav">
热点</view></view>
         <view><view class="{{flag==2?'select':'normal'}}" id="2" bindtap="switchNav">
北京</view></view>
         <view><view class="{{flag==3?'select':'normal'}}" id="3" bindtap="switchNav">
社会</view></view>
         <view><view class="{{flag==4?'select':'normal'}}" id="4" bindtap="switchNav">
娱乐</view></view>
         <view><view class="{{flag==5?'select':'normal'}}" id="5" bindtap="switchNav">
问答</view></view>
         <view><view class="{{flag==6?'select':'normal'}}" id="6" bindtap="switchNav">
图片</view></view>
         <view><view class="{{flag==6?'select':'normal'}}" id="7" bindtap="switchNav">
科技</view></view>
         <view><view class="{{flag==6?'select':'normal'}}" id="8" bindtap="switchNav">
汽车</view></view>
         <view><view class="{{flag==6?'select':'normal'}}" id="9" bindtap="switchNav">
体育</view></view>
       </view>
  </scroll-view>
   </view>
   <view class="add">+</view>
</view>
<swiper current="{{currentTab}}"style="height:800px">
  <swiper-item>
     我是推荐内容
  </swiper-item>
  <swiper-item>
     我是热点内容
  </swiper-item>
  <swiper-item>
     我是北京内容
  </swiper-item>
```

```
 <swiper-item>
     我是社会内容
 </swiper-item>
 <swiper-item>
     我是娱乐内容
 </swiper-item>
 <swiper-item>
     我是问答内容
 </swiper-item>
 <swiper-item>
     我是图片内容
 </swiper-item>
 <swiper-item>
     我是科技内容
 </swiper-item>
 <swiper-item>
     我是汽车内容
 </swiper-item>
 <swiper-item>
     我是体育内容
 </swiper-item>
</swiper>
</view>
```

这样就可以实现新闻频道在水平方向上左右滑动效果，同时单击新闻频道页签，进行相互的切换，页签呈现为选中状态，页签内容也随着变化，如图 3.16 所示。

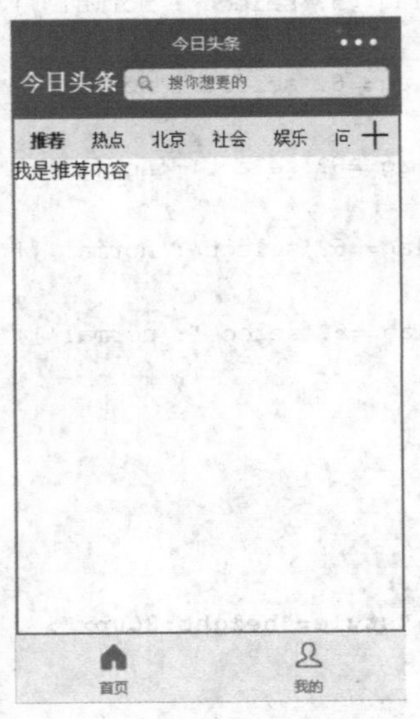

图 3.16　新闻频道效果

视频课程

首页新闻内容设计

3.4 首页新闻内容设计

每个新闻频道对应一类内容，单击不同的新闻频道页签，显示对应的新闻内容。例如，推荐新闻频道显示推荐的内容；社会新闻频道显示社会的内容。下面为推荐新闻频道设计新闻内容，如图 3.17 所示。

图 3.17 新闻内容

设计首页新闻内容的具体操作步骤如下。

1 在 pages/index 目录下新建一个 recommend.wxml 文件，用来设计推荐新闻内容，然后把这个文件引入 pages/index/index.wxml 文件中，具体代码如下：

```
<view class="content">
   <view class="bg">
     <view class="name">今日头条</view>
     <view class="search">
             <view><image src="../../images/icon/search.jpg" style="width:14px;height:14px;">
</image></view>
        <view><input type="text" placeholder="搜你想要的"/></view>
     </view>
   </view>
<view class="navbg">
   <view class="nav">
       <scroll-view class="scroll-view_H" scroll-x="true" >
       <view class="scroll-view_H">
         <view><view class="{{flag==0?'select':'normal'}}" id="0" bindtap="switchNav">
推荐</view></view>
         <view><view class="{{flag==1?'select':'normal'}}" id="1" bindtap="switchNav">
热点</view></view>
         <view><view class="{{flag==2?'select':'normal'}}" id="2" bindtap="switchNav">
北京</view></view>
         <view><view class="{{flag==3?'select':'normal'}}" id="3" bindtap="switchNav">
社会</view></view>
         <view><view class="{{flag==4?'select':'normal'}}" id="4" bindtap="switchNav">
娱乐</view></view>
         <view><view class="{{flag==5?'select':'normal'}}" id="5" bindtap="switchNav">
```

```
问答</view></view>
        <view><view class="{{flag==6?'select':'normal'}}" id="6" bindtap="switchNav">
图片</view></view>
        <view><view class="{{flag==6?'select':'normal'}}" id="7" bindtap="switchNav">
科技</view></view>
        <view><view class="{{flag==6?'select':'normal'}}" id="8" bindtap="switchNav">
汽车</view></view>
        <view><view class="{{flag==6?'select':'normal'}}" id="9" bindtap="switchNav">
体育</view></view>
      </view>
  </scroll-view>
   </view>
   <view class="add">+</view>
</view>
<swiper current="{{currentTab}}"style="height:800px">
  <swiper-item>
     <include src="recommend.wxml"/>
  </swiper-item>
  <swiper-item>
      我是热点内容
  </swiper-item>
  <swiper-item>
      我是北京内容
  </swiper-item>
  <swiper-item>
      我是社会内容
  </swiper-item>
  <swiper-item>
      我是娱乐内容
  </swiper-item>
  <swiper-item>
      我是问答内容
  </swiper-item>
  <swiper-item>
      我是图片内容
  </swiper-item>
  <swiper-item>
      我是科技内容
  </swiper-item>
  <swiper-item>
      我是汽车内容
  </swiper-item>
  <swiper-item>
      我是体育内容
  </swiper-item>
</swiper>
</view>
```

2 进入 pages/index/recommend.wxml 文件，使用 view 和 image 组件进行新闻内容布局，具体代码如下：

```
<view class="item" bindtap="seeDetail">
    <view class="title">开工红包哪家强？阿里最壕，腾讯像春运</view>
    <view class="pic">
      <image src="../../images/news/1.jpg" style="width:30%;height:69px;"></image>
      <image src="../../images/news/2.jpg" style="width:30%;height:69px;"></image>
      <image src="../../images/news/3.jpg" style="width:30%;height:69px;"></image>
    </view>
    <view class="info">
       <view class="desc">
         <text>志趣科技</text>
         <text>48 评论</text>
         <text>6 分钟前</text>
       </view>
       <view class="opr"><view>x</view></view>
    </view>
    <view class="hr"></view>
</view>

<view class="item">
    <view class="title">C1 驾驶证"使用"新规定(2017)，你了解吗？</view>
    <view class="pic">
      <image src="../../images/news/4.jpg" style="width:30%;height:69px;"></image>
      <image src="../../images/news/5.jpg" style="width:30%;height:69px;"></image>
      <image src="../../images/news/6.jpg" style="width:30%;height:69px;"></image>
    </view>
    <view class="info">
       <view class="desc">
         <text>我们都爱 SUV</text>
         <text>19 评论</text>
         <text>16 分钟前</text>
       </view>
       <view class="opr"><view>x</view></view>
    </view>
    <view class="hr"></view>
</view>

<view class="item">
    <view class="title">洗澡是先洗头还是先洗身体？</view>
    <view class="pic">
      <image src="../../images/news/7.jpg" style="width:30%;height:69px;"></image>
      <image src="../../images/news/8.jpg" style="width:30%;height:69px;"></image>
      <image src="../../images/news/9.jpg" style="width:30%;height:69px;"></image>
    </view>
    <view class="info">
       <view class="desc">
         <text>头条回答</text>
         <text>32 分钟前</text>
       </view>
       <view class="opr"><view>x</view></view>
    </view>
    <view class="hr"></view>
```

```
</view>

<view class="item">
  <view class="title">年后出门闯红灯别慌，新交规规定这 4 种情况下，既不扣分也不罚款？ </view>
  <view class="pic">
    <image src="../../images/news/10.jpg" style="width:30%;height:69px;"></image>
    <image src="../../images/news/11.jpg" style="width:30%;height:69px;"></image>
    <image src="../../images/news/12.jpg" style="width:30%;height:69px;"></image>
  </view>
  <view class="info">
     <view class="desc">
       <text>爱车族</text>
       <text>44 评论</text>
       <text>39 分钟前</text>
     </view>
     <view class="opr"><view>x</view></view>
  </view>
  <view class="hr"></view>
</view>

<view class="item">
  <view class="title">为什么用铜制造子弹，不用钢呢？ </view>
  <view class="pic">
    <image src="../../images/news/13.jpg" style="width:30%;height:69px;"></image>
    <image src="../../images/news/14.jpg" style="width:30%;height:69px;"></image>
    <image src="../../images/news/15.jpg" style="width:30%;height:69px;"></image>
  </view>
  <view class="info">
     <view class="desc">
       <text>爱武器</text>
       <text>1 评论</text>
       <text>47 分钟前</text>
     </view>
     <view class="opr"><view>x</view></view>
  </view>
  <view class="hr"></view>
</view>
```

3 进入 pages/index/ index.wxss 文件，给新闻内容布局添加样式，具体代码如下：

```
.bg{
   background-color: #D53C3E;
   height: 40px;
   display: flex;
   flex-direction:row;
}
.name{
   width: 30%;
   text-align: center;
   color: #ffffff;
   font-weight: bold;
   font-size: 20px;
```

```
}
.search{
    width: 70%;
    display: flex;
    flex-direction:row;
    border: 1px solid #cccccc;
    height: 25px;
    margin-right:10px;
    background-color: #F6F5F3;
    border-radius: 5px;
    align-items: center;
}
.search image{
    margin-left: 10px;
}
.search input{
    margin-left: 10px;
    font-size: 13px;
}
.navbg{
  background-color: #F6F5F3;
  height: 36px;
  color: #000000;
  display: flex;
  flex-direction: row;
  align-items: center;
}
.nav{
  width: 85%;
  height: 36px;
}
.add{
  width: 15%;
  height: 50px;
  line-height: 50px;
  text-align: right;
  margin-right:10px;
  font-size: 50px;
}
.scroll-view_H{
  height: 40px;
  display: flex;
  flex-direction: row;
  margin-left: 5px;
}
.normal{
  width: 40px;
  height: 40px;
  line-height: 40px;
  padding-left:5px;
  padding-right: 5px;
```

```
  font-size: 14px;
}
.select{
   width: 40px;
  height: 40px;
  line-height: 40px;
  padding-left:5px;
  padding-right: 5px;
  font-size: 14px;
  font-weight: bold;
}
.item{
    margin: 10px;
}
.title{
    color: #444444;
    font-weight: bold;
    font-size: 18px;
}
.pic image{
   margin-right:10px;
}
.info{
    display: flex;
    flex-direction: row;
    font-size: 12px;
    color: #999999;
}
.desc{
    width: 90%
}
.desc text{
    margin-right: 10px;
}
.opr{
    width: 10%;
}
.opr view{
    width: 17px;
    height: 12px;
    border: 1px solid #cccccc;
    line-height: 10px;
    text-align: center;
    border-radius: 5px;
}
.hr{
    border: 1px solid #cccccc;
    opacity: 0.2;
    margin-top:10px;
}
```

界面效果如图 3.17 所示。

3.5 首页新闻详情页设计

视频课程
首页新闻详情页设计

在首页新闻内容中，单击新闻标题或新闻图片，可以查看完整的新闻内容，如图 3.18 和图 3.19 所示。

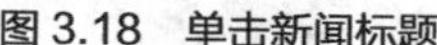
图 3.18 单击新闻标题

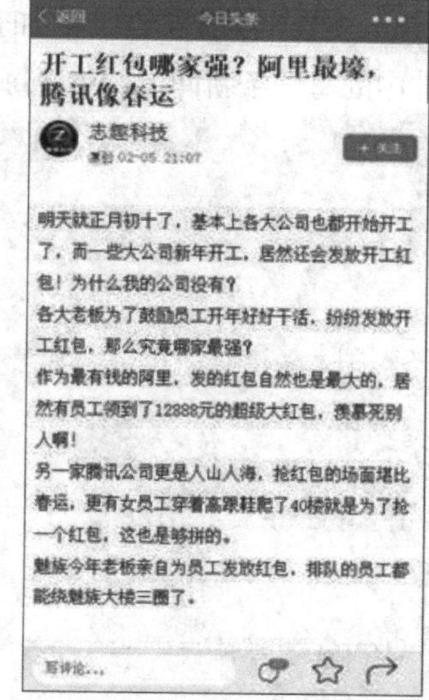

图 3.19 新闻详情

设计首页新闻详情页的具体操作步骤如下。

1 在 app.json 中配置“pages/detail/detail”页面路径，具体代码如下：

```
{
  "pages":[
    "pages/index/index",
    "pages/me/me",
    "pages/detail/detail"
  ],
  "window":{
    "backgroundTextStyle":"light",
    "navigationBarBackgroundColor": "#D53C3E",
    "navigationBarTitleText": " 今日头条 ",
    "navigationBarTextStyle":"white"
  },
  "tabBar": {
    "selectedColor": "#D53C3E",
    "borderStyle": "black",
    "backgroundColor": "#F9F9F9",
    "list": [{
      "pagePath": "pages/index/index",
      "text": " 首页 ",
      "iconPath": "../images/bar/index-0.jpg",
      "selectedIconPath": "../images/bar/index-1.jpg"
    },{
      "pagePath": "pages/me/me",
```

```
    "text": "我的",
    "iconPath": "../images/bar/me-0.jpg",
    "selectedIconPath": "../images/bar/me-1.jpg"
  }]
 }
}
```

2 进入 pages/index/index.js 文件，添加查看详情绑定事件 seeDetail，将这个事件绑定到 recommend.wxml 文件中的每一条新闻上，单击每条新闻可以跳转到详情界面，具体代码如下：

```
Page({
  data:{
    currentTab:0,
    flag:0
  },
  switchNav:function(e){
    console.log(e);
    var page = this;
    var id = e.target.id;
    if(this.data.currentTab == id){
       return false;
    }else{
      page.setData({currentTab:id});
    }
    page.setData({flag:id});
  },
  seeDetail:function(){
    wx.navigateTo({
      url: '../detail/detail'
    })
  }
})
```

3 进入 pages/detail/detail.wxml 文件，进行新闻详情页布局，先来设计新闻标题、发布人图标、发布人、发布时间、“关注”按钮及正文，具体代码如下：

```
<view class="content">
  <view class="title">开工红包哪家强？阿里最壕，腾讯像春运</view>
  <view class="desc">
    <view class="publish">
      <view>
        <image src="../../images/icon/zqkj.png" style="width:36px;height:36px;"></image>
      </view>
      <view class="company">
        <view>志趣科技</view>
        <view class="attr">
          <text class="mark">原创</text>
          <text class="time">02-05 21:07</text>
        </view>
      </view>
    </view>
    <view class="btn">
      <image src="../../images/icon/operate.jpg" style="width:70px;height:27px;"></image>
```

```
    </view>
  </view>
  <view class="article">
    <view>
      明天就正月初十了，基本上各大公司也都开始开工了，而一些大公司新年开工，居然还会发放开工红包！为什么我的公司没有？
    </view>
    <view>
      各大老板为了鼓励员工开年好好干活，纷纷发放开工红包，那么究竟哪家最强？
    </view>
    <view>
      作为最有钱的阿里，发的红包自然也是最大的，居然有员工领到了 12888 元的超级大红包，羡慕死别人啊！
    </view>
    <view>
      另一家腾讯公司更是人山人海，抢红包的场面堪比春运，更有女员工穿着高跟鞋爬了 40 楼就是为了抢一个红包，这也是够拼的。
    </view>
    <view>
      魅族今年老板亲自为员工发放红包，排队的员工都能绕魅族大楼三圈了。
    </view>
  </view>
</view>
```

4 进入 pages/detail/detail.wxss 文件，为新闻详情页的新闻标题、发布人图标、发布人、发布时间、“关注”按钮及正文添加样式，具体代码如下：

```
.title{
    margin: 10px;
    font-size: 25px;
    font-weight: bold;
}
.desc{
    margin: 10px;
    display: flex;
    flex-direction: row;
}
.publish{
    display: flex;
    flex-direction: row;
    width: 90%;
}
.company{
    margin-left: 10px;
}
.mark{
    border: 1px solid #cccccc;
    width: 25px;
    font-size: 11px;
    border-radius: 5px;
}
.time{
    font-size: 14px;
```

```
    margin-left: 5px;
    color: #999999;
}
.btn{
    line-height: 60px;
}
.article{
    font-size: 16px;
    line-height: 30px;
    padding: 10px;
}
```

5 进入 pages/detail/detail.wxml 文件，设计底部评论区域。底部评论区域是固定在底部，它不会随着界面的滚动而进行滚动，具体代码如下：

```
<view class="content">
  <view class="title">开工红包哪家强，阿里最壕，腾讯像春运 </view>
  <view class="desc">
    <view class="publish">
      <view>
        <image src="../../images/icon/zqkj.png" style="width:36px;height:36px;"></image>
      </view>
      <view class="company">
        <view>志趣科技 </view>
        <view class="attr">
          <text class="mark">原创 </text>
          <text class="time">02-05 21:07</text>
        </view>
      </view>
    </view>
    <view class="btn">
      <image src="../../images/icon/operate.jpg" style="width:70px;height:27px;"></image>
    </view>
  </view>
  <view class="article">
    <view>
      明天就正月初十了，基本上各大公司也都开始开工了，而一些大公司新年开工，居然还会发放开工红包！为什么我的公司没有？
    </view>
    <view>
      各大老板为了鼓励员工开年好好干活，纷纷发放开工红包，那么究竟哪家最强？
    </view>
    <view>
      作为最有钱的阿里，发的红包自然也是最大的，居然有员工领到了 12888 元的超级大红包，羡慕死别人啊！
    </view>
    <view>
      另一家腾讯公司更是人山人海，抢红包的场面堪比春运，更有女员工穿着高跟鞋爬了 40 楼就是为了抢一个红包，这也是够拼的。
    </view>
    <view>
      魅族今年老板亲自为员工发放红包，排队的员工都能绕魅族大楼三圈了。
    </view>
```

```
    </view>
    <view class="comment">
        <view class="write"><input type="text" placeholder=" 写评论 ..."/></view>
        <view class="opr">
        <image src="../../images/icon/pinglun.jpg" style="width:31px;height:26px;"></image>
        <image src="../../images/icon/shoucang-1.jpg" style="width:31px;height:26px;"></image>
        <image src="../../images/icon/fenxiang.jpg" style="width:31px;height:26px;"></image>
        </view>
    </view>
</view>
```

6 进入 pages/detail/detail.wxss 文件，为底部评论区域添加样式，具体代码如下：

```
.title{
    margin: 10px;
    font-size: 25px;
    font-weight: bold;
}
.desc{
    margin: 10px;
    display: flex;
    flex-direction: row;
}
.publish{
     display: flex;
     flex-direction: row;
     width: 90%;
}
.company{
    margin-left: 10px;
}
.mark{
    border: 1px solid #cccccc;
    width: 25px;
    font-size: 11px;
    border-radius: 5px;
}
.time{
    font-size: 14px;
    margin-left: 5px;
    color: #999999;
}
.btn{
    line-height: 60px;
}
.article{
    font-size: 16px;
    line-height: 30px;
    padding: 10px;
}
.comment{
    width: 100%;
```

```
    height: 42px;
    background-color: #F4F5F7;
    position: fixed;
    bottom: 0px;
    display: flex;
    flex-direction: row;
    align-items: center;
}
.write{
    width: 50%;
    border: 1px solid #ffffff;
    margin-left: 10px;
    background-color: #ffffff;
    border-radius: 15px;
    font-size: 13px;
}
.write input{
    margin-left: 10px;
}
.opr image{
    margin-left: 20px;
}
```

界面效果如图 3.19 所示。

3.6 “我的”界面列表式导航设计

“我的”界面内容大致可以分为三部分：账户相关信息、收藏相关操作及列表式导航。通过列表式导航的方式来进入二级菜单界面是很多 App 软件会采用的一种设计方式，其优点在于导航多的时候，可以通过列表的方式将所有项均清晰展示出来，用户单击名称便可进入相关界面中，如图 3.20 所示。

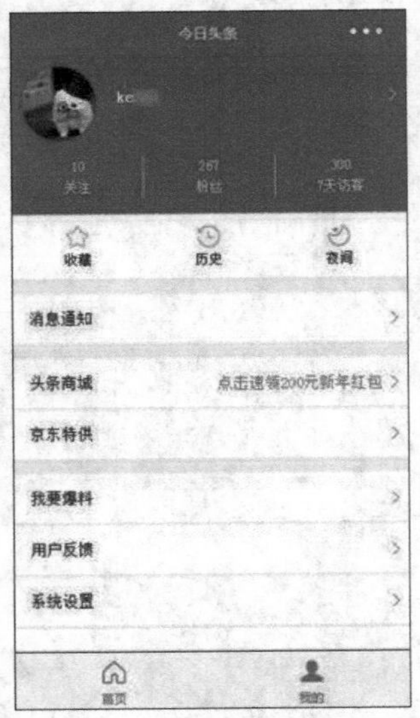

图 3.20 “我的”界面（二）

设计“我的”界面的具体操作步骤如下。

1 进入 pages/me/me.wxml 文件，进行账户相关信息、关注数量、粉丝数量及 7 天访客数量等内容的布局，具体代码如下：

```
<view class="content">
<view class="bg">
   <view class="head">
    <view class="headIcon">
      <image src="{{userInfo.avatarUrl}}" style="width:70px;height:70px;"></image>
    </view>
    <view class="login">
      {{userInfo.nickName}}
    </view>
    <view class="detail">
      <text>></text>
    </view>
  </view>
  <view class="count">
     <view class="desc">
       <view>10</view>
       <view> 关注 </view>
     </view>
     <view class="desc">
       <view>267</view>
       <view> 粉丝 </view>
     </view>
     <view class="desc" style="border:0px;">
       <view>300</view>
       <view>7 天访客 </view>
     </view>
  </view>
</view>
</view>
```

2 进入 pages/me/me.wxss 文件，为账户相关信息、关注数量、粉丝数量及 7 天访客数量等内容添加样式，具体代码如下：

```
.bg{
  width:100%;
  height: 150px;
  background-color: #D53E37;
}
.head{
    display: flex;
    flex-direction: row;
}
.headIcon{
    margin: 10px;
}
.headIcon image{
    border-radius: 50%;
```

```
}
.login{
    color: #ffffff;
    font-size: 15px;
    font-weight: bold;
    position: absolute;
    left:100px;
    margin-top:30px;
}
.detail{
    color: #ffffff;
    font-size: 15px;
    position: absolute;
    right: 10px;
    margin-top: 30px;
}
.count{
    display: flex;
    flex-direction: row;
}
.desc{
    width: 33%;
    text-align: center;
    font-size: 13px;
    color: #ffffff;
    line-height: 20px;
    border-right: 1px solid #cccccc;
}
```

3 进入 pages/me/me.js 文件，获取账号相关信息，具体代码如下：

```
//获取应用实例
var app = getApp()
Page({
  data:{
    motto: '欢迎',
    userInfo: {}
  },
  onLoad:function(options){
     console.log( 'onLoad' )
      var that = this;
      //调用应用实例的方法获取全局数据
      app.getUserInfo( function( userInfo ) {
        //更新数据
        that.setData( {
          userInfo: userInfo
        })
      })
  },
})
```

界面效果如图 3.21 所示。

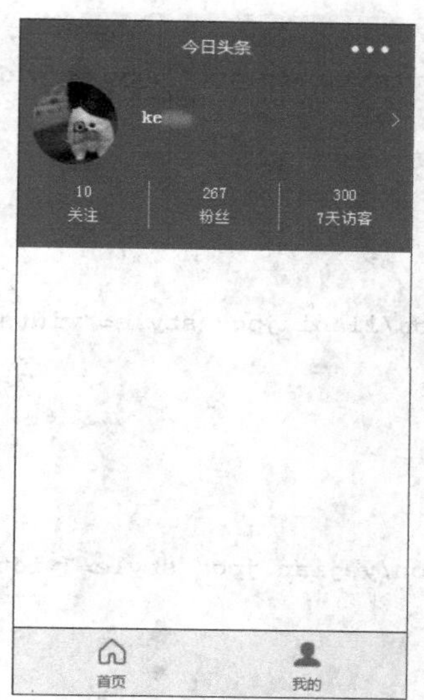

图 3.21 账户信息

4 进入 pages/me/me.wxml 文件，设计收藏、历史、夜间相关内容。它们分别是由图标和文字组成，具体代码如下：

```
<view class="content">
<view class="bg">
   <view class="head">
    <view class="headIcon">
      <image src="{{userInfo.avatarUrl}}" style="width:70px;height:70px;"></image>
    </view>
    <view class="login">
      {{userInfo.nickName}}
    </view>
    <view class="detail">
      <text>></text>
    </view>
  </view>
  <view class="count">
     <view class="desc">
       <view>10</view>
       <view>关注</view>
     </view>
     <view class="desc">
       <view>267</view>
       <view>粉丝</view>
     </view>
     <view class="desc" style="border:0px;">
       <view>300</view>
       <view>7天访客</view>
     </view>
  </view>
</view>
  <view class="nav">
    <view class="nav-item">
```

```
      <view>
        <image src="/images/icon/shoucang.jpg" style="width:23px;height:23px;"></image>
      </view>
      <view> 收藏 </view>
    </view>
    <view class="nav-item">
      <view>
        <image src="/images/icon/lishi.jpg" style="width:23px;height:23px;"></image>
      </view>
      <view> 历史 </view>
    </view>
    <view class="nav-item">
      <view>
        <image src="/images/icon/yejian.jpg" style="width:23px;height:23px;"></image>
      </view>
      <view> 夜间 </view>
    </view>
  </view>
</view>
```

5 进入pages/me/me.wxss文件，为收藏、历史、夜间添加样式，让它们3个在水平方向上均匀分布，具体代码如下：

```
.bg{
  width:100%;
  height: 150px;
  background-color: #D53E37;
}
.head{
    display: flex;
    flex-direction: row;
}
.headIcon{
    margin: 10px;
}
.headIcon image{
    border-radius: 50%;
}
.login{
    color: #ffffff;
    font-size: 15px;
    font-weight: bold;
    position: absolute;
    left:100px;
    margin-top:30px;
}
.detail{
    color: #ffffff;
    font-size: 15px;
    position: absolute;
    right: 10px;
    margin-top: 30px;
```

```
}
.count{
    display: flex;
    flex-direction: row;
}
.desc{
    width: 33%;
    text-align: center;
    font-size: 13px;
    color: #ffffff;
    line-height: 20px;
    border-right: 1px solid #cccccc;
}
.nav{
    display: flex;
    flex-direction: row;
    text-align: center;
}
.nav-item{
    width: 33%;
    font-size: 13px;
    padding-top:10px;
    padding-bottom: 10px;
}
.item{
    display:flex;
    flex-direction:row;
}
```

6 进入 pages/me/me.wxml 文件，设计列表式导航，包括消息通知、头条商城、京东特供、我要爆料、用户反馈和系统设置，具体代码如下：

```
<view class="content">
<view class="bg">
   <view class="head">
    <view class="headIcon">
      <image src="{{userInfo.avatarUrl}}" style="width:70px;height:70px;"></image>
    </view>
    <view class="login">
      {{userInfo.nickName}}
    </view>
    <view class="detail">
      <text>></text>
    </view>
  </view>
  <view class="count">
     <view class="desc">
       <view>10</view>
       <view> 关注 </view>
     </view>
     <view class="desc">
       <view>267</view>
```

```
      <view>粉丝</view>
    </view>
    <view class="desc" style="border:0px;">
      <view>300</view>
      <view>7 天访客</view>
    </view>
  </view>
</view>
  <view class="nav">
    <view class="nav-item">
      <view>
        <image src="/images/icon/shoucang.jpg" style="width:23px;height:23px;"></image>
      </view>
      <view>收藏</view>
    </view>
    <view class="nav-item">
      <view>
        <image src="/images/icon/lishi.jpg" style="width:23px;height:23px;"></image>
      </view>
      <view>历史</view>
    </view>
    <view class="nav-item">
      <view>
        <image src="/images/icon/yejian.jpg" style="width:23px;height:23px;"></image>
      </view>
      <view>夜间</view>
    </view>
  </view>
  <view class="hr"></view>
  <view class="item">
    <view class="order">消息通知</view>
    <view class="detail2">
      <text>></text>
    </view>
  </view>
  <view class="hr"></view>
  <view class="item">
    <view class="order">头条商城</view>
    <view class="detail2">
      <text>点击速领 200 元新年红包 ></text>
    </view>
  </view>
  <view class="xian"></view>
  <view class="item">
    <view class="order">京东特供</view>
    <view class="detail2">
      <text>></text>
    </view>
  </view>
  <view class="hr"></view>
  <view class="item">
```

```
    <view class="order">我要爆料</view>
    <view class="detail2">
      <text>></text>
    </view>
  </view>
  <view class="xian"></view>
  <view class="item">
    <view class="order">用户反馈</view>
    <view class="detail2">
      <text>></text>
    </view>
  </view>
  <view class="xian"></view>
  <view class="item" bindtap="setting">
    <view class="order">系统设置</view>
    <view class="detail2">
      <text>></text>
    </view>
  </view>
  <view class="xian"></view>
</view>
```

7 进入 pages/me/me.wxss 文件，为列表式导航添加样式，具体代码如下：

```
.bg{
  width:100%;
  height: 150px;
  background-color: #D53E37;
}
.head{
    display: flex;
    flex-direction: row;
}
.headIcon{
    margin: 10px;
}
.headIcon image{
    border-radius: 50%;
}
.login{
    color: #ffffff;
    font-size: 15px;
    font-weight: bold;
    position: absolute;
    left:100px;
    margin-top:30px;
}
.detail{
    color: #ffffff;
    font-size: 15px;
    position: absolute;
    right: 10px;
    margin-top: 30px;
```

```
}
.count{
    display: flex;
    flex-direction: row;
}
.desc{
    width: 33%;
    text-align: center;
    font-size: 13px;
    color: #ffffff;
    line-height: 20px;
    border-right: 1px solid #cccccc;
}
.nav{
    display: flex;
    flex-direction: row;
    text-align: center;
}
.nav-item{
    width: 33%;
    font-size: 13px;
    padding-top:10px;
    padding-bottom: 10px;
}
.item{
    display:flex;
    flex-direction:row;
}
.hr{
    width: 100%;
    height: 15px;
    background-color: #F4F5F6;
}
.order{
    padding-top:15px;
    padding-left: 15px;
    padding-bottom:15px;
    font-size:15px;
}
.detail2{
    font-size: 15px;
    position: absolute;
    right: 10px;
    height: 50px;
    line-height: 50px;
    color: #888888;
}
.xian{
    border: 1px solid #cccccc;
    opacity: 0.2;
}
```

至此，就完成了“我的”界面布局设计。界面效果如图 3.20 所示。

3.7 小结

仿今日头条微信小程序主要完成底部标签导航设计、首页新闻频道滑动效果设计、新闻频道页签切换效果设计、首页新闻内容布局、新闻详情页布局及“我的”界面列表式导航设计，要学会以下内容：

1 使用 view、image、swiper、input 和 scroll-view 等组件来进行界面布局设计及样式设计；

2 底部标签导航配置，包括标签导航背景色、导航文字默认颜色和选中颜色及导航的页面路径、默认图标和选中图标；

3 使用 scroll-view 可滚动视图区域组件来完成新闻频道滑动效果设计；

4 使用 swiper 滑块视图容器来完成页签切换效果设计；

5 wx.navigateTo 保留当前页进行跳转，跳转后可以返回跳转前的界面；

6 新闻详情页评论区域固定在底部，不随着界面滚动而滚动，需要使用 position: fixed 样式进行固定；

7 列表式导航的应用，作为二级界面的入口使用。

视频课程

系统设置二级界面设计

3.8 实战演练

完成“我的”界面中的“系统设置”下一级界面设置，界面如图 3.22 和图 3.23 所示。

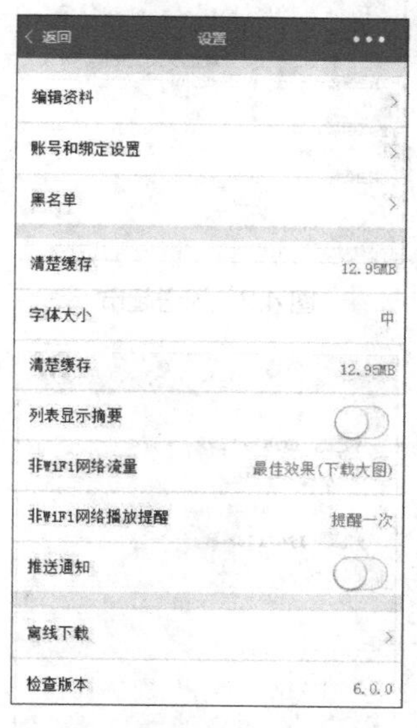

图 3.22 系统设置（上）

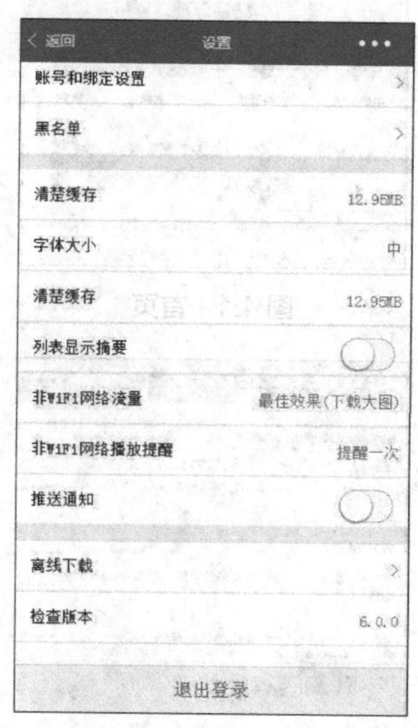

图 3.23 系统设置（下）

需求描述：

①“系统设置”界面采用列表式导航进行布局设计。

② 从“我的”界面可以进入“系统设置”界面中。

③“系统设置”界面上面的名称改为“设置”。

第 4 章 生鲜类：仿爱鲜蜂微信小程序

随着移动互联网的发展，O2 O创业环境逐渐成熟起来，形成线上下单、线下配送的经营模式。生鲜类这块市场是很多创业人员选择的领域，像爱鲜蜂、许鲜、一米鲜等都是围绕生鲜市场而进行经营的，在这些生鲜 App 上可以购买水果、鸡蛋、牛奶等生鲜类商品，极大方便了用户。爱鲜蜂号称“掌上便利店，1 小时送达”，在爱鲜蜂 App 上可以购买水果、牛奶、面包、卤味熟食、饮料、酒水、零食等商品，可谓是种类齐全，也深受用户的喜爱。生鲜类 App 使用的频率并不是很高，有可能是一周使用一次，甚至有可能根据优惠力度选择不同的生鲜类 App，所以可以把生鲜类 App 设计成微信小程序。本章将一起来设计仿爱鲜蜂微信小程序，包括爱鲜蜂首页、闪送超市、购物车等内容，如图 4.1、图 4.2、图 4.3 和图 4.4 所示。

图 4.1 首页

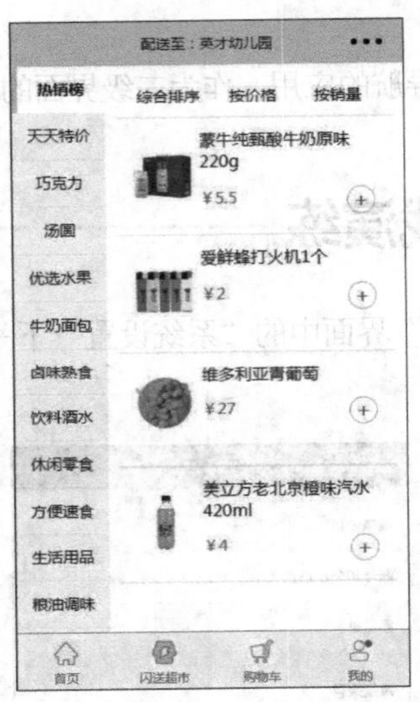

图 4.2 闪送超市

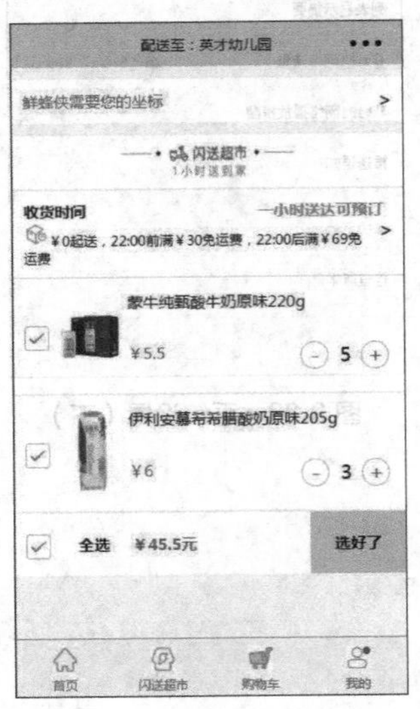

图 4.3 购物车

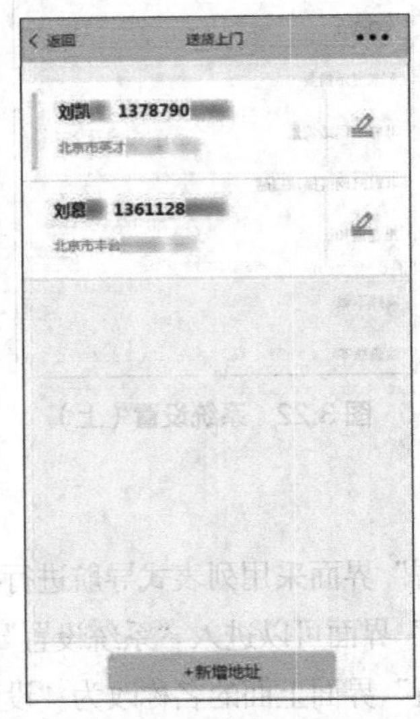

图 4.4 地址列表

4.1 需求描述及交互分析

4.1.1 需求描述

仿爱鲜蜂微信小程序，要完成以下功能。

① 首页内容设计，包括底部标签导航设计、海报轮播效果设计及商品布局等内容，如图 4.5 所示。

图 4.5　首页

② 闪送超市纵向导航设计，根据不同的导航菜单显示对应的内容，如图 4.6 和图 4.7 所示。

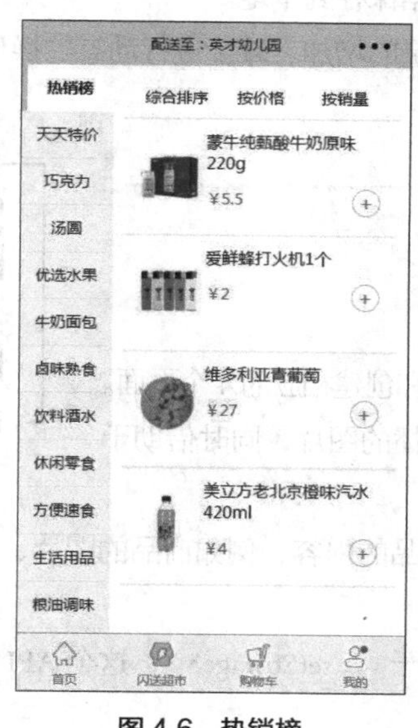

图 4.6　热销榜

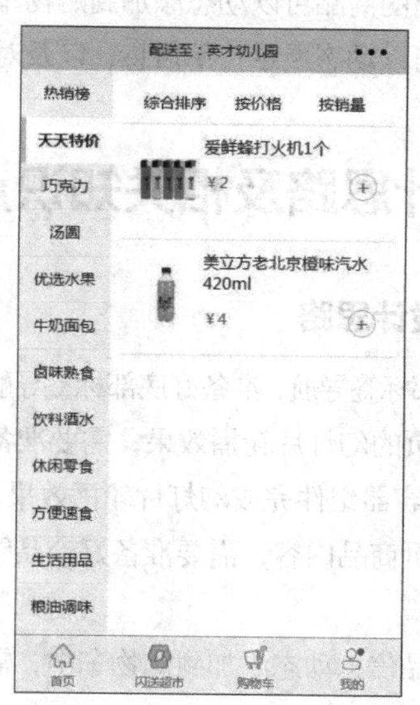

图 4.7　天天特价

③ 添加商品到购物车设计，可以动态地将商品添加到购物车中，然后在购物车中显示出来，如图 4.8 所示。

④ 新增地址列表界面布局设计，如图 4.9 所示。

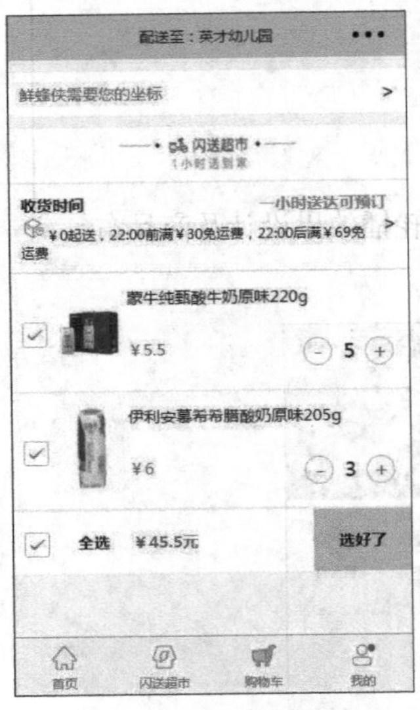

图 4.8 购物车

图 4.9 地址列表

4.1.2 交互分析

① 底部标签导航包括“首页”“闪送超市”“购物车”“我的”，单击不同底部标签导航显示对应的界面内容。

② 首页通过幻灯片轮播效果，动态展示商品广告信息。

③ 首页商品可以动态添加到购物车中，数据保存到本地。

④ 闪送超市以纵向的导航方式显示商品的类目，根据不同的导航名称显示对应的商品内容。

⑤ 闪送超市的商品可以动态添加到购物车中，数据保存到本地。

⑥ 购物车可以动态展示订单信息，以及对商品数量的增加、减少进行动态的操作。

4.2 设计思路及相关知识点

视频课程

设计思路及相关知识点

4.2.1 设计思路

① 设计底部标签导航，准备好底部标签导航的图标和创建相应的 4 个页面。

② 设计首页的幻灯片轮播效果，需要准备好要轮播的图片，同时借助于 swiper 滑块视图容器组件完成幻灯片轮播效果。

③ 设计首页商品内容，需要准备好商品图片及商品的内容，例如商品的图片、商品的名称及价格等信息。

④ 首页商品信息动态添加到购物车中，需要借助于 wx.setStorageSync 这个 API 将商品数据信息保存到本地。

⑤ 闪送超市纵向导航设计需要借助于 swiper 滑块视图容器组件，动态切换不同导航菜单对应的内容。

⑥ 购物车订单信息，需要使用 wx.getStorageSync 这个 API 从本地获取商品信息。

⑦ 地址列表界面布局设计需要使用 view 和 image 等组件，新增地址按钮固定在底部需要使用 position:fixed 属性。

4.2.2 相关知识点

① app.json 配置文件用来对微信小程序进行全局配置，决定页面文件的路径、窗口表现、设置网络超时时间、设置底部标签导航及开启 debug 开发模式，如图 4.10 所示。

```
{
  "pages": [
    "pages/index/index",
    "pages/logs/index"
  ],
  "window": {
    "navigationBarTitleText": "Demo"
  },
  "tabBar": {
    "list": [{
      "pagePath": "pages/index/index",
      "text": "首页"
    }, {
      "pagePath": "pages/logs/logs",
      "text": "日志"
    }]
  },
  "networkTimeout": {
    "request": 10000,
    "downloadFile": 10000
  },
  "debug": true
}
```

图 4.10　app.json 配置

② swiper 滑块视图容器组件，可以实现海报轮播效果动态展示及页签内容切换效果。swiper 滑块视图容器属性如表 4.1 所示。

表 4.1　swiper 滑块视图容器属性

属性名	类　型	默认值	说　明
indicator-dots	Boolean	false	是否显示面板指示点
autoplay	Boolean	false	是否自动切换
current	Number	0	当前所在页面的 index
interval	Number	5000	自动切换时间间隔
duration	Number	1000	滑动动画时长
bindchange	EventHandle		current 改变时会触发 change 事件，event.detail = {current: current}

③ wx.setStorageSync(KEY,DATA)，将 data 存储在本地缓存指定的 key 中，会覆盖原来该 key 对应的内容，这是一个同步接口。

④ wx.getStorageSync(KEY)，从本地缓存中同步获取指定 key 对应的内容。

⑤ input 输入框组件用来输入单行文本内容，input 输入框组件属性如表 4.2 所示。

表 4.2　input 输入框组件属性

属性名	类　型	默认值	说　明
value	String		输入框的初始内容
type	String	text	input 的类型，有效值为 text、number、idcard 和 digit
password	Boolean	false	是否是密码类型
placeholder	String		输入框为空时占位符
placeholder-style	String		指定 placeholder 的样式
placeholder-class	String	input-placeholder	指定 placeholder 的样式类
disabled	Boolean	false	是否禁用
maxlength	Number	140	最大输入长度，设置为 -1 时不限制最大长度
cursor-spacing	Number	0	指定光标与键盘的距离（单位为 px）。取 input 与底部的距离和 cursor-spacing 指定的距离最小值作为光标与键盘的距离
auto-focus	Boolean	false	自动聚焦（即将废弃，请直接使用 focus），拉起键盘
focus	Boolean	false	获取焦点
bindinput	EventHandle		当键盘输入时，触发 input 事件，event.detail = {value: value}，处理函数可以直接返回一个字符串，将替换输入框的内容
bindfocus	EventHandle		输入框聚焦时触发，event.detail = {value: value}
bindblur	EventHandle		输入框失去焦点时触发，event.detail = {value: value}
bindconfirm	EventHandle		单击“完成”按钮时触发，event.detail = {value: value}

⑥ button 按钮组件的使用，可以将 form 表单数据提交给后台。button 按钮组件属性如表 4.3 所示。

表 4.3　button 按钮组件属性

属性名	类　型	默认值	说　明
size	String	default	有效值为 default 和 mini
type	String	default	按钮的样式类型，有效值为 primary、default 和 warn
plain	Boolean	false	按钮是否镂空，背景色透明
disabled	Boolean	false	是否禁用
loading	Boolean	false	名称前是否带 loading 图标
form-type	String	无	有效值为 submit 和 reset，用于 form 组件，单击分别会触发 submit 和 reset 事件

续表

属性名	类　型	默认值	说　明
hover-class	String	button-hover	指定按钮按下去的样式类。当 hover-class="none" 时，表示没有点击态效果
hover-start-time	Number	50	按住后多久出现点击态，单位为 ms
hover-stay-time	Number	400	手指松开后点击态保留时间，单位为 ms

⑦ form 表单组件用来将表单输入的内容提交给后台，如提交 <switch/>、<input/>、<checkbox/>、<slider/>、<radio/> 和 <picker/> 这些组件的数据。

当单击 form 表单中 formType 为 submit 的 button 组件时，会将表单组件中的 value 值进行提交，需要在表单组件中加上 name 来作为关键字。form 表单组件属性如表 4.4 所示。

表 4.4　form 表单组件属性

属性名	类　型	默认值	说　明
report-submit	Boolean		是否返回 formId，用于发送模板消息
bindsubmit	EventHandle		携带 form 中的数据触发 submit 事件，event.detail = {value : {'name': 'value'} , formId: ''}
bindreset	EventHandle		表单重置时会触发 reset 事件

示例代码如下：

```
<form bindsubmit="formSubmit" bindreset="formReset">
  <view class="section section_gap">
    <view class="section__title">switch</view>
    <switch name="switch"/>
  </view>
  <view class="section section_gap">
    <view class="section__title">slider</view>
    <slider name="slider" show-value ></slider>
  </view>

  <view class="section">
    <view class="section__title">input</view>
    <input name="input" placeholder="please input here" />
  </view>
  <view class="section section_gap">
    <view class="section__title">radio</view>
    <radio-group name="radio-group">
      <label><radio value="radio1"/>radio1</label>
      <label><radio value="radio2"/>radio2</label>
    </radio-group>
  </view>
  <view class="section section_gap">
    <view class="section__title">checkbox</view>
    <checkbox-group name="checkbox">
      <label><checkbox value="checkbox1"/>checkbox1</label>
```

```
      <label><checkbox value="checkbox2"/>checkbox2</label>
    </checkbox-group>
  </view>
  <view class="btn-area">
    <button formType="submit">Submit</button>
    <button formType="reset">Reset</button>
  </view>
</form>
```

```
Page({
  formSubmit: function(e) {
    console.log('form 发生了 submit 事件，携带数据为：', e.detail.value)
  },
  formReset: function() {
    console.log('form 发生了 reset 事件')
  }
})
```

⑧ picker 从底部弹起的滚动选择器，现支持 3 种选择器，分别是普通选择器、时间选择器和日期选择器，默认是普通选择器。

- 普通选择器：mode = selector，普通选择器属性如表 4.5 所示。

表 4.5　普通选择器属性

属性名	类　型	默认值	说　明
range	Array / Object Array	[]	mode 为 selector 时，range 有效
range-key	String		当 range 是一个 Object Array 时，通过 range-key 来指定 Object 中 key 的值作为选择器显示内容
value	Number	0	value 的值表示选择了 range 中的第几个（下标从 0 开始）
bindchange	EventHandle		value 改变时触发 change 事件，event.detail = {value: value}
disabled	Boolean	false	是否禁用

- 时间选择器：mode = time，时间选择器属性如表 4.6 所示。

表 4.6　时间选择器属性

属性名	类　型	默认值	说　明
value	String		表示选中的时间，格式为 "hh:mm"
start	String		表示有效时间范围的开始，字符串格式为 "hh:mm"
end	String		表示有效时间范围的结束，字符串格式为 "hh:mm"
bindchange	EventHandle		value 改变时触发 change 事件，event.detail = {value: value}
disabled	Boolean	false	是否禁用

- 日期选择器：mode = date，日期选择器属性如表 4.7 所示。

表 4.7　日期选择器属性

属性名	类　型	默认值	说　明
value	String	0	表示选中的日期，格式为 "YYYY-MM-DD"
start	String		表示有效日期范围的开始，字符串格式为 "YYYY-MM-DD"
end	String		表示有效日期范围的结束，字符串格式为 "YYYY-MM-DD"
fields	String	day	有效值为 year、month 和 day，表示选择器的粒度
bindchange	EventHandle		value 改变时触发 change 事件，event.detail = {value: value}
disabled	Boolean	false	是否禁用

⑨ wx.navigateTo 保留当前页面，跳转到应用内的某个页面；使用 wx.navigateBack 可以返回到原页面。

4.3 首页界面布局设计

视频课程

首页界面布局设计 1

视频课程

首页界面布局设计 2

4.3.1 底部标签导航设计

仿爱鲜蜂微信小程序，底部标签导航有 4 个，标签导航选中时导航图标会变为黄色图标，如图 4.11 所示。

图 4.11　底部标签导航选中效果

1 新建一个无 AppID 的仿爱鲜蜂微信小程序项目，将准备好的底部标签导航图标及界面中图片图标所在的 images 文件夹复制到项目根目录下。

2 打开 app.json 配置文件，在 pages 数组中添加 3 个页面路径 "pages/supermarket/supermarket"、"pages/shoppingcart/shoppingcart" 和 "pages/me/me"，保存后会自动生成相应的页面文件夹；删除 "pages/logs/logs" 页面路径及对应的文件夹，具体代码如下：

```
{
  "pages":[
    "pages/index/index",
    "pages/supermarket/supermarket",
    "pages/shoppingcart/shoppingcart",
    "pages/me/me"
  ],
  "window":{
    "backgroundTextStyle":"light",
    "navigationBarBackgroundColor": "#fff",
    "navigationBarTitleText": "WeChat",
    "navigationBarTextStyle":"black"
  }
}
```

3 在 window 数组中配置窗口导航背景颜色为黄色（#FFD600）、导航栏文字为“配送至：英才幼儿园”，字体颜色设置为黑色（black），具体代码如下：

```
{
  "pages":[
    "pages/index/index",
    "pages/supermarket/supermarket",
    "pages/shoppingcart/shoppingcart",
    "pages/me/me"
  ],
  "window":{
    "backgroundTextStyle":"light",
    "navigationBarBackgroundColor": "#FFD600",
    "navigationBarTitleText": " 配送至：英才幼儿园 ",
    "navigationBarTextStyle":"black"
  }
}
```

4 在 tabBar 对象中配置底部标签导航背景色为灰色（# FFFBF8）、文字默认颜色为深灰色，在 list 数组中配置底部标签导航对应的页面、导航名称、默认时图标、选中时图标，具体代码如下：

```
{
  "pages":[
    "pages/index/index",
    "pages/supermarket/supermarket",
    "pages/shoppingcart/shoppingcart",
    "pages/me/me",
    "pages/address/address",
    "pages/newAddress/newAddress"

  ],
  "window":{
    "backgroundTextStyle":"light",
    "navigationBarBackgroundColor": "#FFD600",
    "navigationBarTitleText": " 配送至：英才幼儿园 ",
    "navigationBarTextStyle":"black"
  },
  "tabBar": {
    "backgroundColor": "#FFFBF8",
    "borderStyle": "white",
    "list": [{
      "pagePath": "pages/index/index",
      "text": " 首页 ",
      "iconPath": "../images/bar/index-0.jpg",
      "selectedIconPath": "../images/bar/index-1.jpg"
    },{
      "pagePath": "pages/supermarket/supermarket",
      "text": " 闪送超市 ",
      "iconPath": "../images/bar/supermarket-0.jpg",
      "selectedIconPath": "../images/bar/supermarket-1.jpg"
    },{
      "pagePath": "pages/shoppingcart/shoppingcart",
```

```
        "text": " 购物车 ",
        "iconPath": "../images/bar/shoppingcart-0.jpg",
        "selectedIconPath": "../images/bar/shoppingcart-1.jpg"
      },{
        "pagePath": "pages/me/me",
        "text": " 我的 ",
        "iconPath": "../images/bar/me-0.jpg",
        "selectedIconPath": "../images/bar/me-1.jpg"
      }]
  }
}
```

至此，就完成了仿爱鲜蜂微信小程序的底部标签导航配置。单击不同的导航，可以切换显示不同的页面，同时导航图标会呈现为选中状态，如图 4.12 所示。

图 4.12　首页选中

4.3.2　幻灯片轮播效果设计

在仿爱鲜蜂微信小程序中，采用幻灯片轮播效果展示商品广告图片，如图 4.13 和图 4.14 所示。

1 进入 pages/index/index.wxml 文件，使用 view、swiper 和 image 进行布局，定义 haibao 和 slide-image 的类（class），具体代码如下：

```
<view class="haibao">
        <swiper indicator-dots="{{indicatorDots}}" autoplay="{{autoplay}}" interval=
"{{interval}}" duration="{{duration}}">
    <block wx:for="{{imgUrls}}">
      <swiper-item>
        <image src="{{item}}" class="silde-image"></image>
      </swiper-item>
    </block>
  </swiper>
</view>
```

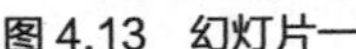
图 4.13　幻灯片一

图 4.14　幻灯片二

- swiper 滑块视图容器设置为自动播放（autoplay="true"）、自动切换时间间隔为 5s（interval="3000"），滑动动画时长为 1s（duration="1000"）。
- 采用 wx:for 循环来显示要展示的图片，从 index.js 中获取 imgUrls 图片路径。

2 进入 pages/index/index.js 文件，在 data 对象中定义 imgUrls 数组，存放幻灯片轮播的图片路径，具体代码如下：

```
Page({
  data: {
    indicatorDots: false,
    autoplay: true,
    interval: 5000,
    duration: 1000,
    imgUrls: [
      "/images/haibao/haibao-1.jpg",
      "/images/haibao/haibao-2.jpg"
    ]
  }
})
```

3 进入 pages/index/index.wxss 文件，设置图片的宽度为 100%、高度为 127px，具体代码如下：

```
.haibao{
   text-align: center;
   width: 100%;
}
.haibao swiper{
  height: 127px;
}
.silde-image{
   width: 100%;
   height: 127px;
}
```

至此，就可以实现幻灯片轮播效果，如图 4.15 和图 4.16 所示。

图 4.15　幻灯片轮播一

图 4.16　幻灯片轮播二

4.3.3　首页界面布局设计

仿爱鲜蜂微信小程序首页界面布局设计，包括宫格导航设计、热门商品区域设计及商品分类区域展示，并且商品分类区域（如牛奶面包区域、优选水果区域），它们界面布局是一样的，所以只需要设计一块区域，这块区域布局就可以进行复用，如图 4.17 和图 4.18 所示。

图 4.17　首页

图 4.18　牛奶面包区域

1 进入 pages/index/index.wxml 文件，先来设计“新年快乐”宫格导航，宫格导航由图标和文字组成，使用 view、image 组件进行布局，定义 nav、nav-item 的类，具体代码如下：

```
<view class="haibao">
  <swiper indicator-dots="{{indicatorDots}}" autoplay="{{autoplay}}" interval="{{interval}}"
```

```
duration="{{duration}}">
    <block wx:for="{{imgUrls}}">
      <swiper-item>
        <image src="{{item}}" class="silde-image"></image>
      </swiper-item>
    </block>
  </swiper>
</view>
<view class="nav">
  <view class="nav-item">
    <view>
      <image src="/images/index/1-xin.jpg" style="width:43px;height:39px;"></image>
    </view>
    <view> 每日签到 </view>
  </view>
  <view class="nav-item">
    <view>
      <image src="/images/index/1-nian.jpg" style="width:43px;height:39px;"></image>
    </view>
    <view> 疯狂秒杀 </view>
  </view>
  <view class="nav-item">
    <view>
      <image src="/images/index/1-kuai.jpg" style="width:43px;height:39px;"></image>
    </view>
    <view> 鲜货直供 </view>
  </view>
  <view class="nav-item">
    <view>
      <image src="/images/index/1-le.jpg" style="width:43px;height:39px;"></image>
    </view>
    <view> 整箱购 </view>
  </view>
</view>
```

2 进入 pages/index/index.wxss 文件，为 nav、nav-item 的类添加样式，具体代码如下：

```
.haibao{
    text-align: center;
    width: 100%;
}
.haibao swiper{
  height: 127px;
}
.silde-image{
    width: 100%;
    height: 127px;
}
.nav{
    display: flex;
    flex-direction: row;
    text-align: center;
```

```
    }
.nav-item{
    width: 33%;
    font-size: 13px;
    padding-top:20px;
    padding-bottom: 20px;
}
```

界面效果如图 4.19 所示。

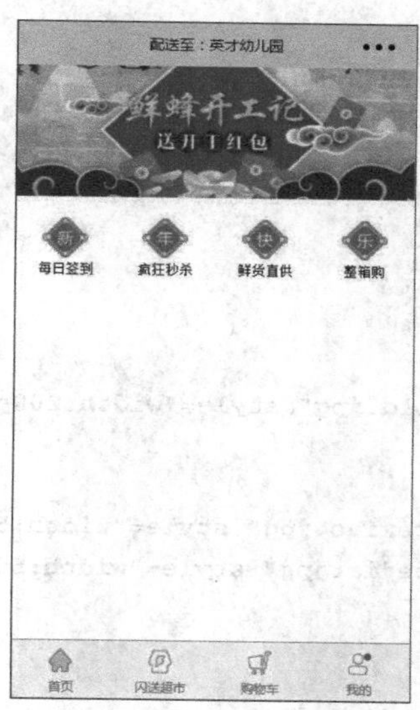

图 4.19　宫格导航

3 进入 pages/index/index.wxml 文件，设计便利店、热销榜、天天特价等商品内容，定义 bld、title 和 pic 的类，具体代码如下：

```
<view class="haibao">
  <swiper indicator-dots="{{indicatorDots}}" autoplay="{{autoplay}}" interval="{{interval}}"
duration="{{duration}}">
    <block wx:for="{{imgUrls}}">
      <swiper-item>
        <image src="{{item}}" class="silde-image"></image>
      </swiper-item>
    </block>
  </swiper>
</view>
<view class="nav">
  <view class="nav-item">
    <view>
      <image src="/images/index/1-xin.jpg" style="width:43px;height:39px;"></image>
    </view>
    <view> 每日签到 </view>
  </view>
  <view class="nav-item">
    <view>
      <image src="/images/index/1-nian.jpg" style="width:43px;height:39px;"></image>
```

```
    </view>
    <view>疯狂秒杀</view>
  </view>
  <view class="nav-item">
    <view>
      <image src="/images/index/1-kuai.jpg" style="width:43px;height:39px;"></image>
    </view>
    <view>鲜货直供</view>
  </view>
  <view class="nav-item">
    <view>
      <image src="/images/index/1-le.jpg" style="width:43px;height:39px;"></image>
    </view>
    <view>整箱购</view>
  </view>
</view>
<view class="hr"></view>
<view class="bld">
  <image src="/images/index/2-bld.jpg" style="width:200px;height:49px;"></image>
</view>
<view>
  <image src="/images/index/2-rexiao.jpg" style="width:50%;height:60px;"></image>
  <image src="/images/index/2-tejia.jpg" style="width:50%;height:60px;"></image>
</view>
<view class="nav">
  <view class="nav-item">
    <view>
      <image src="/images/index/2-niunai.jpg" style="width:37px;height:32px;"></image>
    </view>
    <view class="title">牛奶面包</view>
  </view>
  <view class="nav-item">
    <view>
      <image src="/images/index/2-yinliao.jpg" style="width:37px;height:32px;"></image>
    </view>
    <view class="title">饮料酒水</view>
  </view>
  <view class="nav-item">
    <view>
      <image src="/images/index/2-shuiguo.jpg" style="width:37px;height:32px;"></image>
    </view>
    <view class="title">优选水果</view>
  </view>
  <view class="nav-item">
    <view>
      <image src="/images/index/2-gengduo.jpg" style="width:37px;height:32px;"></image>
    </view>
    <view class="title">更多</view>
  </view>
</view>
```

```
<view class="pic">
  <image src="/images/index/3-tttj.jpg" style="width:45%;height:69px;"></image>
  <image src="/images/index/3-bgslz.jpg" style="width:45%;height:69px;"></image>
  <image src="/images/index/3-yhbnt.jpg" style="width:45%;height:69px;"></image>
  <image src="/images/index/3-hgzx.jpg" style="width:45%;height:69px;"></image>
</view>
```

4 进入 pages/index/index.wxss 文件，给 bld、title 和 pic 的类添加样式，具体代码如下：

```
.haibao{
    text-align: center;
    width: 100%;
}
.haibao swiper{
  height: 127px;
}
.silde-image{
    width: 100%;
    height: 127px;
}
.nav{
    display: flex;
    flex-direction: row;
    text-align: center;
    }
.nav-item{
    width: 33%;
    font-size: 13px;
    padding-top:20px;
    padding-bottom: 20px;
}
.hr{
    width: 100%;
    height: 15px;
    background-color: #F4F5F6;
}
.bld{
  text-align: center;
  padding: 10px;
}
.title{
  margin-top:10px;
}
.pic{
  text-align: center;
}
```

界面效果如图 4.20 所示。

图 4.20　天天特价商品

5 进入 pages/index/index.wxml 文件，设计牛奶面包区域，该区域界面布局可以作为共用复用的模块，具体代码如下：

```
<view class="haibao">
  <swiper indicator-dots="{{indicatorDots}}" autoplay="{{autoplay}}" interval="{{interval}}"
duration="{{duration}}">
    <block wx:for="{{imgUrls}}">
      <swiper-item>
        <image src="{{item}}" class="silde-image"></image>
      </swiper-item>
    </block>
  </swiper>
</view>
<view class="nav">
  <view class="nav-item">
    <view>
      <image src="/images/index/1-xin.jpg" style="width:43px;height:39px;"></image>
    </view>
    <view>每日签到</view>
  </view>
  <view class="nav-item">
    <view>
      <image src="/images/index/1-nian.jpg" style="width:43px;height:39px;"></image>
    </view>
    <view>疯狂秒杀</view>
  </view>
  <view class="nav-item">
    <view>
      <image src="/images/index/1-kuai.jpg" style="width:43px;height:39px;"></image>
    </view>
    <view>鲜货直供</view>
  </view>
```

```
  <view class="nav-item">
    <view>
      <image src="/images/index/1-le.jpg" style="width:43px;height:39px;"></image>
    </view>
    <view>整箱购</view>
  </view>
</view>
<view class="hr"></view>
<view class="bld">
  <image src="/images/index/2-bld.jpg" style="width:200px;height:49px;"></image>
</view>
<view>
  <image src="/images/index/2-rexiao.jpg" style="width:50%;height:60px;"></image>
  <image src="/images/index/2-tejia.jpg" style="width:50%;height:60px;"></image>
</view>
<view class="nav">
  <view class="nav-item">
    <view>
      <image src="/images/index/2-niunai.jpg" style="width:37px;height:32px;"></image>
    </view>
    <view class="title">牛奶面包</view>
  </view>
  <view class="nav-item">
    <view>
      <image src="/images/index/2-yinliao.jpg" style="width:37px;height:32px;"></image>
    </view>
    <view class="title">饮料酒水</view>
  </view>
  <view class="nav-item">
    <view>
      <image src="/images/index/2-shuiguo.jpg" style="width:37px;height:32px;"></image>
    </view>
    <view class="title">优选水果</view>
  </view>
  <view class="nav-item">
    <view>
      <image src="/images/index/2-gengduo.jpg" style="width:37px;height:32px;"></image>
    </view>
    <view class="title">更多</view>
  </view>
</view>
<view class="pic">
  <image src="/images/index/3-tttj.jpg" style="width:45%;height:69px;"></image>
  <image src="/images/index/3-bgslz.jpg" style="width:45%;height:69px;"></image>
  <image src="/images/index/3-yhbnt.jpg" style="width:45%;height:69px;"></image>
  <image src="/images/index/3-hgzx.jpg" style="width:45%;height:69px;"></image>
</view>
<view class="item">
  <view class="status">
    <view class="type">
```

```
      <view> 牛奶面包 </view>
      <view>—</view>
    </view>
    <view class="more">
      更多 >
    </view>
  </view>
  <view class="haibao">
    <image src="/images/index/4-nxnn.jpg" style="width:322px;height:84px;"></image>
  </view>
  <view class="orders">
    <view class="order">
       <view><image src="../../images/index/4-cz.jpg" style="width:59px;height:45px;">
</image></view>
       <view class="orderName"> 蒙牛纯甄酸牛奶原味 200g</view>
       <view class="priceInfo">
          <view class="price">¥5.5</view>
          <view class="count" bindtap="addGoods">+</view>
       </view>
    </view>
    <view class="order">
       <view><image src="../../images/index/4-whh.jpg" style="width:59px;height:45px;">
</image></view>
       <view class="orderName"> 娃哈哈 AD 钙奶 220g*4 支 </view>
       <view class="priceInfo">
          <view class="price">¥8</view>
          <view class="count">+</view>
       </view>
    </view>
    <view class="order">
       <view><image src="../../images/index/4-amx.jpg" style="width:59px;height:45px;">
</image></view>
       <view class="orderName"> 伊利安慕希希腊酸奶原味 205g</view>
       <view class="priceInfo">
          <view class="price">¥6</view>
          <view class="count">+</view>
       </view>
    </view>
  </view>
</view>
```

6 进入 pages/index/index.wxss 文件，为牛奶面包区域添加样式，具体代码如下：

```
.haibao{
    text-align: center;
    width: 100%;
}
.haibao swiper{
  height: 127px;
}
.silde-image{
    width: 100%;
```

```
    height: 127px;
}
.nav{
    display: flex;
    flex-direction: row;
    text-align: center;
    }
.nav-item{
    width: 33%;
    font-size: 13px;
    padding-top:20px;
    padding-bottom: 20px;
}
.hr{
    width: 100%;
    height: 15px;
    background-color: #F4F5F6;
}
.bld{
  text-align: center;
  padding: 10px;
}
.title{
  margin-top:10px;
}
.pic{
  text-align: center;
}
.item{
   display:flex;
    flex-direction:column;
}
.status{
    display:flex;
    flex-direction:row;
    align-items: center;
}
.type{
    width: 100%;
    text-align: center;
    font-weight: bold;
}
.more{
    position: absolute;
    right: 10px;
    font-size: 13px;
}
.haibao{
    text-align: center;
}
.orders{
```

```
    display: flex;
    flex-direction: row;
    margin: 10px;
    text-align: center;
}
.order{
    padding: 5px;
}
.orderName{
    font-size: 13px;
    text-align: left;
}
.priceInfo{
    display: flex;
    flex-direction: row;
    margin-top:15px;
    align-items: center;
}
.price{
    width: 90%;
    font-size: 15px;
    color: #ff0000;
    text-align: left;
}
.count{
    border: 1px solid #cccccc;
    border-radius: 25px;
    width: 25px;
    color: #ff0000;
}
```

界面效果如图 4.21 所示。

图 4.21　牛奶面包区域效果

至此，就完成了首页界面布局设计。本书设计了底部标签导航、幻灯片轮播效果、天天特价商品展示及牛奶面包共用复用区域，如果有其他的分类可以直接复用牛奶面包区域进行界面布局，修改界面内容即可。

视频课程

闪送超市纵向导航设计

4.4 闪送超市纵向导航设计

仿爱鲜蜂微信小程序的闪送超市模块采用纵向导航的方式展示商品类目，单击不同导航菜单，可以显示相应的商品信息，如图 4.22 所示。

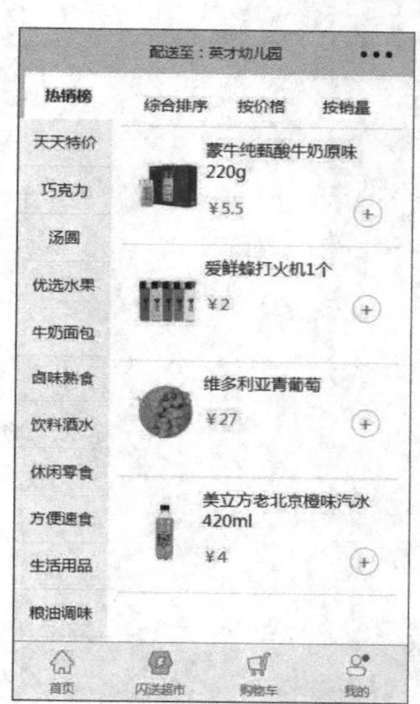

图 4.22　闪送超市

1 进入 pages/supermarket/supermarket.wxml 文件，设计纵向导航菜单，导航菜单选中时左侧会出现黄色竖线，背景色会变为白色（#ffffff），默认导航菜单背景色为灰色（#F8F8F8），具体代码如下：

```
<view class="content">
  <view class="left">
    <view class="{{flag==0?'select':'normal'}}" id="0" bindtap="switchNav">热销榜</view>
    <view class="{{flag==1?'select':'normal'}}" id="1" bindtap="switchNav">天天特价</view>
    <view class="{{flag==2?'select':'normal'}}" id="2" bindtap="switchNav">巧克力</view>
    <view class="{{flag==3?'select':'normal'}}" id="3" bindtap="switchNav">汤圆</view>
    <view class="{{flag==4?'select':'normal'}}" id="4" bindtap="switchNav">优选水果</view>
    <view class="{{flag==5?'select':'normal'}}" id="5" bindtap="switchNav">牛奶面包</view>
    <view class="{{flag==6?'select':'normal'}}" id="6" bindtap="switchNav">卤味熟食</view>
    <view class="{{flag==7?'select':'normal'}}" id="7" bindtap="switchNav">饮料酒水</view>
    <view class="{{flag==8?'select':'normal'}}" id="8" bindtap="switchNav">休闲零食</view>
    <view class="{{flag==9?'select':'normal'}}" id="9" bindtap="switchNav">方便速食</view>
    <view class="{{flag==10?'select':'normal'}}" id="10" bindtap="switchNav">生活用品</view>
    <view class="{{flag==11?'select':'normal'}}" id="11" bindtap="switchNav">粮油调味</view>
    <view class="{{flag==12?'select':'normal'}}" id="12" bindtap="switchNav">冰激凌</view>
  </view>
  <view class="right">
```

```
    <view class="order">
      <view>综合排名</view>
      <view>按价格</view>
      <view>按销量</view>
    </view>
    <view class="hr"></view>
    <view class="category">
      <swiper current="{{currentTab}}" style="height:500px">
        <swiper-item>
          我是热销榜内容
        </swiper-item>
        <swiper-item>
          我是天天特价内容
        </swiper-item>
        <swiper-item>
          我是巧克力内容
        </swiper-item>
        <swiper-item>
          我是汤圆内容
        </swiper-item>
        <swiper-item>
          我是优选水果内容
        </swiper-item>
        <swiper-item>
          我是牛奶面包内容
        </swiper-item>
        <swiper-item>
          我是卤味熟食内容
        </swiper-item>
        <swiper-item>
          我是饮料酒水内容
        </swiper-item>
        <swiper-item>
          我是休闲零食内容
        </swiper-item>
        <swiper-item>
          我是方便速食内容
        </swiper-item>
        <swiper-item>
          我是生活用品内容
        </swiper-item>
        <swiper-item>
          我是粮油调味内容
        </swiper-item>
        <swiper-item>
          我是冰激凌内容
        </swiper-item>
      </swiper>
    </view>
  </view>
</view>
```

2 进入 pages/supermarket/supermarket.wxss 文件，为纵向导航菜单添加样式，具体代码如下：

```
.content{
    display: flex;
    flex-direction: row;
    font-family: "Microsoft YaHei";
}
.left{
    width: 25%;
    font-size: 15px;
}
.left view{
    text-align: center;
    height: 45px;
    line-height: 45px;
}
.select{
    background-color: #ffffff;
    border-left: 5px solid #FFD600;
    font-weight: bold;
}
.normal{
    background-color: #F8F8F8;
    border-bottom: 1px solid #f2f2f2;
}
.right{
    width: 75%;
    margin: 10px;
}
.order{
    display: flex;
    flex-direction: row;
    text-align: center;
    padding: 10px;
}
.order view{
    width: 33%;
    font-size: 15px;
}
.hr{
    border: 1px solid #cccccc;
    opacity: 0.2;
}
```

3 进入 pages/supermarket/supermarket.js 文件，定义两个变量，flag 代表当前菜单是否选中的序号值；currentTab 代表导航菜单对应的内容面板序号值。添加菜单切换 switchNav 绑定事件，具体代码如下：

```
Page({
  data:{
    currentTab:0,
    flag:0,
```

```
  },
  switchNav:function(e){
    console.log(e);
    var page = this;
    var id = e.target.id;
    if(this.data.currentTab == id){
      return false;
    }else{
      page.setData({currentTab:id});
    }
    page.setData({flag:id});
  }
})
```

界面效果如图 4.23 所示。

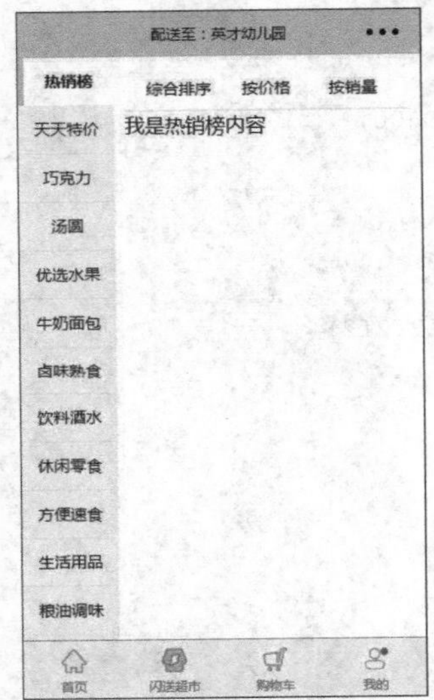

图 4.23 闪送超市纵向导航

4 进入 pages/supermarket 目录下面新建两个文件，rxb.wxml 文件作为热销榜内容，tttj.wxml 文件作为天天特价内容，然后把这两个文件引入 supermarket.wxml 文件中，具体代码如下：

```
<view class="content">
  <view class="left">
    <view class="{{flag==0?'select':'normal'}}" id="0" bindtap="switchNav">热销榜</view>
    <view class="{{flag==1?'select':'normal'}}" id="1" bindtap="switchNav">天天特价</view>
    <view class="{{flag==2?'select':'normal'}}" id="2" bindtap="switchNav">巧克力</view>
    <view class="{{flag==3?'select':'normal'}}" id="3" bindtap="switchNav">汤圆</view>
    <view class="{{flag==4?'select':'normal'}}" id="4" bindtap="switchNav">优选水果</view>
    <view class="{{flag==5?'select':'normal'}}" id="5" bindtap="switchNav">牛奶面包</view>
    <view class="{{flag==6?'select':'normal'}}" id="6" bindtap="switchNav">卤味熟食</view>
    <view class="{{flag==7?'select':'normal'}}" id="7" bindtap="switchNav">饮料酒水</view>
    <view class="{{flag==8?'select':'normal'}}" id="8" bindtap="switchNav">休闲零食</view>
    <view class="{{flag==9?'select':'normal'}}" id="9" bindtap="switchNav">方便速食</view>
    <view class="{{flag==10?'select':'normal'}}" id="10" bindtap="switchNav">生活用品</view>
    <view class="{{flag==11?'select':'normal'}}" id="11" bindtap="switchNav">粮油调味</view>
```

```
    <view class="{{flag==12?'select':'normal'}}" id="12" bindtap="switchNav">冰激凌</view>
  </view>
  <view class="right">
    <view class="order">
      <view>综合排名</view>
      <view>按价格</view>
      <view>按销量</view>
    </view>
    <view class="hr"></view>
    <view class="category">
      <swiper current="{{currentTab}}" style="height:500px">
        <swiper-item>
            <include src="rxb..wxml"/>
        </swiper-item>
        <swiper-item>
            <include src="tttj..wxml"/>
        </swiper-item>
        <swiper-item>
          我是巧克力内容
        </swiper-item>
        <swiper-item>
          我是汤圆内容
        </swiper-item>
        <swiper-item>
          我是优选水果内容
        </swiper-item>
        <swiper-item>
          我是牛奶面包内容
        </swiper-item>
        <swiper-item>
          我是卤味熟食内容
        </swiper-item>
        <swiper-item>
          我是饮料酒水内容
        </swiper-item>
        <swiper-item>
          我是休闲零食内容
        </swiper-item>
        <swiper-item>
          我是方便速食内容
        </swiper-item>
        <swiper-item>
          我是生活用品内容
        </swiper-item>
        <swiper-item>
          我是粮油调味内容
        </swiper-item>
        <swiper-item>
          我是冰激凌内容
        </swiper-item>
```

```
      </swiper>
    </view>
  </view>
</view>
```

5 进入 pages/supermarket/rxb.wxml 文件，设计热销榜内容，主要包括商品的图片、商品的名称、价格及数量，具体代码如下：

```
<view class="item">
  <view class="icon"><image src="../../images/supermarket/1-hj.jpg" style="width:70px;
height:87px;"></image></view>
  <view class="info">
    <view class="name">爱鲜蜂打火机 1 个 </view>
    <view class="priceInfo">
       <view class="price">¥2</view>
       <view class="count">+</view>
    </view>
  </view>
</view>
<view class="hr"></view>

<view class="item">
  <view class="icon"><image src="../../images/supermarket/1-hx.jpg" style="width:70px;
height:87px;"></image></view>
  <view class="info">
    <view class="name">维多利亚青葡萄 </view>
    <view class="priceInfo">
       <view class="price">¥27</view>
       <view class="count">+</view>
    </view>
  </view>
</view>
<view class="hr"></view>

<view class="item">
  <view class="icon"><image src="../../images/supermarket/1-cz.jpg" style="width:70px;
height:87px;"></image></view>
  <view class="info">
    <view class="name">蒙牛纯甄酸牛奶原味 200g</view>
    <view class="priceInfo">
       <view class="price">¥5.5</view>
       <view class="count">+</view>
    </view>
  </view>
</view>
<view class="hr"></view>

<view class="item">
  <view class="icon"><image src="../../images/supermarket/1-qs.jpg" style="width:70px;
height:87px;"></image></view>
  <view class="info">
    <view class="name">美立方老北京橙味汽水 420ml</view>
```

```
    <view class="priceInfo">
      <view class="price">¥4</view>
      <view class="count">+</view>
    </view>
  </view>
</view>
<view class="hr"></view>
```

6 进入 pages/supermarket/supermarket.wxss 文件，为热销榜界面添加样式，具体代码如下：

```
.content{
    display: flex;
    flex-direction: row;
    font-family: "Microsoft YaHei";
}
.left{
    width: 25%;
    font-size: 15px;
}
.left view{
    text-align: center;
    height: 45px;
    line-height: 45px;
}
.select{
    background-color: #ffffff;
    border-left: 5px solid #FFD600;
    font-weight: bold;
}
.normal{
    background-color: #F8F8F8;
    border-bottom: 1px solid #f2f2f2;
}
.right{
    width: 75%;
    margin: 10px;
}
.order{
    display: flex;
    flex-direction: row;
    text-align: center;
    padding: 10px;
}
.order view{
    width: 33%;
    font-size: 15px;
}
.hr{
    border: 1px solid #cccccc;
    opacity: 0.2;
}
.item{
```

```
    display: flex;
    flex-direction: row;
    padding: 10px;
}
.info{
    width: 80%;
}
.name{
    font-size: 16px;
    text-align: left;
}
.priceInfo{
    display: flex;
    flex-direction: row;
    margin-top:15px;
    align-items: center;
}
.price{
    width: 80%;
    font-size: 15px;
    color: #ff0000;
    text-align: left;
}
.count{
    border: 1px solid #cccccc;
    border-radius: 25px;
    width: 25px;
    color: #ff0000;
    text-align: center;
}
```

界面布局效果如图 4.24 所示。

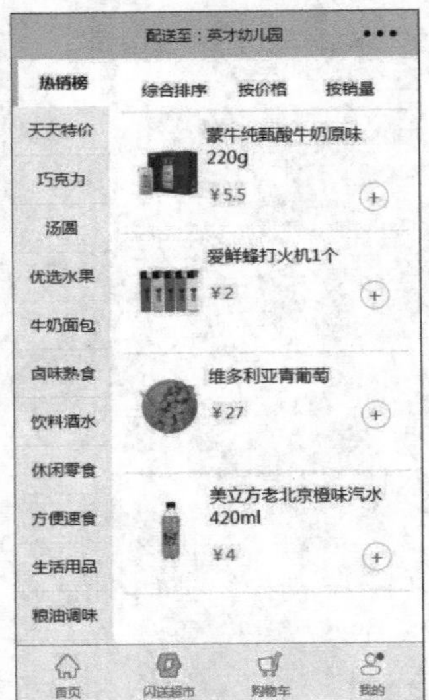

图 4.24 热销榜内容

7 进入 pages/supermarket/tttj.wxml 文件，天天特价界面与热销榜界面布局方式一样，甚至内容也有可能一样，直接复制热销榜界面布局和商品内容，具体代码如下：

```
<view class="item">
  <view class="icon">
    <image src="../../images/supermarket/1-hj.jpg" style="width:70px;height:87px;"></image>
  </view>
  <view class="info">
    <view class="name">爱鲜蜂打火机 1 个</view>
    <view class="priceInfo">
      <view class="price">¥2</view>
      <view class="count">+</view>
    </view>
  </view>
</view>
<view class="hr"></view>

<view class="item">
  <view class="icon">
    <image src="../../images/supermarket/1-qs.jpg" style="width:70px;height:87px;"></image>
  </view>
  <view class="info">
    <view class="name">美立方老北京橙味汽水 420ml</view>
    <view class="priceInfo">
      <view class="price">¥4</view>
      <view class="count">+</view>
    </view>
  </view>
</view>
<view class="hr"></view>
```

界面效果如图 4.25 所示。

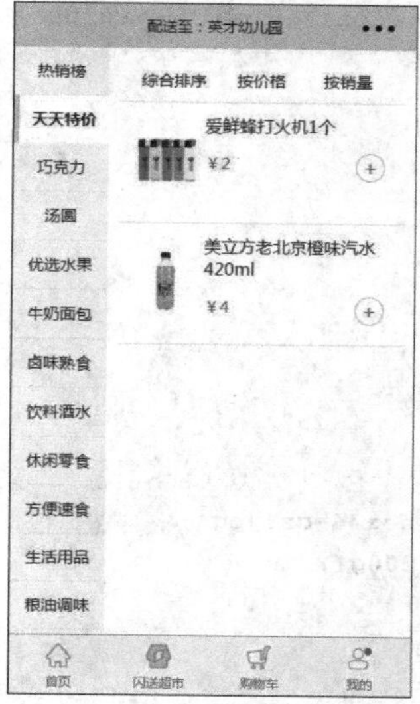

图 4.25　天天特价内容

设计其他商品导航菜单内容时，可以先创建一个文件，然后在这个文件中完成界面布局和内容的设计，通过 include 引用到主界面中。

4.5 添加商品到购物车设计

当前商品信息数据都是直接写在页面中，下面把商品信息存放到本地，然后从本地数据信息中获取，这样可以动态地展示商品信息。

1 进入 app.js 文件中，创建一个 loadGoods 全局函数，用来初始化商品信息，商品内容包括商品 id、商品图片、商品价格及商品类别，同一件商品可以有多个类别，具体代码如下：

```
//app.js
App({
  onLaunch: function () {
    //调用 API 从本地缓存中获取数据
    var logs = wx.getStorageSync('logs') || []
    logs.unshift(Date.now())
    wx.setStorageSync('logs', logs)
  },
  getUserInfo:function(cb){
    var that = this
    if(this.globalData.userInfo){
      typeof cb == "function" && cb(this.globalData.userInfo)
    }else{
      //调用登录接口
      wx.login({
        success: function () {
          wx.getUserInfo({
            success: function (res) {
              that.globalData.userInfo = res.userInfo
              typeof cb == "function" && cb(that.globalData.userInfo)
            }
          })
        }
      })
    }
  },
  loadGoods:function(){

    var goods = new Array();
    var good = new Object();
    good.id="0"
    good.pic = '../../images/index/4-cz.jpg';
    good.name='蒙牛纯甄酸牛奶原味 200g';
    good.price='5.5';
    good.type='milk.supermarket'
    goods[0] = good;

    var good1 = new Object();
```

```
    good1.id="1"
    good1.pic = '../../images/index/4-whh.jpg';
    good1.name='娃哈哈 AD 钙奶 220g*4 支';
    good1.price='8';
    good1.type='milk'
    goods[1] = good1;

    var good2 = new Object();
    good2.id="2";
    good2.pic = '../../images/index/4-amx.jpg';
    good2.name='伊利安慕希希腊酸奶原味 205g';
    good2.price='6';
    good2.type='milk'
    goods[2] = good2;

    var good3 = new Object();
    good3.id = "3";
    good3.pic = '../../images/supermarket/1-hj.jpg';
    good3.name='爱鲜蜂打火机 1 个';
    good3.price='2';
    good3.type='supermarket'
    goods[3] = good3;

    var good4 = new Object();
    good4.id="4";
    good4.pic = '../../images/supermarket/1-hx.jpg';
    good4.name='维多利亚青葡萄';
    good4.price='27';
    good4.type='supermarket'
    goods[4] = good4;

    var good5 = new Object();
    good5.id="5";
    good5.pic = '../../images/supermarket/1-qs.jpg';
    good5.name='美立方老北京橙味汽水 420ml';
    good5.price='4';
    good5.type='supermarket'
    goods[5] = good5;
    return goods;

  },
  globalData:{
    userInfo:null
  }
})
```

2 进入 app.js 文件中，在 onLaunch 小程序初始化生命周期函数中，将商品信息保存到本地，具体代码如下：

```
//app.js
App({
```

```
onLaunch: function () {
  //调用 API 从本地缓存中获取数据
  var logs = wx.getStorageSync('logs') || []
  logs.unshift(Date.now())
  wx.setStorageSync('logs', logs)
  var goods = wx.getStorageSync('goods');
  if(!goods){
     goods = this.loadGoods();
     wx.setStorageSync('goods', goods);
  }
},
getUserInfo:function(cb){
  var that = this
  if(this.globalData.userInfo){
    typeof cb == "function" && cb(this.globalData.userInfo)
  }else{
    //调用登录接口
    wx.login({
      success: function () {
        wx.getUserInfo({
          success: function (res) {
            that.globalData.userInfo = res.userInfo
            typeof cb == "function" && cb(that.globalData.userInfo)
          }
        })
      }
    })
  }
},
loadGoods:function(){

  var goods = new Array();
  var good = new Object();
  good.id="0"
  good.pic = '../../images/index/4-cz.jpg';
  good.name='蒙牛纯甄酸牛奶原味 200g';
  good.price='5.5';
  good.type='milk.supermarket'
  goods[0] = good;

  var good1 = new Object();
  good1.id="1"
  good1.pic = '../../images/index/4-whh.jpg';
  good1.name='娃哈哈 AD 钙奶 220g*4 支';
  good1.price='8';
  good1.type='milk'
  goods[1] = good1;

  var good2 = new Object();
  good2.id="2";
```

```
    good2.pic = '../../images/index/4-amx.jpg';
    good2.name='伊利安慕希希腊酸奶原味 205g';
    good2.price='6';
    good2.type='milk'
    goods[2] = good2;

    var good3 = new Object();
    good3.id = "3";
    good3.pic = '../../images/supermarket/1-hj.jpg';
    good3.name='爱鲜蜂打火机 1 个 ';
    good3.price='2';
    good3.type='supermarket'
    goods[3] = good3;

    var good4 = new Object();
    good4.id="4";
    good4.pic = '../../images/supermarket/1-hx.jpg';
    good4.name='维多利亚青葡萄 ';
    good4.price='27';
    good4.type='supermarket'
    goods[4] = good4;

    var good5 = new Object();
    good5.id="5";
    good5.pic = '../../images/supermarket/1-qs.jpg';
    good5.name='美立方老北京橙味汽水 420ml';
    good5.price='4';
    good5.type='supermarket'
    goods[5] = good5;
    return goods;

  },
  globalData:{
    userInfo:null
  }
})
```

这样就把商品数据保存到本地，在首页中和闪送超市中可以直接进行使用。

3 进入 pages/index/index.js 文件，定义一个 goods 数组，将本地数据为 milk 类别的商品信息保存到 goods 数组中，具体代码如下：

```
Page({
  data: {
    indicatorDots: false,
    autoplay: true,
    interval: 5000,
    duration: 1000,
    imgUrls: [
      "/images/haibao/haibao-1.jpg",
      "/images/haibao/haibao-2.jpg"
    ],
```

```
    goods: []
  },
  onLoad: function () {
    this.loadGoods();
  },
  loadGoods: function () {
    var goods = wx.getStorageSync('goods');
    var result = [];
    for (var i = 0; i < goods.length; i++) {
      var good = goods[i];
      console.log(good);
      var type = good.type;

      if (type.indexOf('milk') > -1) {
        result.push(good);
      }
    }
    console.log(result);
    this.setData({ goods: result });
  }
})
```

4 进入 pages/index/index.wxml 文件，牛奶面包区域的商品信息从 goods 数组中进行获取，具体代码如下：

```
<view class="haibao">
  <swiper indicator-dots="{{indicatorDots}}" autoplay="{{autoplay}}" interval="{{interval}}"
duration="{{duration}}">
    <block wx:for="{{imgUrls}}">
      <swiper-item>
        <image src="{{item}}" class="silde-image"></image>
      </swiper-item>
    </block>
  </swiper>
</view>
<view class="nav">
  <view class="nav-item">
    <view>
      <image src="/images/index/1-xin.jpg" style="width:43px;height:39px;"></image>
    </view>
    <view>每日签到</view>
  </view>
  <view class="nav-item">
    <view>
      <image src="/images/index/1-nian.jpg" style="width:43px;height:39px;"></image>
    </view>
    <view>疯狂秒杀</view>
  </view>
  <view class="nav-item">
    <view>
      <image src="/images/index/1-kuai.jpg" style="width:43px;height:39px;"></image>
```

```
      </view>
      <view>鲜货直供</view>
    </view>
    <view class="nav-item">
      <view>
        <image src="/images/index/1-le.jpg" style="width:43px;height:39px;"></image>
      </view>
      <view>整箱购</view>
    </view>
</view>
<view class="hr"></view>
<view class="bld">
  <image src="/images/index/2-bld.jpg" style="width:200px;height:49px;"></image>
</view>
<view>
  <image src="/images/index/2-rexiao.jpg" style="width:50%;height:60px;"></image>
  <image src="/images/index/2-tejia.jpg" style="width:50%;height:60px;"></image>
</view>
<view class="nav">
  <view class="nav-item">
    <view>
      <image src="/images/index/2-niunai.jpg" style="width:37px;height:32px;"></image>
    </view>
    <view class="title">牛奶面包</view>
  </view>
  <view class="nav-item">
    <view>
      <image src="/images/index/2-yinliao.jpg" style="width:37px;height:32px;"></image>
    </view>
    <view class="title">饮料酒水</view>
  </view>
  <view class="nav-item">
    <view>
      <image src="/images/index/2-shuiguo.jpg" style="width:37px;height:32px;"></image>
    </view>
    <view class="title">优选水果</view>
  </view>
  <view class="nav-item">
    <view>
      <image src="/images/index/2-gengduo.jpg" style="width:37px;height:32px;"></image>
    </view>
    <view class="title">更多</view>
  </view>
</view>
<view class="pic">
  <image src="/images/index/3-tttj.jpg" style="width:45%;height:69px;"></image>
  <image src="/images/index/3-bgslz.jpg" style="width:45%;height:69px;"></image>
  <image src="/images/index/3-yhbnt.jpg" style="width:45%;height:69px;"></image>
  <image src="/images/index/3-hgzx.jpg" style="width:45%;height:69px;"></image>
</view>
```

```
<view class="item">
  <view class="status">
    <view class="type">
      <view>牛奶面包</view>
      <view>—</view>
    </view>
    <view class="more">
      更多 >
    </view>
  </view>
  <view class="haibao">
    <image src="/images/index/4-nxnn.jpg" style="width:322px;height:84px;"></image>
  </view>
  <view class="orders">
    <block wx:for="{{goods}}">
      <view class="order">
        <view>
          <image src="{{item.pic}}" style="width:59px;height:45px;"></image>
        </view>
        <view class="orderName">{{item.name}}</view>
        <view class="priceInfo">
          <view class="price">¥{{item.price}}</view>
          <view class="count" id="{{item.id}}" bindtap="addGoods">+</view>
        </view>
      </view>
    </block>

    <!--
    <view class="order">
       <view><image src="../../images/index/4-cz.jpg" style="width:59px;height:45px;">
</image></view>
       <view class="orderName">蒙牛纯甄酸牛奶原味 200g</view>
       <view class="priceInfo">
          <view class="price">¥5.5</view>
          <view class="count" bindtap="addGoods">+</view>
       </view>
    </view>
    <view class="order">
       <view><image src="../../images/index/4-whh.jpg" style="width:59px;height:45px;">
</image></view>
       <view class="orderName">娃哈哈 AD 钙奶 220g*4 支</view>
       <view class="priceInfo">
          <view class="price">¥8</view>
          <view class="count">+</view>
       </view>
    </view>
    <view class="order">
       <view><image src="../../images/index/4-amx.jpg" style="width:59px;height:45px;">
</image></view>
       <view class="orderName">伊利安慕希希腊酸奶原味 205g</view>
```

```
        <view class="priceInfo">
          <view class="price">¥6</view>
          <view class="count">+</view>
        </view>
      </view>
      -->
    </view>
</view>
```

5 进入 pages/index/index.js 文件，添加 addGoods 函数，通过单击数量后面的“+”，可以将商品添加到购物车中，添加成功后给出添加成功的提示信息，具体代码如下：

```
Page({
  data: {
    indicatorDots: false,
    autoplay: true,
    interval: 5000,
    duration: 1000,
    imgUrls: [
      "/images/haibao/haibao-1.jpg",
      "/images/haibao/haibao-2.jpg"
    ],
    goods: []
  },
  onLoad: function () {
    this.loadGoods();
  },
  loadGoods: function () {
    var goods = wx.getStorageSync('goods');
    var result = [];
    for (var i = 0; i < goods.length; i++) {
      var good = goods[i];
      console.log(good);
      var type = good.type;

      if (type.indexOf('milk') > -1) {
        result.push(good);
      }
    }
    console.log(result);
    this.setData({ goods: result });
  },
  addGoods: function (e) {
    var goods = wx.getStorageSync('goods');
     var id = e.currentTarget.id;
     var good = {};
     for(var i=0;i<goods.length;i++){
       var oldGood = goods[i];
         if(oldGood.id==id){
             good = oldGood;
             break;
```

```
        }
    }
    var orders = wx.getStorageSync('orders');
    var addOrders = new Array();
    var add = true;
    for(var i=0;i<orders.length;i++){
       var order = orders[i];
       if(order.id == good.id){
           var count = order.count;
           order.count = count + 1 ;
           add = false;
       }
       addOrders[i] = order;
    }
   var len = orders.length;
   if(add){
      good.count = 1;
      addOrders[len] = good;
   }
   wx.setStorageSync('orders', addOrders);
   wx.showToast({
     title:'添加成功',
     icon:'success',
     duration:1000
   });
   }
})
```

6 进入 pages/supermarket/supermarket.js 文件，运用同样的方式，添加商品加载的函数 loadGoods 和商品添加到购物车函数 addGoods，具体代码如下：

```
Page({
  data:{
    currentTab:0,
    flag:0,
    goods:[]
  },
  onLoad:function(options){
    this.loadGoods();
  },
  switchNav:function(e){
    console.log(e);
    var page = this;
    var id = e.target.id;
    if(this.data.currentTab == id){
       return false;
    }else{
      page.setData({currentTab:id});
    }
    page.setData({flag:id});
  },
   loadGoods: function () {
```

```
    var goods = wx.getStorageSync('goods');
    var result = [];
    for (var i = 0; i < goods.length; i++) {
      var good = goods[i];
      console.log(good);
      var type = good.type;

      if (type.indexOf('supermarket') > -1) {
        result.push(good);
      }
    }
    console.log(result);
    this.setData({ goods: result });
  },
  addGoods: function (e) {
    var goods = wx.getStorageSync('goods');
     var id = e.currentTarget.id;
     var good = {};
     for(var i=0;i<goods.length;i++){
       var oldGood = goods[i];
         if(oldGood.id==id){
             good = oldGood;
             break;
         }
     }
    var orders = wx.getStorageSync('orders');
    var addOrders = new Array();
    var add = true;
    for(var i=0;i<orders.length;i++){
       var order = orders[i];
       if(order.id == good.id){
           var count = order.count;
           order.count = count + 1 ;
           add = false;
       }
       addOrders[i] = order;
    }
   var len = orders.length;
   if(add){
      good.count = 1;
      addOrders[len] = good;
   }
   wx.setStorageSync('orders', addOrders);
   wx.showToast({
     title:'添加成功',
     icon:'success',
     duration:1000
   });
     }
})
```

7 进入 pages/supermarket/rxb.wxml 文件，动态获取热销榜商品信息，具体代码如下：

```
  <block wx:for="{{goods}}">
<view class="item">
  <view class="icon"><image src="{{item.pic}}" style="width:70px;height:87px;"></image>
</view>
  <view class="info">
    <view class="name">{{item.name}}</view>
    <view class="priceInfo">
       <view class="price">￥{{item.price}}</view>
       <view class="count" id="{{index}}" bindtap="addGoods">+</view>
    </view>
  </view>
</view>
<view class="hr"></view>
</block>

<!--
<view class="item">
  <view class="icon"><image src="../../images/supermarket/1-hj.jpg" style="width:70px;
height:87px;"></image></view>
  <view class="info">
    <view class="name">爱鲜蜂打火机 1 个</view>
    <view class="priceInfo">
       <view class="price">¥2</view>
       <view class="count">+</view>
    </view>
  </view>
</view>
<view class="hr"></view>

<view class="item">
  <view class="icon"><image src="../../images/supermarket/1-hx.jpg" style="width:70px;
height:87px;"></image></view>
  <view class="info">
    <view class="name">维多利亚青葡萄</view>
    <view class="priceInfo">
       <view class="price">¥27</view>
       <view class="count">+</view>
    </view>
  </view>
</view>
<view class="hr"></view>

<view class="item">
  <view class="icon"><image src="../../images/supermarket/1-cz.jpg" style="width:70px;
height:87px;"></image></view>
  <view class="info">
    <view class="name">蒙牛纯甄酸牛奶原味 200g</view>
    <view class="priceInfo">
       <view class="price">¥5.5</view>
```

```
        <view class="count">+</view>
      </view>
    </view>
</view>
<view class="hr"></view>

<view class="item">
  <view class="icon"><image src="../../images/supermarket/1-qs.jpg" style="width:70px;
height:87px;"></image></view>
  <view class="info">
    <view class="name">美立方老北京橙味汽水 420ml</view>
    <view class="priceInfo">
        <view class="price">¥4</view>
        <view class="count">+</view>
    </view>
  </view>
</view>
<view class="hr"></view>
-->
```

至此，就实现了从本地动态获取商品数据及将商品数据添加到购物车中。购物车中的商品信息也是存放到本地 orders 中，购物车商品显示的时候可以从本地数据 orders 中获取。

4.6 购物车商品显示设计

下面从 orders 获取数据，在购物车界面显示商品信息，如图 4.26 所示。

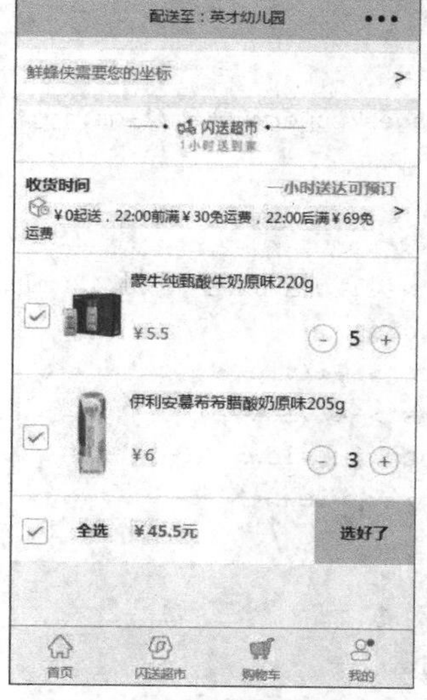

图 4.26　购物车界面

1 进入 pages/shoppingcart/shoppingcart.wxml 文件中，设计收货坐标、收货时间、商品列表和全选区域，具体代码如下：

```
<view class="content">
  <view class="hr"></view>
  <view class="address" bindtap="selectAddress">
    <view class="desc">鲜蜂侠需要您的坐标</view>
    <view class="detail">></view>
  </view>
  <view class="hr"></view>
  <view class="info">
    <view class="sscs">
      <image src="../../images/cart/sscs.jpg" style="width:180px;height:47px;"></image>
    </view>
    <view class="line"></view>
    <view class="receive">
      <view>
        <view class="time">
          <view class="left">收货时间</view>
          <view class="right">一小时送达可预定</view>
        </view>
        <view class="freight">
          <image src="../../images/cart/shsj.jpg" style="width:24px;height:24px;">
</image>¥0 起送，22:00 前满 ¥30 免运费，22:00 后满 ¥69 免运费</view>
      </view>
      <view class="detail2">></view>
    </view>
    <view class="line"></view>
    <view class="items">
      <checkbox-group bindchange="checkboxChange">
        <view class="item">
          <view class="icon">
            <checkbox checked/>
          </view>
          <view class="pic">
            <image src="../../images/supermarket/1-qs.jpg" style="width:70px;height:87px;">
</image>
          </view>
          <view class="order">
            <view class="title">美立方老北京橙味汽水 420ml</view>
            <view class="priceInfo">
              <view class="price">¥4</view>
              <view class="minus">-</view>
              <view class="count">1</view>
              <view class="add">+</view>
            </view>
          </view>
        </view>
        <view class="line"></view>
        <view class="item">
          <view class="icon">
            <checkbox checked/>
          </view>
```

```
          <view class="pic">
            <image src="../../images/supermarket/1-cz.jpg" style="width:70px;height:87px;">
</image>
          </view>
          <view class="order">
            <view class="title">蒙牛纯甄酸牛奶原味 200g</view>
            <view class="priceInfo">
              <view class="price">¥5.5</view>
              <view class="minus">-</view>
              <view class="count">1</view>
              <view class="add">+</view>
            </view>
          </view>
        </view>
        <view class="line"></view>
      </checkbox-group>
      <checkbox-group bindchange="checkAll">
        <view class="all">
          <view>
            <checkbox checked="{{selectedAll}}"/>
          </view>
          <view class="selectAll">
            全选
          </view>
          <view class="total">
            共 ¥9.5 元
          </view>
          <view class="opr">选好了 </view>
        </view>
      </checkbox-group>
    </view>
  </view>
</view>
```

2 进入 pages/shoppingcart/shoppingcart.wxss 文件，为收货坐标、收货时间、商品列表和全选区域添加样式，具体代码如下：

```
.content{
    font-family: "Microsoft YaHei";
    height: 600px;
    background-color: #F9F9F8;
}
.hr{
    height: 12px;
    background-color: #F9F9F8;
}
.address{
    height: 42px;
    background-color: #ffffff;
    display: flex;
    flex-direction: row;
```

```
}
.desc{
  line-height: 42px;
  padding-left: 10px;
  font-size: 15px;
  color: #ff0000;
}
.detail{
   position: absolute;
   right: 10px;
   line-height: 42px;
}
.info{
  background-color: #ffffff;
}
.sscs{
   text-align: center;
}
.line{
   border: 1px solid #cccccc;
   opacity: 0.2;
}
.receive{
   display: flex;
   flex-direction: row;
   padding: 10px;
}
.time{
   display: flex;
   flex-direction: row;
}
.left{
   width: 50%;
   text-align: left;
   font-size: 15px;
   font-weight: bold;
}
.right{
   width: 50%;
   text-align: right;
   font-size: 15px;
   color: #5DAFED;
   font-weight: bold;
   margin-right: 20px;
}
.freight{
   font-size: 13px;
   margin-right: 20px;
}
.detail2{
```

```
    position: absolute;
    right: 10px;
    line-height: 60px;
}
.item{
    display: flex;
    flex-direction: row;
    padding: 10px;
    align-items: center;
}
.order{
    width:100%;
    height: 87px;
}
.title{
    font-size: 15px;
}
.priceInfo{
    display: flex;
    flex-direction: row;
    margin-top:30px;
}
.price{
    width: 65%;
    font-size: 15px;
    color: #ff0000;
    text-align: left;
}
.minus,.add{
    border: 1px solid #cccccc;
    border-radius: 25px;
    width: 25px;
    color: #ff0000;
    text-align: center;
}
.count{
    margin-left: 10px;
    margin-right: 10px;
}
.all{
    display: flex;
    flex-direction: row;
    height: 60px;
    align-items: center;
    padding-left: 10px;
}
.selectAll{
    width: 20%;
    text-align: center;
    font-size: 15px;
```

```
    font-weight: bold;
}
.total{
    width: 30%;
    font-size: 15px;
    color: #ff0000;
    font-weight: bold;
}
.opr{
    position: absolute;
    right: 0px;
    width: 92px;
    font-size: 15px;
    font-weight: bold;
    background-color: #FFD600;
    height: 60px;
    text-align: center;
    line-height: 60px;
}
```

3 进入 pages/shoppingcart/shoppingcart.js 文件中，定义变量，orders 商品订单、selected 商品复选框选中、selectedAll 全选复选框、totalPrice 总价，添加 loadOrders 加载订单商品函数、checkboxChange 商品复选框选中与未选中计算金额的函数、checkAll 选中所有商品函数、addGoods 添加商品函数、minusGoods 减少商品函数，具体代码如下：

```
Page({
  data:{
    orders:[],
    selected:true,
    selectedAll:true,
    totalPrice:0
  },
  onLoad:function(){
    this.loadOrders();
  },
  loadOrders:function(){//加载购物车商品订单信息
    var orders = wx.getStorageSync('orders');
    this.setData({orders:orders});
    var totalPrice=0;
    for(var i=0;i<orders.length;i++){
       var order = orders[i];
       totalPrice += order.price * order.count;
    }
    this.setData({totalPrice:totalPrice});
  },
  checkboxChange:function(e){//商品行内复选框
  console.log(e);
     var ids = e.detail.value;
     if(ids.length==0){
        this.setData({selectedAll:false});
     }else{
```

```
      this.setData({selectedAll:true});
    }
    var orders = wx.getStorageSync('orders');
    var totalPrice=0;
    for(var i=0;i<orders.length;i++){
     var order = orders[i];
     for(var j=0;j<ids.length;j++){
       if(order.id == ids[j]){
          totalPrice += order.price * order.count
       }
     }
    }
    this.setData({totalPrice:totalPrice});
},
checkAll:function(e){// 全选复选框
    var selected = this.data.selected;
    var result = selected==true?false:true;
    this.setData({selected:result});
    if(result == false){
        this.setData({totalPrice:0});
        this.setData({selectedAll:false});
    }else{
       this.loadOrders();
       this.setData({selectedAll:true});
    }

},
addGoods:function(e){// 添加商品
    var goods = wx.getStorageSync('goods');
    var id = e.currentTarget.id;
    var good = {};
    for(var i=0;i<goods.length;i++){
       var oldGood = goods[i];
       if(id==oldGood.id){
          good = oldGood;
          break;
       }
    }
    console.log(good);
    var orders = wx.getStorageSync('orders');
    var addOrders = new Array();
    var add = true;
    for(var i=0;i<orders.length;i++){
       var order = orders[i];
       if(order.id == good.id){
         var count = order.count;
         order.count = count +1;
         add = false;
       }
       addOrders[i] = order;
```

```
    }
    var len = orders.length;
    if(add){
      good.count = 1;
      addOrders[len] = good;
    }
    wx.setStorageSync('orders', addOrders);
    this.loadOrders();
  },
  minusGoods:function(e){// 减少商品
    var goods = wx.getStorageSync('goods');
    var id = e.currentTarget.id;
    var good = {};
    for(var i=0;i<goods.length;i++){
      var oldGood = goods[i];
      if(id==oldGood.id){
        good = oldGood;
        break;
      }
    }
    console.log(good);
    var orders = wx.getStorageSync('orders');
    var addOrders = new Array();
    var add = true;
    for(var i=0;i<orders.length;i++){
      var order = orders[i];
      if(order.id == good.id){
        var count = order.count;
        if(count >=2){
          order.count = count - 1;
        }
      }
      addOrders[i] = order;
    }

    wx.setStorageSync('orders', addOrders);
    this.loadOrders();
  }
})
```

4 进入 pages/shoppingcart/shoppingcart.wxml 文件，实现界面上的商品数据从 orders 中读取，具体代码如下：

```
<view class="content">
  <view class="hr"></view>
  <view class="address" bindtap="selectAddress">
    <view class="desc">鲜蜂侠需要您的坐标</view>
    <view class="detail">></view>
  </view>
  <view class="hr"></view>
  <view class="info">
    <view class="sscs">
```

```
      <image src="../../images/cart/sscs.jpg" style="width:180px;height:47px;"></image>
    </view>
    <view class="line"></view>
    <view class="receive">
      <view>
        <view class="time">
          <view class="left">收货时间</view>
          <view class="right">一小时送达可预定</view>
        </view>
        <view class="freight">
          <image src="../../images/cart/shsj.jpg" style="width:24px;height:24px;">
</image>¥0 起送，22:00 前满 ¥30 免运费，22:00 后满 ¥69 免运费</view>
      </view>
      <view class="detail2">></view>
    </view>
    <view class="line"></view>
    <view class="items">
      <checkbox-group bindchange="checkboxChange">

        <!--
        <view class="item">
          <view class="icon">
            <checkbox checked/>
          </view>
          <view class="pic">
              <image src="../../images/supermarket/1-qs.jpg" style="width:70px;height:
87px;"></image>
          </view>
          <view class="order">
            <view class="title">美立方老北京橙味汽水 420ml</view>
            <view class="priceInfo">
              <view class="price">¥4</view>
              <view class="minus">-</view>
              <view class="count">1</view>
              <view class="add">+</view>
            </view>
          </view>
        </view>
        <view class="line"></view>
        <view class="item">
          <view class="icon">
            <checkbox checked/>
          </view>
          <view class="pic">
            <image src="../../images/supermarket/1-cz.jpg" style="width:70px;height:87px;">
</image>
          </view>
          <view class="order">
            <view class="title">蒙牛纯甄酸牛奶原味 200g</view>
            <view class="priceInfo">
              <view class="price">¥5.5</view>
```

```
            <view class="minus">-</view>
            <view class="count">1</view>
            <view class="add">+</view>
          </view>
        </view>
      </view>
      <view class="line"></view>
      -->
      <block wx:for="{{orders}}">
        <view class="item">
          <view class="icon">
            <checkbox value="{{item.id}}" checked="{{selected}}"/>
          </view>
          <view class="pic">
            <image src="{{item.pic}}" style="width:70px;height:87px;"></image>
          </view>
          <view class="order">
            <view class="title">{{item.name}}</view>
            <view class="priceInfo">
              <view class="price">¥{{item.price}}</view>
              <view class="minus" id="{{index}}" bindtap="minusGoods">-</view>
              <view class="count">{{item.count}}</view>
              <view class="add" id="{{item.id}}" bindtap="addGoods">+</view>
            </view>
          </view>
        </view>
        <view class="line"></view>
      </block>
    </checkbox-group>
    <checkbox-group bindchange="checkAll">
      <view class="all">
        <view>
          <checkbox checked="{{selectedAll}}"/>
        </view>
        <view class="selectAll">
          全选
        </view>
        <!--
        <view class="total">
          共¥9.5元
        </view>
        -->
        <view class="total">
          共¥{{totalPrice}}元
        </view>
        <view class="opr">选好了</view>
      </view>
    </checkbox-group>
  </view>
 </view>
</view>
```

这样就可以动态计算商品的总价及动态添加商品的数量，界面效果如图 4.26 所示。

4.7 收货地址列表式显示设计

仿爱鲜蜂微信小程序可以显示收货地址列表，收货地址信息包括收货人、联系方式及具体的地址信息，如图 4.27 所示。

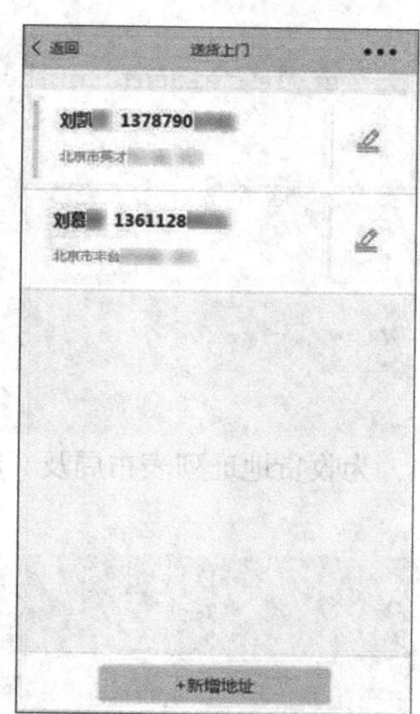

图 4.27 地址列表

1 在 app.json 中新增地址“pages/address/address”页面路径，然后进入 pages/address/address..wxml 文件中，设计收货地址列表布局及“新增地址”按钮布局，具体代码如下：

```
<view class="content">
<view class="hr"></view>
  <view class="item">
    <view class="info {{flag==0?'select':'normal'}}" id="0" bindtap="switchNav">
        <view class="name">
           <text>刘凯  </text>
           <text>1522356     </text>
        </view>
        <view class="address">
           <text>英才      </text>
           <text>601</text>
        </view>
    </view>
    <view class="opr">
      <image src="../../images/cart/xg.jpg" style="width:33px;height:33px;"></image>
    </view>
  </view>
  <view class="line"></view>
  <view class="item">
    <view class="info {{flag==1?'select':'normal'}}" id="1" bindtap="switchNav">
```

```
        <view class="name">
           <text>刘慕  </text>
           <text>1372356     </text>
        </view>
        <view class="address">
           <text>丰台     </text>
           <text>702</text>
        </view>
    </view>
    <view class="opr">
       <image src="../../images/cart/xg.jpg" style="width:33px;height:33px;"></image>
    </view>
  </view>
  <view class="line"></view>

  <view class="bg" bindtap="newAddress">
      <view class="newAddress">+ 新增地址 </view>
  </view>
</view>
```

2 进入 pages/address/address.wxss 文件中，为收货地址列表布局及“新增地址”按钮布局添加样式，具体代码如下：

```
.content{
    background-color: #F9F9F8;
    height: 600px;
    font-family: "Microsoft YaHei";
}
.hr{
    height: 20px;
}
.item{
    background-color: #ffffff;
    display: flex;
    flex-direction: row;
    height: 75px;
    padding:10px;
}
.info{
    width: 80%;
    line-height: 35px;
}
.name{
    margin-left: 20px;
    font-size: 16px;
    font-weight: bold;
}
.name text{
     margin-right: 10px;
}
.address{
```

```
    margin-left: 20px;
    font-size: 13px;
    color: #999999;
}
.address text{
    margin-right: 10px;
}
.opr{
    border-left:1px solid #f2f2f2;
    line-height: 85px;
    width: 20%;
    text-align: center;
}
.line{
    border: 1px solid #cccccc;
    opacity: 0.2;
}
.select{
    border-left:5px solid #FDE252;
}
.bg{
    background-color: #ffffff;
    height: 55px;
    border: 1px solid #f2f2f2;
    position: fixed;
    bottom: 0px;
    width: 100%;
}
.newAddress{
    border: 1px solid #f2f2f2;
    width:220px;
    height: 35px;
    background-color: #FFD600;
    line-height: 35px;
    text-align: center;
    border-radius:5px;
    margin: 0 auto;
    margin-top:10px;
    font-size: 16px;
}
```

3 进入 pages/address/address.json 文件，修改窗口的导航标题为“送货上门”，具体代码如下：

```
{
    "navigationBarTitleText": "送货上门"
}
```

4 进入 pages/shoppingcart/shoppingcart.js 文件，添加 selectAddress 函数，实现从购物车界面可以进入地址列表界面，具体代码如下：

```
// pages/shoppingcart/shoppingcart.js
Page({
  data:{
```

```
    orders:[],
    selected:true,
    selectedAll:true,
    totalPrice:0
  },
  onLoad:function(options){
    this.loadOrders();
  },
  loadOrders:function(){
    var orders = wx.getStorageSync('orders');
    this.setData({orders:orders});
     var totalPrice=0;
      for(var i=0;i < orders.length;i++){
         var order = orders[i];
         totalPrice += order.price * order.count
      }
       this.setData({totalPrice:totalPrice});
  },
  checkboxChange:function(e){
    var ids = e.detail.value;
    if(ids.length==0){
      this.setData({selectedAll:false});
    }else{
      this.setData({selectedAll:true});
    }
    var orders = wx.getStorageSync('orders');
    var totalPrice=0;
    for(var i=0;i < orders.length;i++){
      var order = orders[i];
       for(var j=0;j < ids.length;j++){
           if(order.id == ids[j]){
              totalPrice += order.price * order.count
           }
       }
    }
     this.setData({totalPrice:totalPrice});
  },
  checkAll:function(e){
    var selected = this.data.selected;
    var result = selected==true?false:true;
    this.setData({selected:result});
    if(result==false){
       this.setData({totalPrice:0});
    }else{
      this.loadOrders();
    }
    this.setData({selectedAll:true});
  },
  addGoods: function (e) {
    var goods = wx.getStorageSync('goods');
    console.log(goods);
```

```
    var id = e.currentTarget.id;
    console.log(id);
    var good = goods[id];
    var orders = wx.getStorageSync('orders');
    var addOrders = new Array();
    var add = true;
    for (var i = 0; i < orders.length; i++) {
      var order = orders[i];
      if (order.id == good.id) {
        var count = order.count;
        order.count = count + 1;
        add = false;
      }
      addOrders[i] = order;
    }
    var len = orders.length;
    if (add) {
      good.count = 1;
      addOrders[len] = good;
    }
    wx.setStorageSync('orders', addOrders);
    this.loadOrders();
  },
  minusGoods: function (e) {
    var goods = wx.getStorageSync('goods');
    var id = e.currentTarget.id;
    var good = goods[id];
    var orders = wx.getStorageSync('orders');
    var addOrders = new Array();
    var add = true;
    for (var i = 0; i < orders.length; i++) {
      var order = orders[i];
      if (order.id == good.id) {
        var count = order.count;
        if(count >= 2){
           order.count = count - 1;
        }
      }
      addOrders[i] = order;
    }
    wx.setStorageSync('orders', addOrders);
    this.loadOrders();
  },
  selectAddress:function(){
    wx.navigateTo({
      url: '../address/address'
    })
  }
})
```

至此，就完成了收货地址列表设计，界面效果如图 4.27 所示。

4.8 小结

仿爱鲜蜂微信小程序主要完成底部标签导航设计、首页内容设计、闪送超市纵向导航设计、将商品添加到购物车设计、商品在购物车界面显示设计及收货地址列表式展示设计，要学会以下内容：

1 使用 view、image、swiper、input、form、button 和 picker 等组件来进行界面布局设计及样式设计；

2 底部标签导航配置，包括标签导航背景色、导航文字默认颜色和选中颜色及导航的页面路径、默认图标和选中图标；

3 使用 swiper 滑块视图容器来完成幻灯片轮播效果及页签切换效果设计；

4 wx.navigateTo 保留当前页进行跳转，跳转后可以返回跳转前的界面；

5 新闻详情页评论区域固定在底部，不随着界面滚动而滚动，需要使用 position: fixed 样式进行固定；

6 使用 wx.setStorageSync(KEY,DATA) 将数据保存到本地，使用 wx.getStorageSync (KEY) 从本地读取数据。

4.9 实战演练

完成收货地址新增功能，将收货地址信息保存到本地，动态加载收货地址列表，界面如图 4.28 和图 4.29 所示。

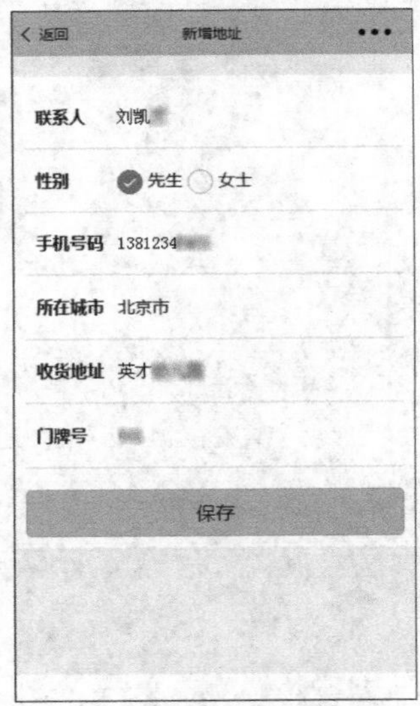

图 4.28 新增地址

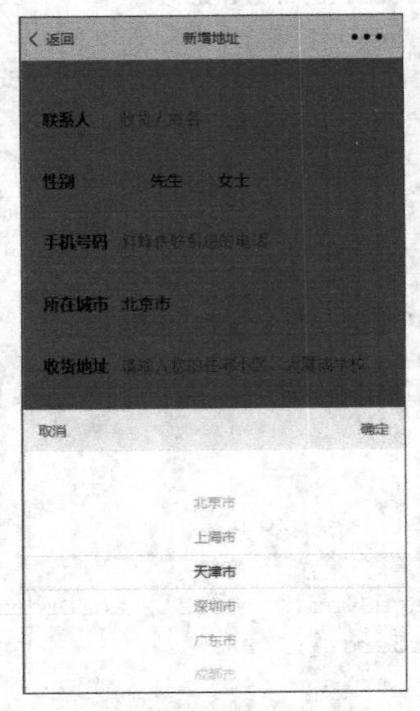

图 4.29 城市选择

需求描述：

① 新增地址界面布局设计。

② 可以选择所在城市。

③ 将新增地址信息保存到本地。

④ 在地址列表中动态展示新增的地址信息。

第 5 章　电影类：仿淘票票微信小程序

微信小程序在公测阶段，还没有正式发布时，广大用户对电影类微信小程序就呼声很高，希望电影类购票软件也能设计成一些微信小程序。例如，猫眼电影、淘票票等电影类 App 非常火暴，猫眼电影便推出自己的微信小程序。从功能上看，只把猫眼电影 App 的核心功能放在微信小程序上，简化了很多功能。本章将一起来设计仿淘票票微信小程序，只进行一些核心界面设计及核心功能实现，如图 5.1 ~图 5.4 所示。

图 5.1　正在热映

图 5.2　即将上映

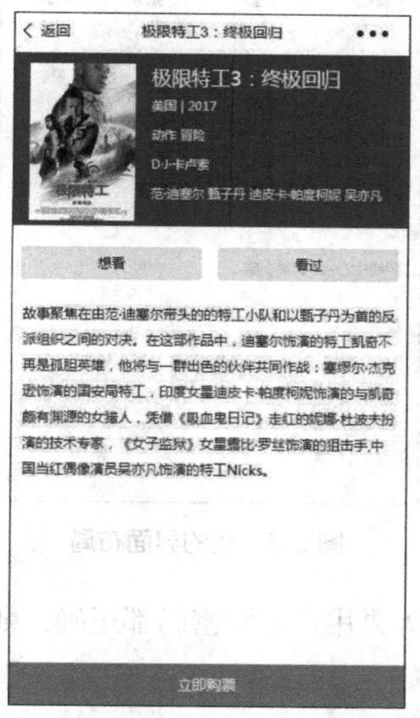

图 5.3　电影详情

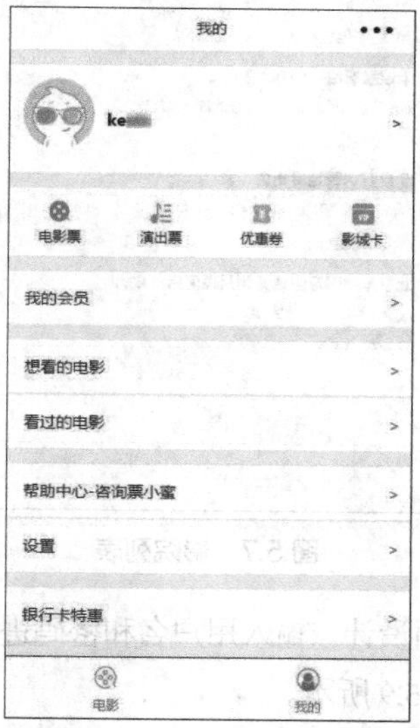

图 5.4　我的界面

5.1 需求描述及交互分析

5.1.1 需求描述

仿淘票票微信小程序，要完成以下功能。

① 电影顶部页签设计，分为“正在热映”页签和“即将上映”页签，单击页签会显示相应的内容，如图 5.5 和图 5.6 所示。

图 5.5 正在热映页签

图 5.6 即将上映页签

② 电影界面中幻灯片轮播效果设计，以幻灯片轮播方式展示有关电影的广告。

③ 电影列表界面设计，显示电影海报、电影名称、电影类型、导演、主演、上映年份等信息。

④ 单击电影列表信息可以进入电影详情页界面，查看电影的详细信息。

⑤ 在电影界面中单击“购票”按钮可以进入电影院列表界面，展示可观看电影的电影院列表信息，如图 5.7 所示。

⑥“我的”界面设计，展示用户信息及采用列表式导航设计，如图 5.8 所示。

图 5.7 影院列表

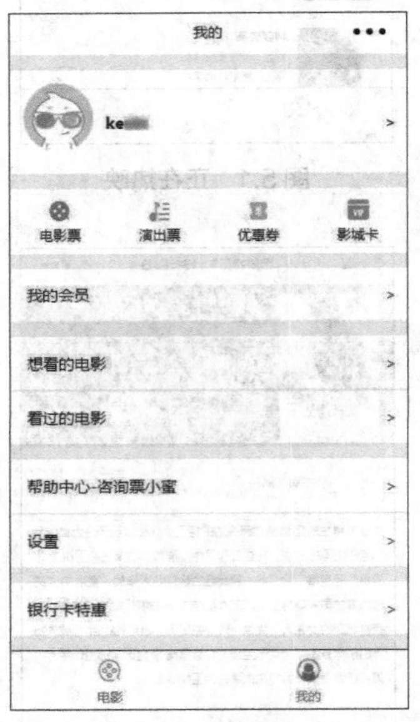

图 5.8 我的界面布局

⑦ 登录界面设计，输入用户名和密码进行登录，如果用户名和密码都正确，则允许登录到微信小程序中，如图 5.9 所示。

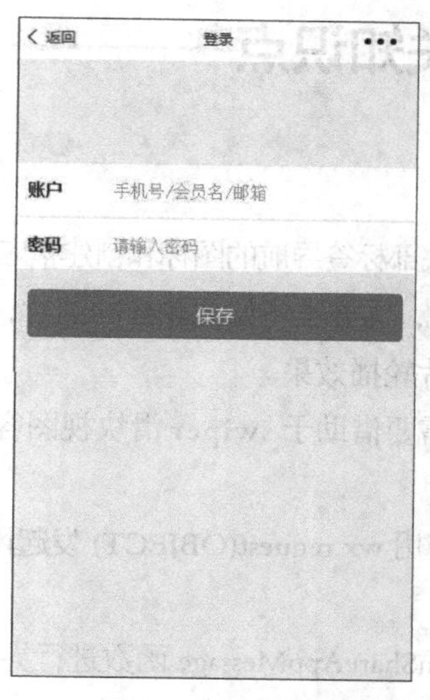

图 5.9　登录界面

⑧ 分享功能设计，可以把电影列表界面分享给好友或微信群，如图 5.10 和图 5.11 所示。

图 5.10　分享操作

图 5.11　分享内容

5.1.2　交互分析

① 底部标签导航有“电影”和“我的”两个，单击不同底部标签导航显示对应的界面内容。

② 在电影界面中，顶部有两个页签，单击页签会显示相应的电影列表内容。

③ 在电影界面中，单击电影列表信息，可以跳转到电影详情界面，查看电影详细信息。

④ 在电影界面中，单击“购票”按钮，会跳转到影院列表界面中，显示放映该电影的影院信息。

⑤ 在电影界面中，单击“分享”按钮，可以把电影列表界面分享给微信好友或者微信群。

⑥ 在“我的”界面中，展示用户信息及采用列表式导航展示用户相关信息。

⑦ 在“我的”界面中，如果用户未登录，单击用户图标，跳转到登录界面进行登录。

5.2 设计思路及相关知识点

5.2.1 设计思路

① 设计底部标签导航，准备好底部标签导航的图标和创建相应的两个页面。

② 设计首页的幻灯片轮播效果，需要准备好要轮播的图片，同时借助于 swiper 滑块视图容器组件完成幻灯片轮播效果。

③ 设计顶部页签切换效果，需要借助于 swiper 滑块视图容器组件，动态切换不同页签对应的内容。

④ 展示电影列表信息，需要使用 wx.request(OBJECT) 发起网络请求获取电影列表信息，动态展示到电影界面中。

⑤ 界面分享功能，需要使用 onShareAppMessage 函数进行界面的分享。

⑥ 将用户信息保存到本地，需要借助于 wx.setStorage 这个 API 将用户数据信息异步保存到本地。

⑦ 获取本地用户信息，需要使用 wx.getStorage 这个 API 从本地异步获取用户信息。

⑧ 电影、影院、“我的”界面布局设计，需要使用 view、image 等组件，电影详情界面的“立即购票”按钮固定在底部设计需要使用 position:fixed 属性。

5.2.2 相关知识点

① swiper 滑块视图容器组件，可以实现海报轮播效果动态展示及页签内容切换效果。swiper 滑块视图容器属性如表 5.1 所示。

表 5.1 swiper 滑块视图容器属性

属性名	类 型	默认值	说 明
indicator-dots	Boolean	false	是否显示面板指示点
autoplay	Boolean	false	是否自动切换
current	Number	0	当前所在页面的 index
interval	Number	5000	自动切换时间间隔
duration	Number	1000	滑动动画时长
bindchange	EventHandle		current 改变时会触发 change 事件，event.detail = {current: current}

② wx.request(OBJECT) 用来发起 HTTPS 请求，如果项目创建时有 AppID，那么请求 HTTPS 时需要在微信公众平台配置域名，否则在请求路径校验时会报错。wx.request 参数说明如表 5.2 所示。

表 5.2 wx.request 参数说明

参数名	类 型	必 填	说 明
url	String	是	开发者服务器接口地址
data	Object、String	否	请求的参数

续表

参数名	类　型	必　填	说　明
header	Object	否	设置请求的 header（标头），header 中不能设置 Referer（网站来路）
method	String	否	默认为 GET，有效值为 OPTIONS、GET、HEAD、POST、PUT、DELETE、TRACE 和 CONNECT
dataType	String	否	默认为 .json。如果设置 dataType 为 .json，则会尝试对响应的数据做一次 JSON.parse
success	Function	否	收到开发者服务器成功返回的回调函数，res = {data: '开发者服务器返回的内容'}
fail	Function	否	接口调用失败的回调函数
complete	Function	否	接口调用结束的回调函数（调用成功、失败都会执行）

③ 微信小程序支持页面分享功能，可以把指定页面分享给好友或者群，需要使用 onShareAppMessage 函数设置该页面的分享信息。它有两个字段，title 作为分享标题，path 作为分享路径，示例代码如下：

```
Page({
  onShareAppMessage: function () {
    return {
      title: '自定义分享标题',
      path: '/page/user?id=123'
    }
  }
})
```

注意：只有定义此事件处理函数，右上角菜单才会显示“分享”按钮；用户单击“分享”按钮的时候会调用；此事件返回一个 Object，用于自定义分享内容；分享图片不能自定义，会取当前页面，从顶部开始，高度为80%屏幕宽度的图像作为分享图片。

④ wx.setStorage(OBJECT) 将数据存储在本地缓存指定的 key 中，会覆盖原来该 key 对应的内容，这是一个异步接口。wx.setStorage 参数如表 5.3 所示。

表 5.3　wx.setStorage 参数说明

参数名	类　型	必　填	说　明
key	String	是	本地缓存中的指定的 key
data	Object/String	是	需要存储的内容
success	Function	否	接口调用成功的回调函数
fail	Function	否	接口调用失败的回调函数
complete	Function	否	接口调用结束的回调函数（调用成功、失败都会执行）

示例代码如下：

```
wx.setStorage({
      key: 'String',
      data: Object/String,
      success: function(res){
        // success
      },
      fail: function() {
        // fail
      },
      complete: function() {
        // complete
      }
  })
```

⑤ wx.getStorage(OBJECT) 从本地缓存中异步获取指定 key 对应的内容，这是一个异步的接口。wx.getStorage 参数如表 5.4 所示。

表 5.4 wx.getStorage 参数说明

参数名	类　型	必　填	说　明
key	String	是	本地缓存中的指定的 key
success	Function	是	接口调用的回调函数 ,res = {data: key 对应的内容 }
fail	Function	否	接口调用失败的回调函数
complete	Function	否	接口调用结束的回调函数（调用成功、失败都会执行）

示例代码如下：

```
wx.getStorage({
      key: 'String',
      success: function(res){
        // success
      },
      fail: function() {
        // fail
      },
      complete: function() {
        // complete
      }
  })
```

⑥ input 输入框组件用来输入单行文本内容，input 输入框件属性如表 5.5 所示。

表 5.5 input 输入框组件属性

属性名	类　型	默认值	说　明
value	String		输入框的初始内容
type	String	text	input 的类型，有效值为 text、number、idcard 和 digit
password	Boolean	false	是否是密码类型
placeholder	String		输入框为空时占位符

续表

属性名	类　型	默认值	说　明
placeholder-style	String		指定 placeholder 的样式
placeholder-class	String	input-placeholder	指定 placeholder 的样式类
disabled	Boolean	false	是否禁用
maxlength	Number	140	最大输入长度，设置为 -1 时不限制最大长度
cursor-spacing	Number	0	指定光标与键盘的距离，单位为 px 。取 input 与底部的距离和 cursor-spacing 指定的距离的最小值作为光标与键盘的距离
auto-focus	Boolean	false	自动聚焦（即将废弃，请直接使用 focus），拉起键盘
focus	Boolean	false	获取焦点
bindinput	EventHandle		当键盘输入时，触发 input 事件，event.detail = {value: value}，处理函数可以直接返回一个字符串，将替换输入框的内容
bindfocus	EventHandle		输入框聚焦时触发，event.detail = {value: value}
bindblur	EventHandle		输入框失去焦点时触发，event.detail = {value: value}
bindconfirm	EventHandle		单击“完成”按钮时触发，event.detail = {value: value}

5.3 电影界面框架设计

视频课程

电影界面框架设计

5.3.1 顶部页签切换效果设计

在电影界面中，顶部有两个页签，“正在热映”页签用来展示热映的电影，“即将上映”页签用来展示即将上映的电影；页签选中时会变为红色文字且有红色的下画线，如图 5.12 所示。

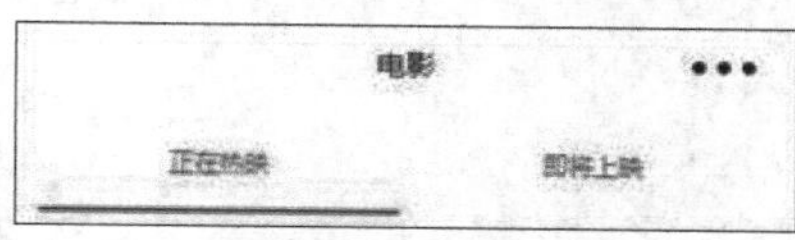

图 5.12　顶部页签

1 进入 pages/movie/movie.wxml 文件，设计顶部页签切换效果。页签选中时文字为红色且有红色下画线，需要设计两种样式，选中时样式（select）和默认时样式（default）；单击页签可以进行选中效果的切换，需要绑定 switchNav 事件；进行页签的内容切换需要使用 swiper 滑块视图容器组件，具体代码如下：

```
<view class="content">
  <view class="type">
    <view class="{{currentTab==0?'select':'default'}}" data-current="0" bindtap="switchNav">
正在热映 </view>
    <view class="{{currentTab==1?'select':'default'}}" data-current="1" bindtap="switchNav">
即将上映 </view>
```

```
  </view>
  <view class="hr"></view>
  <swiper current="{{currentTab}}" style="height:1500px;">
    <swiper-item>
      我是正在热映内容
    </swiper-item>
    <swiper-item>
      我是即将上映内容
    </swiper-item>
  </swiper>
</view>
```

2 进入 pages/movie/movie.wxss 文件，设计选中时样式和默认时样式，具体代码如下：

```
.content{
  font-family: "Microsoft YaHei";
}
.type{
   display: flex;
   flex-direction: row;
   width: 96%;
   margin: 0 auto;
}
.type view{
   margin: 0 auto;
}
.select{
   font-size:12px;
   color: red;
   width: 48%;
   text-align: center;
   height: 45px;
   line-height: 45px;
   border-bottom:5rpx solid red;
}
.default{
   width: 48%;
   font-size:12px;
   text-align: center;
   height: 45px;
   line-height: 45px;
}
```

3 进入 pages/movie/movie.js 文件，定义页签的序号变量 currentTab，添加页签切换单击事件 switchNav，具体代码如下：

```
Page({
  data:{
    currentTab:0
  },
  onLoad:function(options){

  },
```

```
switchNav:function(e){
    var page = this;
    if(this.data.currentTab == e.target.dataset.current){
       return false;
    }else{
      page.setData({currentTab:e.target.dataset.current});
    }
  }
})
```

这样就实现了电影界面顶部页签的切换效果，页签选中时页签标题为红色且添加红色下画线，如图 5.13 所示。

图 5.13　顶部页签切换效果

5.3.2　底部标签导航设计

仿淘票票微信小程序，底部标签导航有两个，标签导航选中时导航图标会变为红色图标，相应文字也变为红色。

1 新建一个无 AppID 的仿淘票票微信小程序项目，将准备好的底部标签导航图标及界面中图片图标所在的 images 文件夹复制到项目根目录下。

2 打开 app...json 配置文件，在 pages 数组中添加两个页面路径 "pages/movie/movie" 和 "pages/me/me"，保存后会自动生成相应的页面文件夹；删除 "pages/index/index"、"pages/logs/logs" 页面路径及对应的文件夹，具体代码如下：

```
{
  "pages":[
    "pages/movie/movie",
    "pages/me/me"
  ],
  "window":{
    "backgroundTextStyle":"light",
```

```
    "navigationBarBackgroundColor": "#fff",
    "navigationBarTitleText": "WeChat",
    "navigationBarTextStyle":"black"
  }
}
```

3 在 window 窗口中，修改导航栏文字为“电影”，在 tabBar 对象中配置底部标签导航背景色为白色（#ffffff)、标签导航文字选中时为红色（#FE4E62），在 list 数组中配置底部标签导航对应的页面、导航名称、默认时图标及选中时图标，具体代码如下：

```
{
  "pages":[
    "pages/movie/movie",
    "pages/me/me"
  ],
  "window":{
    "backgroundTextStyle":"light",
    "navigationBarBackgroundColor": "#fff",
    "navigationBarTitleText": " 电影 ",
    "navigationBarTextStyle":"black"
  },
  "tabBar": {
    "backgroundColor": "#ffffff",
    "selectedColor": "#FE4E62",
    "list": [{
      "pagePath": "pages/movie/movie",
      "text": " 电影 ",
      "iconPath": "../images/bar/movie-0.jpg",
      "selectedIconPath": "../images/bar/movie-1.jpg"
    },{
      "pagePath": "pages/me/me",
      "text": " 我的 ",
      "iconPath": "../images/bar/me-0.jpg",
      "selectedIconPath": "../images/bar/me-1.jpg"
    }]
  }
}
```

这样就完成了仿淘票票微信小程序的底部标签导航配置。单击不同的导航，可以切换显示不同的页面，同时导航图标会呈现为选中状态。

5.4 正在热映界面布局设计

视频课程
正在热映界面布局设计 1

视频课程
正在热映界面布局设计 2

正在热映界面内容包括两个方面的内容，即电影海报轮播效果和热映电影列表显示。电影海报轮播效果使用 swiper 滑块视图容器组件来完成，热映电影列表获取使用 wx.request(OBJECT) 来完成。正在热映界面如图 5.14 所示。

1 设计电影海报轮播效果。在 pages/index 目录下，新建一个 hotMovie.wxml 文件，采用 view、swiper 和 image 进行布局，定义 haibao、slide-image 的类，具体代码如下：

图 5.14 正在热映界面

```
<view class="haibao">
 <swiper indicator-dots="{{indicatorDots}}" autoplay="{{autoplay}}" interval="{{interval}}"
duration="{{duration}}" style="height:145px;">
    <block wx:for="{{imgUrls}}">
      <swiper-item>
        <image src="{{item}}" class="silde-image" style="width:100%;height:145px;"></image>
      </swiper-item>
    </block>
  </swiper>
</view>
```

2 将 pages/index/hotMovie 文件引入 movie.wxml 文件中，通过 include 方式引入该文件，具体代码如下：

```
<view class="content">
  <view class="type">
    <view class="{{currentTab==0?'select':'default'}}" data-current="0" bindtap="switchNav">
正在热映 </view>
    <view class="{{currentTab==1?'select':'default'}}" data-current="1" bindtap="switchNav">
即将上映 </view>
  </view>
  <view class="hr"></view>
  <swiper current="{{currentTab}}" style="height:1500px;">
    <swiper-item>
       <include src="hotMovie..wxml" />
    </swiper-item>
    <swiper-item>
       我是即将上映内容
    </swiper-item>
  </swiper>
</view>
```

3 进入 pages/index/index.js 文件，在 data 对象中定义 imgUrls 数组及轮播的属性值，存放幻灯片轮播的图片路径，具体代码如下：

```
Page({
  data:{
    currentTab:0,
    indicatorDots: false,
    autoplay: true,
    interval: 5000,
    duration: 1000,
    imgUrls: [
      "/images/haibao/1.jpg",
      "/images/haibao/2.jpg",
      "/images/haibao/3.jpg",
      "/images/haibao/4.jpg"
    ]
  },
  onLoad:function(options){

  },
  switchNav:function(e){
    var page = this;
    if(this.data.currentTab == e.target.dataset.current){
       return false;
    }else{
      page.setData({currentTab:e.target.dataset.current});
    }
  }
})
```

这样就可以实现电影海报轮播效果，自动地进行播放及切换不同的电影海报内容。

4 进入 pages/index/index.js 文件，定义 loadMovies 函数和 movies 数组，使用 wx.request 发起网络请求获取电影列表信息，具体代码如下：

```
Page({
  data:{
    currentTab:0,
    indicatorDots: false,
    autoplay: true,
    interval: 5000,
    duration: 1000,
    imgUrls: [
      "/images/haibao/1.jpg",
      "/images/haibao/2.jpg",
      "/images/haibao/3.jpg",
      "/images/haibao/4.jpg"
    ],
    movies:[]
  },
  onLoad:function(options){
    this.loadMovies();
  },
  switchNav:function(e){
    var page = this;
    if(this.data.currentTab == e.target.dataset.current){
       return false;
```

```
    }else{
      page.setData({currentTab:e.target.dataset.current});
    }
  },
  loadMovies: function () {
    var page = this;
    wx.request({
      url: 'https://api.douban.com/v2/movie/in_theaters',
      method: 'GET',
      header: {
        "Content-Type":"..json"
      },
      success: function (res) {
        var subjects = res.data.subjects;
        console.log(subjects);
        var movies = new Array();
        //前 10 条
        var len = subjects.length >=10?10:subjects.length;
        for(var i=0;i<len;i++){
          var subject = subjects[i];
          var movie = new Object();
          //电影名称
          movie.name = subject.title;
          //电影海报图片
          movie.pic = subject.images.medium;
          //导演
          var directors = subject.directors;
          var dir = '';
          for(var j=0;j<directors.length;j++){
             dir += directors[j].name+' ';
          }
          movie.dir = dir;

          //主演
          var casts = subject.casts;
          var cast = '';
          for(var j=0;j<casts.length;j++){
             cast += casts[j].name+' ';
          }
          movie.cast = cast;

          movie.id = subject.id;
          movie.year = subject.year;

          //影片类型
          var genres = subject.genres;
          var gen = '';
          for(var j=0;j<genres.length;j++){
             gen += genres[j]+' ';
          }
          movie.type = gen;
          movies.push(movie);
        }
```

```
        page.setData({ movies: movies });
      }
    })
  }
})
```

5 进入 pages/index/hotMovie.wxml 文件，进行电影列表界面布局设计，包括电影海报、电影名称、电影类型、导演、主演及上映时间，具体代码如下：

```
<view class="haibao">
  <swiper indicator-dots="{{indicatorDots}}" autoplay="{{autoplay}}" interval="{{interval}}"
duration="{{duration}}" style="height:145px;">
    <block wx:for="{{imgUrls}}">
      <swiper-item>
        <image src="{{item}}" class="silde-image" style="width:100%;height:145px;"></image>
      </swiper-item>
    </block>
  </swiper>
</view>
<view class="list">
    <block wx:for="{{movies}}">
      <view class="movie" id="{{item.id}}">
         <view class="pic">
            <image src="{{item.pic}}" mode="aspectFit" style="width:85px;height:119px;">
</image>
         </view>
         <view class="movie-info">
             <view class="base-info">
                 <view class="name">{{item.name}}</view>
                 <view class="desc">类型：{{item.type}}</view>
                 <view class="desc">导演：{{item.dir}}</view>
                 <view class="desc">主演：{{item.cast}}</view>
                 <view class="desc">上映：{{item.year}}年</view>
             </view>
         </view>
         <view class="btn">
            <button>购票</button>
         </view>
      </view>
      <view class="hr"></view>
    </block>
 </view>
```

6 进入 pages/index/index.wxss 文件，为电影海报、电影名称、电影类型、导演、主演及上映时间界面布局添加样式，具体代码如下：

```
.content{
   font-family: "Microsoft YaHei";
}
.type{
    display: flex;
    flex-direction: row;
    width: 96%;
```

```
    margin: 0 auto;
}
.type view{
    margin: 0 auto;
}
.select{
    font-size:12px;
    color: red;
    width: 48%;
    text-align: center;
    height: 45px;
    line-height: 45px;
    border-bottom:5rpx solid red;
}
.default{
    width: 48%;
    font-size:12px;
    text-align: center;
    height: 45px;
    line-height: 45px;
}
.movie{
    display: flex;
    flex-direction: row;
    width: 100%;
}
.pic image{
    width:80px;
    height:100px;
    padding:10px;
}
.base-info{
    width: 70%;
    font-size: 12px;
    padding-top: 10px;
    line-height: 20px;
}
.name{
    font-size: 13px;
    font-weight: bold;
    color: #000000;
}
.type{
    color: #555555;
    margin-top: 5px;
    margin-bottom: 5px;
}
.score{
    font-size: 18px;
    color: #FF9900;
    margin-left:5px;
}
.desc{
```

```
    color: #333333;
}
.hr{
    height: 1px;
    width: 100%;
    background-color: #cccccc;
    opacity: 0.2;
}
.btn{
    position: absolute;
    right: 10px;
    margin-top:50px;
}
.btn button{
    width:52px;
    height: 25px;
    font-size:11px;
    color: red;
    border: 1px solid red;
    background-color: #ffffff;
}
```

这样就完成了正在热映界面布局设计，包括电影海报轮播效果和电影列表显示设计。

5.5 即将上映界面布局设计

视频课程

正在热映界面布局设计 1

视频课程

正在热映界面布局设计 2

即将上映界面用来展示三个月的电影上映情况，称为每月观影指南，主要展示电影海报、电影类型及时间，可以左右滑动电影内容；除了每月观影指南外，还会展示上映的电影列表信息，同正在热映的页面布局方式一样，如图 5.15 所示。

图 5.15　即将上映界面布局设计

1 在 pages/index 目录下新建 waitMovie.wxml 文件，然后进入 pages/index/waitMovie.wxml 文件，设计每月观影指南的电影列表及各个月份的页签切换效果，绑定切换月份的 switchMonth 事件，同时用 flag 变量来控制显示月份是选中样式还是默认样式，具体代码如下：

```
<view class="hr2"></view>
<view class="title">
  <view class="intro">
    <view class="zhinan">每月观影指南</view>
    <view class="third">近 3 个月最受期待的影片</view>
  </view>
  <view class="month" bindtap="switchMonth">
    <view class="{{flag==0?'first':'second'}}" id="0">2 月</view>
    <view class="{{flag==1?'first':'second'}}" id="1">3 月</view>
    <view class="{{flag==2?'first':'second'}}" id="2">4 月</view>
  </view>
</view>
<swiper current="{{flag}}" style="height:200px;">
  <swiper-item>

      <scroll-view scroll-x="true">
      <view class="items">
        <block wx:for="{{movies}}">
          <view class="item">
            <view>
              <image src="{{item.pic}}" mode="aspectFit" style="width:85px;height:100px;">
</image>
            </view>
            <view class="movieName">{{item.name}}</view>
            <view class="movieDesc">{{item.type}}</view>
            <view class="movieDesc">02-24</view>
          </view>
        </block>
        </view>
      </scroll-view>

  </swiper-item>
  <swiper-item>
    2
  </swiper-item>
  <swiper-item>
    3
  </swiper-item>
</swiper>
```

2 进入 pages/index/index.wxml 文件，将 waitMovie.wxml 文件引入这个文件中，具体代码如下：

```
<view class="content">
  <view class="type">
    <view class="{{currentTab==0?'select':'default'}}" data-current="0" bindtap="switchNav">
正在热映</view>
    <view class="{{currentTab==1?'select':'default'}}" data-current="1" bindtap="switchNav">
即将上映</view>
  </view>
```

```
  <view class="hr"></view>
  <swiper current="{{currentTab}}" style="height:1500px;">
    <swiper-item>
       <include src="hotMovie..wxml" />
    </swiper-item>
    <swiper-item>
       <include src="waitMovie..wxml" />
    </swiper-item>
  </swiper>
</view>
```

3 进入 pages/index/index.js 文件，定义控制月份选中的 flag 变量和月份切换的 switchMonth 事件函数，具体代码如下：

```
Page({
  data:{
    currentTab:0,
    indicatorDots: false,
    autoplay: true,
    interval: 5000,
    duration: 1000,
    imgUrls: [
      "/images/haibao/1.jpg",
      "/images/haibao/2.jpg",
      "/images/haibao/3.jpg",
      "/images/haibao/4.jpg"
    ],
    movies:[],
    flag:0
  },
  onLoad:function(options){
     this.loadMovies();
  },
  switchNav:function(e){
    var page = this;
    if(this.data.currentTab == e.target.dataset.current){
       return false;
    }else{
      page.setData({currentTab:e.target.dataset.current});
    }
  },
  loadMovies: function () {
    var page = this;
    wx.request({
      url: 'https://api.douban.com/v2/movie/in_theaters',
      method: 'GET',
      header: {
        "Content-Type":"..json"
      },
      success: function (res) {
        var subjects = res.data.subjects;
        console.log(subjects);
```

```
        var movies = new Array();
        //前10条
        var len = subjects.length >=10?10:subjects.length;
        for(var i=0;i<len;i++){
          var subject = subjects[i];
          var movie = new Object();
          //电影名称
          movie.name = subject.title;
          //电影海报图片
          movie.pic = subject.images.medium;
          //导演
          var directors = subject.directors;
          var dir = '';
          for(var j=0;j<directors.length;j++){
             dir += directors[j].name+' ';
          }
          movie.dir = dir;

          //主演
          var casts = subject.casts;
          var cast = '';
          for(var j=0;j<casts.length;j++){
             cast += casts[j].name+' ';
          }
          movie.cast = cast;

          movie.id = subject.id;
          movie.year = subject.year;

          //影片类型
          var genres = subject.genres;
          var gen = '';
          for(var j=0;j<genres.length;j++){
             gen += genres[j]+' ';
          }
          movie.type = gen;
          movies.push(movie);
        }
        page.setData({ movies: movies });
      }
    })
  },
  switchMonth:function(e){
    console.log(e);
    var page = this;
    if(this.data.flag == e.target.id){
       return false;
    }else{
      page.setData({flag:e.target.id});
    }
  }
})
```

4 进入 pages/index/index.wxss 文件，为每月观影指南区域添加样式，具体代码如下：

```
.content{
  font-family: "Microsoft YaHei";
}
.type{
    display: flex;
    flex-direction: row;
    width: 96%;
    margin: 0 auto;
}
.type view{
    margin: 0 auto;
}
.select{
    font-size:12px;
    color: red;
    width: 48%;
    text-align: center;
    height: 45px;
    line-height: 45px;
    border-bottom:5rpx solid red;
}
.default{
    width: 48%;
    font-size:12px;
    text-align: center;
    height: 45px;
    line-height: 45px;
}
.movie{
    display: flex;
    flex-direction: row;
    width: 100%;
}
.pic image{
    width:80px;
    height:100px;
    padding:10px;
}
.base-info{
    width: 70%;
    font-size: 12px;
    padding-top: 10px;
    line-height: 20px;
}
.name{
    font-size: 13px;
    font-weight: bold;
    color: #000000;
}
```

```
.type{
    color: #555555;
    margin-top: 5px;
    margin-bottom: 5px;
}
.score{
    font-size: 18px;
    color: #FF9900;
    margin-left:5px;
}
.desc{
    color: #333333;
}
.hr{
    height: 1px;
    width: 100%;
    background-color: #cccccc;
    opacity: 0.2;
}
.btn{
    position: absolute;
    right: 10px;
    margin-top:50px;
}
.btn button{
    width:52px;
    height: 25px;
    font-size:11px;
    color: red;
    border: 1px solid red;
    background-color: #ffffff;
}
.hr2{
    height: 10px;
    width: 100%;
    background-color: #cccccc;
    opacity: 0.2;
}
.title{
    padding:10px;
    display: flex;
    flex-direction: row;
}
.intro{
    width: 60%;
}
.zhinan{
    font-size: 16px;
}
.third{
```

```
    font-size: 13px;
    color: #cccccc;
    margin-top:10px;
}
.month{
    width: 40%;
    display: flex;
    flex-direction: row;
    align-items: center;
    font-size: 11px;
}
.first{
    width: 40px;
    height: 20px;
    line-height: 20px;
    text-align: center;
    border-radius: 10px;
    background-color: #FE4E62;
    color: #ffffff;
    margin-right: 10px;
}
.second{
    width: 40px;
    height: 20px;
    line-height: 20px;
    text-align: center;
    color: #cccccc;
    margin-right: 10px;
}
.items{
    display: flex;
    flex-direction: row;
    padding:10px;
}
.item{
    margin-right: 5px;
    text-align: center;
}
.movieName{
    font-size: 12px;
    text-align: center;
}
.movieDesc{
    font-size: 12px;
    color: #cccccc;
}
```

这样就实现了每月观影指南区域设计。用户可以左右滑动电影列表，同时可以按月份切换显示不同月份的电影列表信息，如图 5.16 所示。

5 进入 pages/index/waitMovie.wxml 文件，设计待映电影列表信息，采用与热映电影列表一样的布局方式，具体代码如下：

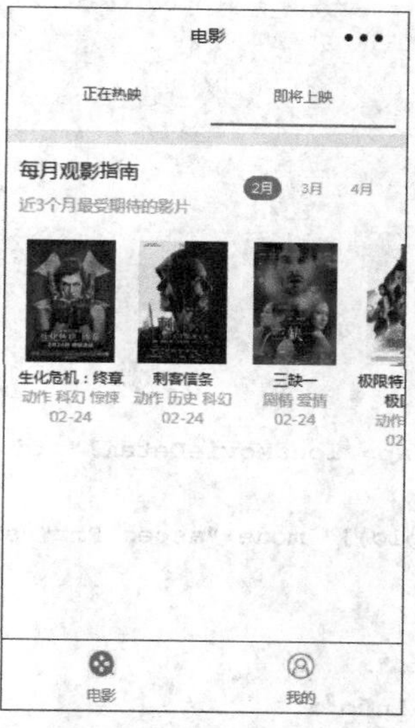

图 5.16　每月观影指南

```
<view class="hr2"></view>
<view class="title">
  <view class="intro">
    <view class="zhinan">每月观影指南</view>
    <view class="third">近 3 个月最受期待的影片</view>
  </view>
  <view class="month" bindtap="switchMonth">
    <view class="{{flag==0?'first':'second'}}" id="0">2 月</view>
    <view class="{{flag==1?'first':'second'}}" id="1">3 月</view>
    <view class="{{flag==2?'first':'second'}}" id="2">4 月</view>
  </view>
</view>
<swiper current="{{flag}}" style="height:200px;">
  <swiper-item>

     <scroll-view scroll-x="true">
     <view class="items">
       <block wx:for="{{movies}}">
         <view class="item">
           <view>
             <image src="{{item.pic}}" mode="aspectFit" style="width:85px;height:100px;">
</image>
           </view>
           <view class="movieName">{{item.name}}</view>
           <view class="movieDesc">{{item.type}}</view>
           <view class="movieDesc">02-24</view>
         </view>
       </block>
       </view>
     </scroll-view>

  </swiper-item>
```

```
  <swiper-item>
    2
  </swiper-item>
  <swiper-item>
    3
  </swiper-item>
</swiper>
<view class="hr2"></view>
<view class="list">
    <block wx:for="{{movies}}">
      <view class="movie" bindtap="loadMovieDetail" id="{{item.id}}">
         <view class="pic">
            <image src="{{item.pic}}" mode="aspectFit" style="width:85px;height:119px;">
</image>
         </view>
         <view class="movie-info">
             <view class="base-info">
                 <view class="name">{{item.name}}</view>
                 <view class="desc">类型：{{item.type}}</view>
                 <view class="desc">导演：{{item.dir}}</view>
                 <view class="desc">主演：{{item.cast}}</view>
                 <view class="desc">上映：{{item.year}}年</view>
             </view>
         </view>
         <view class="btn">
            <button>购票</button>
         </view>
      </view>
      <view class="hr"></view>
    </block>
 </view>
```

这样就可以展示待映电影列表信息，页面布局和页面样式都是采用热映电影列表的布局方式。

5.6 电影详情页设计

电影详情页用来查看电影的详细信息，如电影标题、电影的类型、导演、主演及电影内容简介，同时提供“立即购票”按钮，固定在页面的底部，如图 5.17 所示。

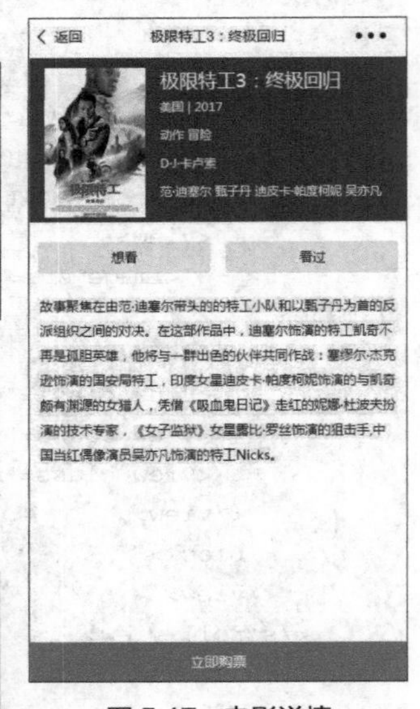

图 5.17　电影详情

1 在 app.json 文件中添加电影详情路径 "pages/movieDetail/movieDetail"，进入 pages/movie/hotMovie.wxml 文件，添加 loadMovieDetail 绑定事件，作为单击进入电影详情页的绑定事件，具体代码如下：

```
<view class="haibao">
  <swiper indicator-dots="{{indicatorDots}}" autoplay="{{autoplay}}"
interval="{{interval}}" duration="{{duration}}" style="height:
145px;">
```

```
    <block wx:for="{{imgUrls}}">
      <swiper-item>
        <image src="{{item}}" class="silde-image" style="width:100%;height:145px;"></image>
      </swiper-item>
    </block>
  </swiper>
</view>
<view class="list">
    <block wx:for="{{movies}}">
      <view class="movie" id="{{item.id}}" bindtap="loadMovieDetail">
          <view class="pic">
             <image src="{{item.pic}}" mode="aspectFit" style="width:85px;height:119px;">
</image>
          </view>
          <view class="movie-info">
              <view class="base-info">
                  <view class="name">{{item.name}}</view>
                  <view class="desc">类型：{{item.type}}</view>
                  <view class="desc">导演：{{item.dir}}</view>
                  <view class="desc">主演：{{item.cast}}</view>
                  <view class="desc">上映：{{item.year}}年</view>
              </view>
          </view>
          <view class="btn">
             <button>购票</button>
          </view>
      </view>
      <view class="hr"></view>
    </block>
</view>
```

2 进入 pages/movie/movie.js 文件，添加 loadMovieDetail 绑定事件，跳转到 movieDetail.wxml 页面中，具体代码如下：

```
Page({
  data: {
    currentTab: 0,
    indicatorDots: false,
    autoplay: true,
    interval: 5000,
    duration: 1000,
    imgUrls: [
      "/images/haibao/1.jpg",
      "/images/haibao/2.jpg",
      "/images/haibao/3.jpg",
      "/images/haibao/4.jpg"
    ],
    movies: [],
    flag: 0
  },
  onLoad: function (options) {
    this.loadMovies();
```

```
},
switchNav: function (e) {
  var page = this;
  if (this.data.currentTab == e.target.dataset.current) {
    return false;
  } else {
    page.setData({ currentTab: e.target.dataset.current });
  }
},
loadMovies: function () {
  var page = this;
  wx.request({
    url: 'https://api.douban.com/v2/movie/in_theaters',
    method: 'GET',
    header: {
      "Content-Type": "..json"
    },
    success: function (res) {
      var subjects = res.data.subjects;
      console.log(subjects);
      var movies = new Array();
      //前10条
      var len = subjects.length >= 10 ? 10 : subjects.length;
      for (var i = 0; i < len; i++) {
        var subject = subjects[i];
        var movie = new Object();
        //电影名称
        movie.name = subject.title;
        //电影海报图片
        movie.pic = subject.images.medium;
        //导演
        var directors = subject.directors;
        var dir = '';
        for (var j = 0; j < directors.length; j++) {
          dir += directors[j].name + ' ';
        }
        movie.dir = dir;

        //主演
        var casts = subject.casts;
        var cast = '';
        for (var j = 0; j < casts.length; j++) {
          cast += casts[j].name + ' ';
        }
        movie.cast = cast;

        movie.id = subject.id;
        movie.year = subject.year;

        //影片类型
        var genres = subject.genres;
```

```
          var gen = '';
          for (var j = 0; j < genres.length; j++) {
            gen += genres[j] + ' ';
          }
          movie.type = gen;
          movies.push(movie);
        }
        page.setData({ movies: movies });
      }
    })
  },
  switchMonth: function (e) {
    console.log(e);
    var page = this;
    if (this.data.flag == e.target.id) {
      return false;
    } else {
      page.setData({ flag: e.target.id });
    }
  },
  loadMovieDetail: function (e) {
    console.log(e);
    var id = e.currentTarget.id;
    console.log(id);
    wx.navigateTo({
      url: '../movieDetail/movieDetail?id=' + id
    })
  }
})
```

3 进入 pages/movieDetail/movieDetail.wxml 文件，设计电影详情内容，包括电影海报图片、电影标题、上映国家和时间、电影类型、导演、主演，提供“想看”“看过”“立即购票”操作按钮及电影内容简介，具体代码如下：

```
<view class="content">
  <view class="bg">
    <view class="movie">
      <view class="pic">
        <image src="{{movie.pic}}" mode="aspectFit"></image>
      </view>
      <view class="movie-info">
        <view class="base-info">
          <view class="name">{{movie.name}}</view>
          <view class="desc">{{movie.country}} | {{movie.year}}</view>
          <view class="desc">{{movie.type}}</view>
          <view class="desc">{{movie.dir}}</view>
          <view class="desc">{{movie.cast}}</view>
        </view>
      </view>
    </view>
  </view>
```

```
  <view class="operate">
    <view class="opr">想看</view>
    <view class="opr">看过</view>
  </view>
  <view class="intro">
    {{movie.summary}}
  </view>
  <view class="buy">
    立即购票
  </view>
</view>
```

4 进入 pages/movieDetail/movieDetail.js 文件，获取电影详情内容，同时修改导航窗口标题为电影名称，具体代码如下：

```
Page({
  data:{
    movie:{}
  },
  onLoad:function(e){
    this.loadMovieDetail(e);
  },
  loadMovieDetail:function(e){
     var page = this;
    wx.request({
      url: 'https://api.douban.com/v2/movie/subject/' + e.id,
      header: {
        "Content-Type": "json"
      },
      success: function (res) {
        console.log(res);
        var subject = res.data;
          var movie = new Object();
          //电影名称
          movie.name = subject.title;
          //电影海报图片
          movie.pic = subject.images.medium;
          //导演
          var directors = subject.directors;
          var dir = '';
          for(var j=0;j<directors.length;j++){
             dir += directors[j].name+' ';
          }
          movie.dir = dir;

          //主演
          var casts = subject.casts;
          var cast = '';
          for(var j=0;j<casts.length;j++){
             cast += casts[j].name+' ';
          }
          movie.cast = cast;
```

```
            movie.id = subject.id;
            movie.year = subject.year;

            //影片类型
            var genres = subject.genres;
            var gen = '';
            for(var j=0;j<genres.length;j++){
               gen += genres[j]+' ';
            }
            movie.type = gen;
            movie.summary = subject.summary;
            movie.country = subject.countries[0];



         page.setData({ movie: movie });

         wx.setNavigationBarTitle({
           title: movie.name
         })
       }
     });
  }

})
```

5 进入 pages/movieDetail/movieDetail.wxss 文件，为电影详情内容及操作按钮添加样式，具体代码如下：

```
.content{
    font-family: "Microsoft YaHei";
}
.bg{
    width:100%;
    background-color: #3F544F;
    height: 100%;
}
.movie{
    display: flex;
    flex-direction: row;
    padding-top:10px;
}
.pic image{
    width:130px;
    height: 150px;
}
.name{
    color: #ffffff;
}

.desc{
```

```
    font-size: 12px;
    color: #f2f2fe;
    height: 28px;
    line-height: 28px;
}
.operate{
    margin-top: 20px;
    display: flex;
    flex-direction: row;
    padding-bottom: 10px;
}
.opr{
    width: 170px;
    height: 30px;
    border:1px solid #F0F0F0;
    margin: 0 auto;
    text-align: center;
    line-height: 30px;
    color: #000000;
    background-color: #F0F0F0;
    border-radius: 3px;
    font-size: 13px;
}
.intro{
    font-size: 13px;
    line-height: 25px;
    margin: 10px;
}
.buy{
    position: fixed;
    bottom: 0px;
    width: 100%;
    height: 40px;
    background-color: #FF4D64;
    text-align: center;
    line-height: 40px;
    font-size: 14px;
    color: #ffffff;
}
```

这样就实现了电影详情页的设计。从电影列表页把电影的 id 传递给电影详情界面，然后根据这个 id 查找电影详情内容，在 movieDetail.wxml 文件中渲染电影详情内容。

5.7 "我的"界面列表式导航设计

"我的"界面列表导航设计

"我的"界面内容可以分为三部分：①账户相关信息，包括账户图标和账户昵称等；②操作按钮，包括电影票、演出票、优惠券和影城卡；③列表式导航菜单项，包括我的会员、想看的电影、看过的电影、帮助中心－咨询票小蜜、设置和银行卡特惠。"我的"界面如图 5.18 所示。

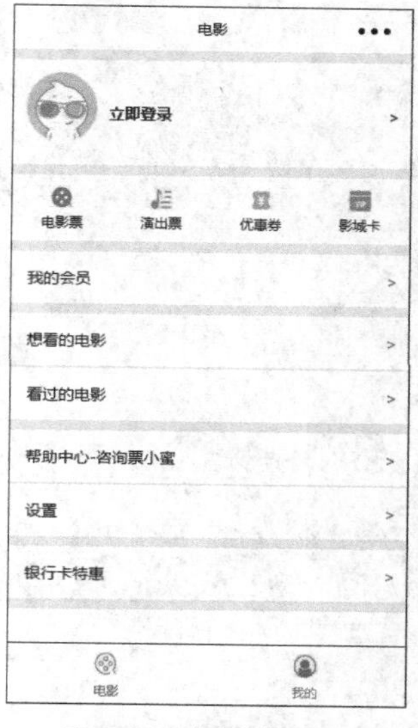

图 5.18 “我的”界面

1 进入 pages/me/me.wxml 文件，进行账户相关信息设计，包括账户图标、账户昵称及进入二级界面导航，具体代码如下：

```
<view class="content">
  <view class="hr"></view>
  <view class="bg">
    <view class="head">
      <view class="headIcon">
        <image src="/images/icon/head.jpg" style="width:70px;height:70px;"></image>
      </view>
      <view class="name" bindtap="login">
        立即登录
      </view>
      <view class="detail">
        <text>></text>
      </view>
    </view>
  </view>
  <view class="hr"></view>
</view>
```

2 进入 pages/me/me.wxss 文件，为账户相关信息添加样式，具体代码如下：

```
.content{
    font-family: "Microsoft YaHei";
}
.hr{
   height: 10px;
   background-color: #F5F5F5;
}
.bg{
  width:100%;
  height: 100px;
}
```

```
.head{
    display: flex;
    flex-direction: row;
}
.headIcon{
    margin: 10px;
}
.headIcon image{
    border-radius: 50%;
}
.name{
    font-size: 15px;
    font-weight: bold;
    line-height: 100px;
}
.detail{
    font-size: 15px;
    position: absolute;
    right: 10px;
    line-height: 100px;
}
```

界面效果如图 5.19 所示。

图 5.19　账户信息

3 进入 pages/me/me.wxml 文件，设计电影票、演出票、优惠券和影城卡操作按钮，具体代码如下：

```
<view class="content">
  <view class="hr"></view>
  <view class="bg">
    <view class="head">
      <view class="headIcon">
        <image src="/images/icon/head.jpg" style="width:70px;height:70px;"></image>
      </view>
```

```
      <view class="name" bindtap="login">
        立即登录
      </view>
      <view class="detail">
        <text>></text>
      </view>
    </view>
  </view>
  <view class="hr"></view>
  <view class="nav">
    <view class="nav-item">
      <view>
        <image src="/images/icon/dyp.jpg" style="width:23px;height:23px;"></image>
      </view>
      <view> 电影票 </view>
    </view>
    <view class="nav-item">
      <view>
        <image src="/images/icon/ycp.jpg" style="width:23px;height:23px;"></image>
      </view>
      <view> 演出票 </view>
    </view>
    <view class="nav-item">
      <view>
        <image src="/images/icon/yhq.jpg" style="width:23px;height:23px;"></image>
      </view>
      <view> 优惠券 </view>
    </view>
    <view class="nav-item">
      <view>
        <image src="/images/icon/yck.jpg" style="width:23px;height:23px;"></image>
      </view>
      <view> 影城卡 </view>
    </view>
  </view>
  <view class="hr"></view>
</view>
```

4 进入 pages/me/me.wxss 文件，为电影票、演出票、优惠券和影城卡操作按钮添加样式，具体代码如下：

```
.content{
    font-family: "Microsoft YaHei";
}
.hr{
   height: 10px;
   background-color: #F5F5F5;
}
.bg{
  width:100%;
  height: 100px;
}
.head{
```

```
    display: flex;
    flex-direction: row;
}
.headIcon{
    margin: 10px;
}
.headIcon image{
    border-radius: 50%;
}
.name{
    font-size: 15px;
    font-weight: bold;
    line-height: 100px;
}
.detail{
    font-size: 15px;
    position: absolute;
    right: 10px;
    line-height: 100px;
}
.nav{
    display: flex;
    flex-direction: row;
    text-align: center;
}
.nav-item{
    width: 25%;
    font-size: 13px;
    padding-top:10px;
    padding-bottom: 10px;
}
```

界面效果如图 5.20 所示。

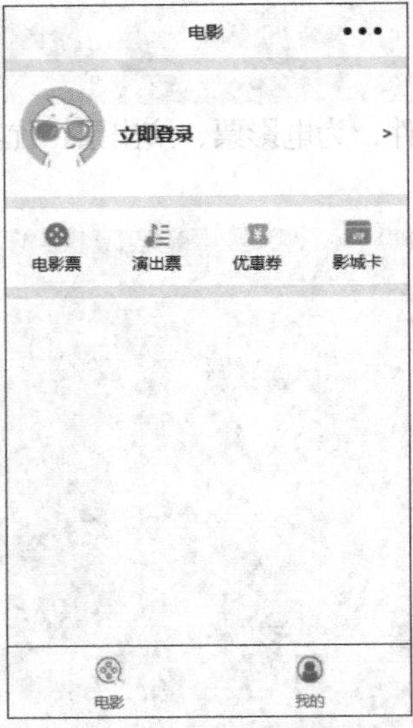

图 5.20　操作按钮

5 进入 pages/me/me.wxml 文件，设计列表式导航，包括我的会员、想看的电影、看过的电影、帮助中心 – 咨询票小蜜、设置和银行卡特惠，具体代码如下：

```
<view class="content">
  <view class="hr"></view>
  <view class="bg">
    <view class="head">
      <view class="headIcon">
        <image src="/images/icon/head.jpg" style="width:70px;height:70px;"></image>
      </view>
      <view class="name" bindtap="login">
        立即登录
      </view>
      <view class="detail">
        <text>></text>
      </view>
    </view>
  </view>
  <view class="hr"></view>
  <view class="nav">
    <view class="nav-item">
      <view>
        <image src="/images/icon/dyp.jpg" style="width:23px;height:23px;"></image>
      </view>
      <view>电影票</view>
    </view>
    <view class="nav-item">
      <view>
        <image src="/images/icon/ycp.jpg" style="width:23px;height:23px;"></image>
      </view>
      <view>演出票</view>
    </view>
    <view class="nav-item">
      <view>
        <image src="/images/icon/yhq.jpg" style="width:23px;height:23px;"></image>
      </view>
      <view>优惠券</view>
    </view>
    <view class="nav-item">
      <view>
        <image src="/images/icon/yck.jpg" style="width:23px;height:23px;"></image>
      </view>
      <view>影城卡</view>
    </view>
  </view>
  <view class="hr"></view>
  <view class="item">
    <view class="order">我的会员</view>
    <view class="detail2">
      <text>></text>
    </view>
```

```
  </view>
  <view class="hr"></view>
  <view class="item">
    <view class="order">想看的电影</view>
    <view class="detail2">
      <text>></text>
    </view>
  </view>
  <view class="xian"></view>
  <view class="item">
    <view class="order">看过的电影</view>
    <view class="detail2">
      <text>></text>
    </view>
  </view>
  <view class="hr"></view>
  <view class="item">
    <view class="order">帮助中心-咨询票小蜜</view>
    <view class="detail2">
      <text>></text>
    </view>
  </view>
  <view class="xian"></view>
  <view class="item">
    <view class="order">设置</view>
    <view class="detail2">
      <text>></text>
    </view>
  </view>
  <view class="hr"></view>
  <view class="item">
    <view class="order">银行卡特惠</view>
    <view class="detail2">
      <text>></text>
    </view>
  </view>
  <view class="hr"></view>
</view>
```

6 进入 pages/me/me.wxss 文件，为列表式导航添加样式，具体代码如下：

```
.content{
    font-family: "Microsoft YaHei";
}
.hr{
   height: 10px;
   background-color: #F5F5F5;
}
.bg{
  width:100%;
  height: 100px;
}
```

```
.head{
    display: flex;
    flex-direction: row;
}
.headIcon{
    margin: 10px;
}
.headIcon image{
    border-radius: 50%;
}
.name{
    font-size: 15px;
    font-weight: bold;
    line-height: 100px;
}
.detail{
    font-size: 15px;
    position: absolute;
    right: 10px;
    line-height: 100px;
}
.nav{
    display: flex;
    flex-direction: row;
    text-align: center;
}
.nav-item{
    width: 25%;
    font-size: 13px;
    padding-top:10px;
    padding-bottom: 10px;
}
.item{
    display:flex;
    flex-direction:row;
}
.order{
    padding-top:15px;
    padding-left: 15px;
    padding-bottom:15px;
    font-size:15px;
}
.detail2{
    font-size: 15px;
    position: absolute;
    right: 10px;
    height: 50px;
    line-height: 50px;
    color: #888888;
}
```

```
.xian{
    border: 1px solid #cccccc;
    opacity: 0.2;
}
```

这样就完成了“我的”界面布局设计，包括账户相关信息、操作按钮及列表式导航设计。

5.8 登录设计

在登录界面中输入账户和密码用来登录到淘票票微信小程序中，如果输入的用户名和密码登录正确，会跳转到“我的”界面，同时将“立即登录”修改为昵称，标记为登录状态，登录界面如图 5.21 所示。

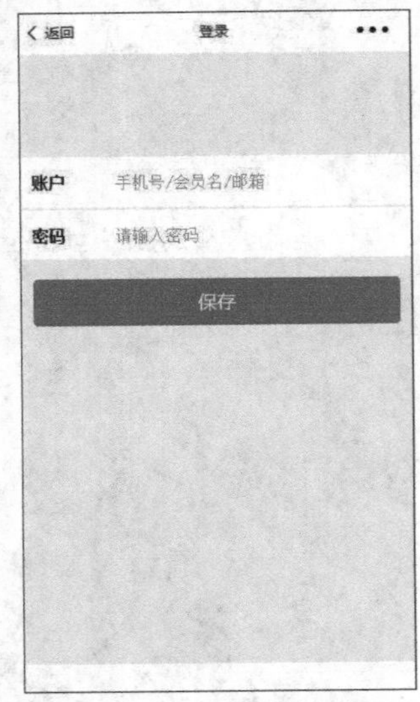

图 5.21　登录界面

1 在 app.json 文件中，添加登录界面路径 "pages/login/login"；进入 pages/login/login.wxml，设计账户和密码输入框，具体代码如下：

```
<view class="content">
  <view class="hr"></view>
  <form bindsubmit="formSubmit" bindreset="formReset">
  <view class="bg">
    <view class="item">
      <view class="name">账户</view>
      <view class="value">
        <input type="text" placeholder="手机号/会员名/邮箱" placeholder-class="holder" name=
"name" />
      </view>
    </view>
    <view class="line"></view>
    <view class="item">
      <view class="name">密码</view>
      <view class="value">
```

```
      <input type="text" password placeholder=" 请输入密码 " placeholder-class="holder" name=
"password" />
      </view>
    </view>
  </view>
   <button class="btn" formType="submit"> 保存 </button>
    </form>
</view>
```

2 进入 pages/login/login.wxss，为账户和密码输入框添加样式，具体代码如下：

```
.content{
    font-family: "Microsoft YaHei";
    background-color: #F5F5F5;
    height: 600px;
}
.hr{
   height: 100px;
}
.bg{
    width: 100%;
    height: 100px;
    background-color: #ffffff;
}
.item{
    display: flex;
    flex-direction: row;
    height: 50px;
    line-height: 60px;
    align-items: center;
}
.name{
    width: 20%;
    margin-left:10px;
    font-size: 16px;
    font-weight: bold;
}
.value{
    width: 80%;
    line-height: 60px;
    margin-left: 10px;
    font-size: 16px;
}
.holder{
    color: #AEAEAE;
    font-size: 16px;
}
.line{
    border: 1px solid #cccccc;
    opacity: 0.2;
}
.btn{
```

```
  margin-top:20px;
  background-color: #FE4E62;
  width: 94%;
  color: #ffffff;
}
```

界面效果如图 5.21 所示。

3 app.js 文件用来初始化一些账户信息，并且存放到本地，具体代码如下：

```
App({
  onLaunch: function () {
    //调用 API 从本地缓存中获取数据
    var users = wx.getStorageSync('users');
    if(!users){
       users = this.loadUsers();
       wx.setStorageSync('users', users);
    }
  },
  getUserInfo:function(cb){
    var that = this
    if(this.globalData.userInfo){
      typeof cb == "function" && cb(this.globalData.userInfo)
    }else{
      //调用登录接口
      wx.login({
        success: function () {
          wx.getUserInfo({
            success: function (res) {
              that.globalData.userInfo = res.userInfo
              typeof cb == "function" && cb(that.globalData.userInfo)
            }
          })
        }
      })
    }
  },
  loadUsers:function(){

    var users = new Array();
    var user = new Object();
    user.id="0"
    user.name='kevin';
    user.password='123456';
    users[0] = user;

    var user1 = new Object();
    user1.id="1"
    user1.name='tom';
    user1.password='123456';
    users[1] = user1;

    var user2 = new Object();
```

```
    user2.id="2";
    user2.name='david';
    user2.password='123456';
    users[2] = user2;
    return users;
  },
  globalData:{
    userInfo:null
  }
})
```

4 进入 pages/login/login.js 文件，判断输入的账户密码和初始化存放本地的账户密码是否一致，如果登录成功，给予登录成功的提示，然后跳转到“我的”界面，具体代码如下：

```
// pages/login/login.js
Page({
  data: {},
  onLoad: function (options) {
    // 页面初始化 options 为页面跳转所带来的参数
  },
  formSubmit: function (e) {
    var user = e.detail.value;
    console.log(user);
    var name = user.name;
    var password = user.password;
    var users = wx.getStorageSync('users');
    for (var i = 0; i < users.length; i++) {
      if (name == users[i].name && password == users[i].password) {
        wx.setStorageSync('user', user);
        break;
      }
    }
    var u = wx.getStorageSync('user');
    if (u) {
      wx.showToast({
        title: '登录成功',
        icon: 'success',
        duration: 1000,
        success: function () {
          wx.navigateBack({
            delta: 1
          })
        }
      });
    }
  }
})
```

5 进入 pages/login/login.json 文件，将登录窗口的标题修改为“登录”，具体代码如下：

```
{
    "navigationBarTitleText": "登录"
}
```

6 进入 pages/me/me.js 文件，如果登录正确，修改账户的昵称，具体代码如下：

```
var app = getApp()
Page({
  data:{
     name:'立即登录'
  },
  onLoad:function(options){
     var user = wx.getStorageSync('user');
     if(user){
        this.setData({name:user.name});
     }
  },
  login:function(){
    wx.navigateTo({
      url: '../login/login'
    })
  }
})
```

7 进入 pages/me/me.wxml 文件，动态显示昵称内容，绑定 login 登录事件，具体代码如下：

```
<view class="content">
  <view class="hr"></view>
  <view class="bg">
    <view class="head">
      <view class="headIcon">
        <image src="/images/icon/head.jpg" style="width:70px;height:70px;"></image>
      </view>
      <view class="name" bindtap="login">
        {{name}}
      </view>
      <view class="detail">
        <text>></text>
      </view>
    </view>
  </view>
  <view class="hr"></view>
  <view class="nav">
    <view class="nav-item">
      <view>
        <image src="/images/icon/dyp.jpg" style="width:23px;height:23px;"></image>
      </view>
      <view>电影票</view>
    </view>
    <view class="nav-item">
      <view>
        <image src="/images/icon/ycp.jpg" style="width:23px;height:23px;"></image>
      </view>
      <view>演出票</view>
    </view>
    <view class="nav-item">
```

```
    <view>
      <image src="/images/icon/yhq.jpg" style="width:23px;height:23px;"></image>
    </view>
    <view>优惠券</view>
  </view>
  <view class="nav-item">
    <view>
      <image src="/images/icon/yck.jpg" style="width:23px;height:23px;"></image>
    </view>
    <view>影城卡</view>
  </view>
</view>
<view class="hr"></view>
<view class="item">
  <view class="order">我的会员</view>
  <view class="detail2">
    <text>></text>
  </view>
</view>
<view class="hr"></view>
<view class="item">
  <view class="order">想看的电影</view>
  <view class="detail2">
    <text>></text>
  </view>
</view>
<view class="xian"></view>
<view class="item">
  <view class="order">看过的电影</view>
  <view class="detail2">
    <text>></text>
  </view>
</view>
<view class="hr"></view>
<view class="item">
  <view class="order">帮助中心 - 咨询票小蜜</view>
  <view class="detail2">
    <text>></text>
  </view>
</view>
<view class="xian"></view>
<view class="item">
  <view class="order">设置</view>
  <view class="detail2">
    <text>></text>
  </view>
</view>
<view class="hr"></view>
<view class="item">
  <view class="order">银行卡特惠</view>
```

```
    <view class="detail2">
      <text>></text>
    </view>
  </view>
  <view class="hr"></view>
</view>
```

5.9 电影界面分享

微信小程序提供界面分享功能，可以将指定的界面分享给微信好友或者微信群，好友通过分享的界面进入微信小程序中，界面效果如图 5.22 和图 5.23 所示。

图 5.22　分享操作

图 5.23　分享内容

进入 pages/movie/movie.js 文件，添加分享函数 onShareAppMessage，将电影列表界面分享出去，具体代码如下：

```
Page({
  data: {
    currentTab: 0,
    indicatorDots: false,
    autoplay: true,
    interval: 5000,
    duration: 1000,
    imgUrls: [
      "/images/haibao/1.jpg",
      "/images/haibao/2.jpg",
      "/images/haibao/3.jpg",
      "/images/haibao/4.jpg"
    ],
    movies: [],
    flag: 0
```

```
},
onLoad: function (options) {
  this.loadMovies();
},
switchNav: function (e) {
  var page = this;
  if (this.data.currentTab == e.target.dataset.current) {
    return false;
  } else {
    page.setData({ currentTab: e.target.dataset.current });
  }
},
loadMovies: function () {
  var page = this;
  wx.request({
    url: 'https://api.douban.com/v2/movie/in_theaters',
    method: 'GET',
    header: {
      "Content-Type": "..json"
    },
    success: function (res) {
      var subjects = res.data.subjects;
      console.log(subjects);
      var movies = new Array();
      //前10条
      var len = subjects.length >= 10 ? 10 : subjects.length;
      for (var i = 0; i < len; i++) {
        var subject = subjects[i];
        var movie = new Object();
        //电影名称
        movie.name = subject.title;
        //电影海报图片
        movie.pic = subject.images.medium;
        //导演
        var directors = subject.directors;
        var dir = '';
        for (var j = 0; j < directors.length; j++) {
          dir += directors[j].name + ' ';
        }
        movie.dir = dir;

        //主演
        var casts = subject.casts;
        var cast = '';
        for (var j = 0; j < casts.length; j++) {
          cast += casts[j].name + ' ';
        }
        movie.cast = cast;

        movie.id = subject.id;
```

```
            movie.year = subject.year;

            //影片类型
            var genres = subject.genres;
            var gen = '';
            for (var j = 0; j < genres.length; j++) {
              gen += genres[j] + ' ';
            }
            movie.type = gen;
            movies.push(movie);
          }
          page.setData({ movies: movies });
        }
      })
    },
    switchMonth: function (e) {
      console.log(e);
      var page = this;
      if (this.data.flag == e.target.id) {
        return false;
      } else {
        page.setData({ flag: e.target.id });
      }
    },
    loadMovieDetail: function (e) {
      console.log(e);
      var id = e.currentTarget.id;
      console.log(id);
      wx.navigateTo({
        url: '../movieDetail/movieDetail?id=' + id
      })
    },
    onShareAppMessage: function () {
      return {
        title: '电影列表',
        path: '../movie/movie'
      }
    }
})
```

5.10 小结

仿淘票票微信小程序主要完成电影界面顶部页签切换效果设计、底部标签导航设计、正在热映界面布局设计、即将上映界面布局设计、电影详情页设计、“我的”界面列表式导航设计及登录设计，重点掌握以下内容：

1 学会使用 swiper 滑块视图容器组件来完成电影海报轮播效果和页签切换效果设计；

2 学会使用 view、image、swiper、form 和 button 组件来进行界面布局设计，利用 WXSS 添加

界面样式；

3 wx.request(OBJECT) 用来发起 HTTPS 请求，获取电影列表信息和电影详情内容；

4 微信小程序提供 onShareAppMessage 函数用来分享界面内容，可以将指定的界面内容分享给好友；

5 wx.setStorage(OBJECT) 将数据存储在本地缓存指定的 key 中，wx.getStorage(OBJECT) 从本地缓存中异步获取指定 key 对应的内容。

5.11 实战演练

完成从电影列表界面单击“购票”按钮可以进入播放电影的电影院列表中，界面如图 5.24 和图 5.25 所示。

图 5.24　电影列表

图 5.25　影院列表

需求描述：

① 单击“购票”按钮可以进入影院列表。

② 进行影院列表设计，可以根据日期切换电影院列表内容。

第6章 音乐类：仿酷狗音乐微信小程序

微信小程序提供了媒体音频组件和媒体音频API，通过媒体音频组件或者使用媒体音频API，可以进行音乐播放。音乐播放适宜的场景比较多，例如12306火车票抢票软件，有票的时候可以有音乐提醒，还有专门的音乐播放器，例如酷狗音乐播放器。有了微信小程序提供的媒体音频组和API，就可以实现仿酷狗音乐微信小程序的核心功能，如图6.1 ~图6.4所示。

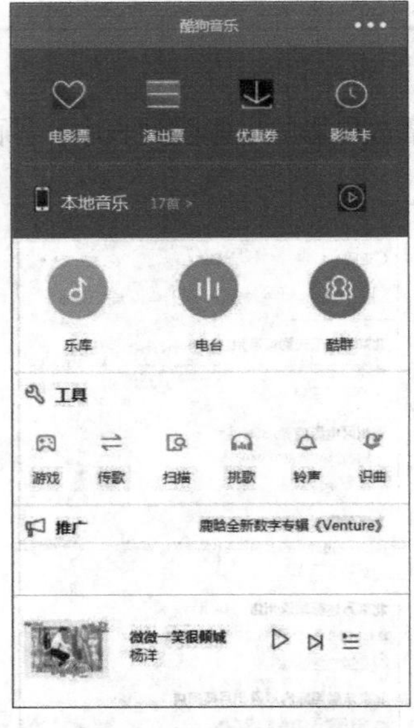

图6.1 音乐首页

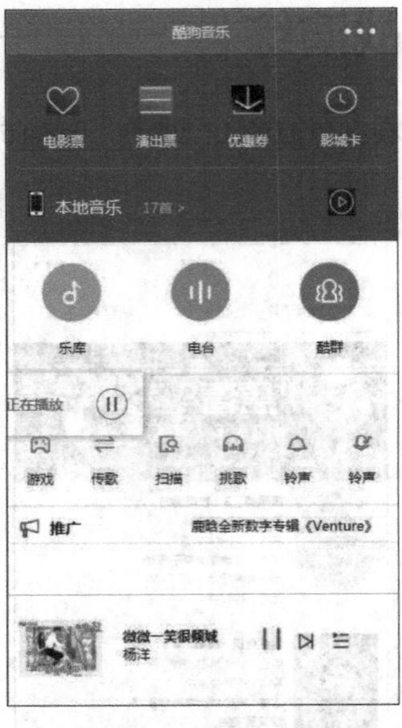

图6.2 音乐播放

图6.3 单曲列表

图6.4 单曲搜索

6.1 需求描述及交互分析

6.1.1 需求描述

仿酷狗音乐微信小程序，要完成以下功能。

① 酷狗音乐首页界面布局设计，完成音乐的播放功能，如图 6.5 和图 6.6 所示。

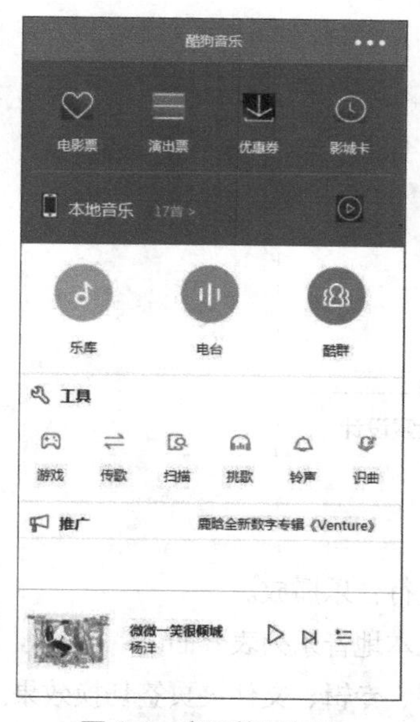

图 6.5 音乐首页布局

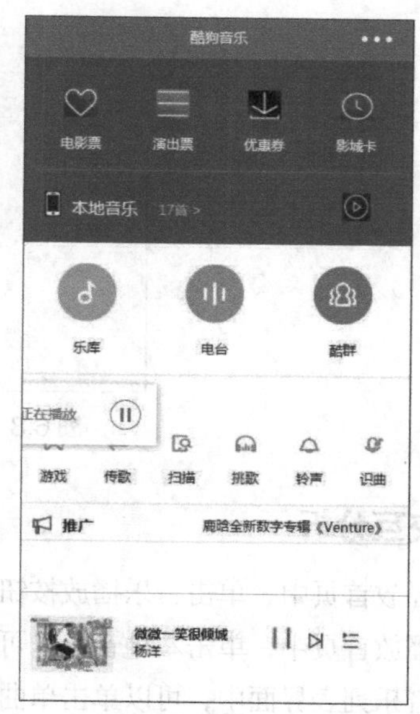

图 6.6 音乐播放设计

② 本地音乐页签切换效果及列表展示效果设计，选中某个音乐会呈现为播放状态，如图 6.7 所示。

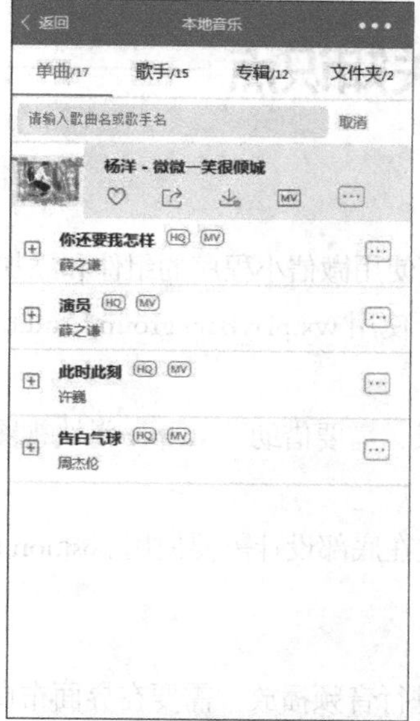

图 6.7 本地音乐列表设计

③ 单曲列表搜索设计，根据音乐名称检索出符合条件的单曲，如图 6.8 所示。

图 6.8 单曲检索设计

6.1.2 交互分析

① 在音乐播放首页中，单击音乐播放按钮可以进行音乐播放。

② 在音乐播放首页中，单击本地音乐，可以进入本地音乐列表界面。

③ 在本地音乐列表界面中，可以单击单曲、歌手、专辑、文件夹页签切换效果。

④ 展示本地音乐列表的单曲信息，单击单曲可以在播放状态和默认状态之间进行切换显示。

⑤ 按单曲名称可以检索出符合条件的单曲。

视频课程

设计思路及相关知识点

6.2 设计思路及相关知识点

6.2.1 设计思路

① 进行界面布局的时候，需要使用微信小程序的组件和添加相应的样式。

② 进行音乐播放的时候，需要使用 wx.playBackgroundAudio(OBJECT) 媒体音频播放 API，进行音乐的播放。

③ 设计本地音乐页签切换效果，需要借助于 swiper 滑块视图容器组件，动态切换不同页签对应的内容。

④ 设计首页音乐播放区域固定在底部设计需要使用 position:fixed 属性。

6.2.2 相关知识点

① 媒体音频组件 audio 可以进行音频播放，需要在界面布局中使用该音频组件，才能进行音乐播放。audio 组件属性如表 6.1 所示。

表 6.1　audio 组件属性

属性名	类　型	默认值	说　明
id	String		audio 组件的唯一标识符
src	String		要播放音频的资源地址
loop	Boolean	false	是否循环播放
controls	Boolean	true	是否显示默认控件
poster	String		默认控件上的音频封面的图片资源地址，如果 controls 属性值为 false 则设置 poster 无效
name	String	未知音频	默认控件上的音频名称，如果 controls 属性值为 false 则设置 name 无效
author	String	未知作者	默认控件上的作者名字，如果 controls 属性值为 false 则设置 author 无效
binderror	EventHandle		当出现错误时触发 error 事件，detail = {errMsg: MediaError.code}
bindplay	EventHandle		当开始 / 继续播放时，触发 play 事件
bindpause	EventHandle		当暂停播放时，触发 pause 事件

示例代码如下：

```
<audio poster="{{poster}}" name="{{name}}" author="{{author}}" src="{{src}}" id="myAudio"
controls loop></audio>
```

```
Page({
  onReady: function (e) {
    // 使用 wx.createAudioContext 获取 audio 上下文 context
    this.audioCtx = wx.createAudioContext('myAudio')
  },
  data: {
    poster:
'http://y.gtimg.cn/music/photo_new/T002R300x300M000003rsKF44GyaSk.jpg?max_age=2592000',
    name: '此时此刻',
    author: '许巍',
    src:
'http://ws.stream.qqmusic.qq.com/M500001VfvsJ21xFqb.mp3?guid=ffffffff82def4af4b12b3cd
9337d5e7&uin=346897220&vkey=6292F51E1E384E06DCBDC9AB7C49FD713D632D313AC4858BACB8DDD29
067D3C601481D36E62053BF8DFEAF74C0A5CCFADD6471160CAF3E6A&fromtag=46',
  }
})
```

② 音频组件控制 wx.createAudioContext(audioId) 的 API，用于创建并返回 audio 上下文 audioContext 对象。audioContext 通过 audioId 与一个 audio 组件绑定，通过它可以操作对应的 audio 组件。audioContext 对象的方法如表 6.2 所示。

表 6.2　audioContext 对象的方法

方　法	参　数	说　明
setSrc	src	音频的地址
play	无	播放

续表

方 法	参 数	说 明
pause	无	暂停
seek	position	跳转到指定位置

③ 音频播放控制提供 3 个 API：wx.playVoice(OBJECT) 用来开始播放语音，同时只允许一个语音文件正在播放，如果前一个语音文件还没播放完，将中断前一个语音播放；wx.pauseVoice() 用来暂停正在播放的语音，再次调用 wx.playVoice 播放同一个文件时，会从暂停处开始播放，如果想从头开始播放，需要先调用 wx.stopVoice；wx.stopVoice() 用来结束播放语音。

④ 音乐播放控件 wx.getBackgroundAudioPlayerState(OBJECT)，获取后台音乐播放状态。

⑤ 音乐播放控件 wx.playBackgroundAudio(OBJECT)，使用后台播放器播放音乐。对于微信客户端来说，只能同时有一个后台音乐在播放。当用户离开小程序后，音乐将暂停播放；当用户单击“显示在聊天顶部”时，音乐不会暂停播放；当用户在其他小程序中占用了音乐播放器，原有小程序内的音乐将停止播放。

⑥ 音乐播放控件 wx.pauseBackgroundAudio() 用来暂停播放音乐。

⑦ 音乐播放控件 wx.seekBackgroundAudio(OBJECT) 用来控制音乐播放进度。

⑧ 音乐播放控件 wx.stopBackgroundAudio() 用来停止播放音乐。

⑨ 音乐播放控件 wx.onBackgroundAudioPlay(CALLBACK) 用来监听音乐播放。

⑩ 音乐播放控件 wx.onBackgroundAudioPause(CALLBACK) 用来监听音乐暂停。

⑪ 音乐播放控件 wx.onBackgroundAudioStop(CALLBACK) 用来监听音乐停止。

6.3 音乐首页界面布局设计

仿酷狗音乐微信小程序的音乐首页界面（见图 6.9），大致分为 6 个区域：①常用的按钮，包括电影票、演出票、优惠券和影城卡这些按钮；②本地音乐入口；③酷狗音乐分类，乐库、电台和酷群；④工具按钮，包括游戏、传歌、扫描、挑歌、铃声和识曲；⑤推广歌曲；⑥底部播放区域。

视频课程

音乐首页界面布局设计 1

视频课程

音乐首页界面布局设计 2

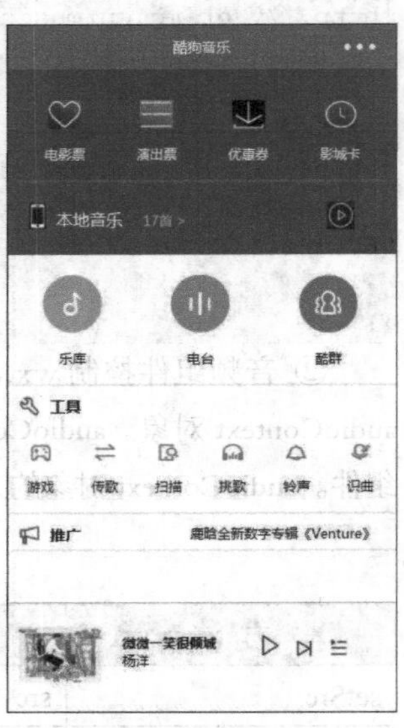

图 6.9 音乐播放界面

1 打开微信 web 开发者工具，新建一个无 AppID 的仿酷狗音乐微信小程序项目，将准备好的图片复制到该项目下。

2 进入 app.json 文件中，删除日志文件路径及对应的文件夹，添加本地音乐（localMusic）文件路径，设置窗口导航背景色为蓝色（#1797D4）、导航文字为“酷狗音乐”、字体颜色为白色（white），具体代码如下：

```
{
  "pages":[
    "pages/index/index",
    "pages/localMusic/localMusic"
  ],
  "window":{
    "backgroundTextStyle":"light",
    "navigationBarBackgroundColor": "#1797D4",
    "navigationBarTitleText": "酷狗音乐",
    "navigationBarTextStyle":"white"
  }
}
```

3 进入 pages/index/index.wxml 文件，设计音乐播放的界面布局，先来设计常用的导航按钮、本地音乐入口及音乐分类入口，常用的按钮有电影票、演出票、优惠券和影城卡，由图标和导航文字组成；本地音乐入口由本地音乐导航文字和歌曲数量组成；音乐分类入口有乐库、电台和酷群，具体代码如下：

```
<view class="content">
  <view class="bg">
    <view class="nav">
      <view class="nav-item">
        <view>
          <image src="/images/icon/xh.jpg" style="width:32px;height:28px;"></image>
        </view>
        <view>电影票</view>
      </view>
      <view class="nav-item">
        <view>
          <image src="/images/icon/gd.jpg" style="width:32px;height:28px;"></image>
        </view>
        <view>演出票</view>
      </view>
      <view class="nav-item">
        <view>
          <image src="/images/icon/xz.jpg" style="width:32px;height:28px;"></image>
        </view>
        <view>优惠券</view>
      </view>
      <view class="nav-item">
        <view>
          <image src="/images/icon/zj.jpg" style="width:32px;height:28px;"></image>
        </view>
        <view>影城卡</view>
      </view>
    </view>
    <view class="line"></view>
    <view class="music">
      <view>
        <image src="/images/icon/phone.jpg" style="width:16px;height:25px;"></image>
      </view>
      <view class="local" bindtap="localMusic">
        <text>本地音乐</text><text class="count">17 首 ></text>
      </view>
```

```
        <view class="play">
          <image src="/images/icon/play.jpg" style="width:27px;height:27px;"></image>
        </view>
      </view>
    </view>
    <view class="nav">
        <view class="nav-item" style="width:33%;color:#000000">
          <view>
            <image src="/images/icon/yk.jpg" style="width:57px;height:57px;"></image>
          </view>
          <view> 乐库 </view>
        </view>
        <view class="nav-item" style="width:33%;color:#000000">
          <view>
            <image src="/images/icon/dt.jpg" style="width:57px;height:57px;"></image>
          </view>
          <view> 电台 </view>
        </view>
        <view class="nav-item" style="width:33%;color:#000000">
          <view>
            <image src="/images/icon/kq.jpg" style="width:57px;height:57px;"></image>
          </view>
          <view> 酷群 </view>
        </view>
      </view>
      <view class="line"></view>
</view>
```

4 进入 pages/index/index.wxss 文件，为常用按钮、本地音乐入口及音乐分类导航添加样式，具体代码如下：

```
.bg{
  height: 160px;
  background-color: #0976D5;
  padding: 10px;
}
.nav{
    display: flex;
    flex-direction: row;
    text-align: center;
    padding-top:10px;
}
.nav-item{
    width: 25%;
    font-size: 13px;
    padding-top:10px;
    padding-bottom: 10px;
    color: #ffffff;
    line-height: 30px;
}
.line{
  border: 1px solid #cccccc;
  opacity: 0.2;
```

```
}
.music{
  display: flex;
  flex-direction: row;
  height: 70px;
  align-items: center;
  margin-left: 10px;
}
.local{
  color: #ffffff;
  margin-left: 10px;
  font-size: 16px;
}
.local text{
  margin-right: 20px;
}
.count{
  font-size: 13px;
  color: #cccccc;
}
.play{
  position: absolute;
  right: 40px;
}
```

5 进入 pages/index/index.wxml 文件，设计常用工具按钮及推广区域，常用工具按钮也是由图标和文字组成；推广区域为左右结构，左边是导航图标和名称，右边是推广的歌手专辑，具体代码如下：

```
<view class="content">
  <view class="bg">
    <view class="nav">
      <view class="nav-item">
        <view>
          <image src="/images/icon/xh.jpg" style="width:32px;height:28px;"></image>
        </view>
        <view>电影票</view>
      </view>
      <view class="nav-item">
        <view>
          <image src="/images/icon/gd.jpg" style="width:32px;height:28px;"></image>
        </view>
        <view>演出票</view>
      </view>
      <view class="nav-item">
        <view>
          <image src="/images/icon/xz.jpg" style="width:32px;height:28px;"></image>
        </view>
        <view>优惠券</view>
      </view>
      <view class="nav-item">
```

```
      <view>
        <image src="/images/icon/zj.jpg" style="width:32px;height:28px;"></image>
      </view>
      <view>影城卡</view>
    </view>
  </view>
  <view class="line"></view>
  <view class="music">
     <view>
        <image src="/images/icon/phone.jpg" style="width:16px;height:25px;"></image>
     </view>
     <view class="local" bindtap="localMusic">
        <text>本地音乐</text><text class="count">17 首 ></text>
     </view>
     <view class="play">
        <image src="/images/icon/play.jpg" style="width:27px;height:27px;"></image>
     </view>
  </view>
</view>
<view class="nav">
    <view class="nav-item" style="width:33%;color:#000000">
      <view>
        <image src="/images/icon/yk.jpg" style="width:57px;height:57px;"></image>
      </view>
      <view>乐库</view>
    </view>
    <view class="nav-item" style="width:33%;color:#000000">
      <view>
        <image src="/images/icon/dt.jpg" style="width:57px;height:57px;"></image>
      </view>
      <view>电台</view>
    </view>
    <view class="nav-item" style="width:33%;color:#000000">
      <view>
        <image src="/images/icon/kq.jpg" style="width:57px;height:57px;"></image>
      </view>
      <view>酷群</view>
    </view>
  </view>
  <view class="line"></view>

  <view class="tool">
    <view>
       <image src="/images/icon/gj.jpg" style="width:20px;height:20px;"></image>
    </view>
    <view>
       工具
    </view>
  </view>

  <view class="nav">
```

```
    <view class="nav-item tool-nav">
      <view>
        <image src="/images/icon/yx.jpg" style="width:20px;height:17px;"></image>
      </view>
      <view> 游戏 </view>
    </view>
    <view class="nav-item tool-nav">
      <view>
        <image src="/images/icon/cg.jpg" style="width:20px;height:17px;"></image>
      </view>
      <view> 传歌 </view>
    </view>
    <view class="nav-item tool-nav">
      <view>
        <image src="/images/icon/sm.jpg" style="width:20px;height:17px;"></image>
      </view>
      <view> 扫描 </view>
    </view>
    <view class="nav-item tool-nav">
      <view>
        <image src="/images/icon/tg.jpg" style="width:20px;height:17px;"></image>
      </view>
      <view> 挑歌 </view>
    </view>
    <view class="nav-item tool-nav">
      <view>
        <image src="/images/icon/ls.jpg" style="width:20px;height:17px;"></image>
      </view>
      <view> 铃声 </view>
    </view>
    <view class="nav-item tool-nav">
      <view>
        <image src="/images/icon/sq.jpg" style="width:20px;height:17px;"></image>
      </view>
      <view> 识曲 </view>
    </view>
  </view>
  <view class="line"></view>
  <view class="tool">
    <view>
      <image src="/images/icon/tuiguang.jpg" style="width:20px;height:20px;"></image>
    </view>
    <view>
      推广
    </view>
    <view style="font-weight:normal;position:absolute;right:10px;font-size:13px;">
    鹿晗全新数字专辑《Venture》
    </view>
  </view>
  <view class="line"></view>
</view>
```

6 进入 pages/index/index.wxss 文件，为常用工具按钮区域及推广区域添加样式，具体代码如下：

```
.bg{
  height: 160px;
  background-color: #0976D5;
  padding: 10px;
}
.nav{
    display: flex;
    flex-direction: row;
    text-align: center;
    padding-top:10px;
}
.nav-item{
    width: 25%;
    font-size: 13px;
    padding-top:10px;
    padding-bottom: 10px;
    color: #ffffff;
    line-height: 30px;
}
.line{
  border: 1px solid #cccccc;
  opacity: 0.2;
}
.music{
  display: flex;
  flex-direction: row;
  height: 70px;
  align-items: center;
  margin-left: 10px;
}
.local{
  color: #ffffff;
  margin-left: 10px;
  font-size: 16px;
}
.local text{
  margin-right: 20px;
}
.count{
  font-size: 13px;
  color: #cccccc;
}
.play{
  position: absolute;
  right: 40px;
}
.tool{
  display: flex;
  flex-direction: row;
```

```
  padding-left:10px;
  padding-top:10px;
}
.tool view{
  margin-right: 10px;
  font-size: 15px;
  font-weight: bold;
}
.tool-nav{
  width:16.5%;color:#000000
}
```

7 进入 pages/index/index.wxml 文件，设计音乐播放区域。该区域是固定在音乐播放界面底部的；因为该区域有独立风格的界面布局，所以就不能使用 audio 组件，需要使用音频播放 API 来完成音乐播放功能，具体代码如下：

```
<view class="content">
  <view class="bg">
    <view class="nav">
      <view class="nav-item">
        <view>
          <image src="/images/icon/xh.jpg" style="width:32px;height:28px;"></image>
        </view>
        <view> 电影票 </view>
      </view>
      <view class="nav-item">
        <view>
          <image src="/images/icon/gd.jpg" style="width:32px;height:28px;"></image>
        </view>
        <view> 演出票 </view>
      </view>
      <view class="nav-item">
        <view>
          <image src="/images/icon/xz.jpg" style="width:32px;height:28px;"></image>
        </view>
        <view> 优惠券 </view>
      </view>
      <view class="nav-item">
        <view>
          <image src="/images/icon/zj.jpg" style="width:32px;height:28px;"></image>
        </view>
        <view> 影城卡 </view>
      </view>
    </view>
    <view class="line"></view>
    <view class="music">
       <view>
          <image src="/images/icon/phone.jpg" style="width:16px;height:25px;"></image>
       </view>
       <view class="local" bindtap="localMusic">
          <text> 本地音乐 </text><text class="count">17 首 ></text>
```

```
        </view>
        <view class="play">
          <image src="/images/icon/play.jpg" style="width:27px;height:27px;"></image>
        </view>
      </view>
    </view>
    <view class="nav">
      <view class="nav-item" style="width:33%;color:#000000">
        <view>
          <image src="/images/icon/yk.jpg" style="width:57px;height:57px;"></image>
        </view>
        <view>乐库</view>
      </view>
      <view class="nav-item" style="width:33%;color:#000000">
        <view>
          <image src="/images/icon/dt.jpg" style="width:57px;height:57px;"></image>
        </view>
        <view>电台</view>
      </view>
      <view class="nav-item" style="width:33%;color:#000000">
        <view>
          <image src="/images/icon/kq.jpg" style="width:57px;height:57px;"></image>
        </view>
        <view>酷群</view>
      </view>
    </view>
    <view class="line"></view>

    <view class="tool">
      <view>
        <image src="/images/icon/gj.jpg" style="width:20px;height:20px;"></image>
      </view>
      <view>
        工具
      </view>
    </view>

    <view class="nav">
      <view class="nav-item tool-nav">
        <view>
          <image src="/images/icon/yx.jpg" style="width:20px;height:17px;"></image>
        </view>
        <view>游戏</view>
      </view>
      <view class="nav-item tool-nav">
        <view>
          <image src="/images/icon/cg.jpg" style="width:20px;height:17px;"></image>
        </view>
        <view>传歌</view>
      </view>
      <view class="nav-item tool-nav">
```

```
        <view>
          <image src="/images/icon/sm.jpg" style="width:20px;height:17px;"></image>
        </view>
        <view>扫描</view>
      </view>
      <view class="nav-item tool-nav">
        <view>
          <image src="/images/icon/tg.jpg" style="width:20px;height:17px;"></image>
        </view>
        <view>挑歌</view>
      </view>
      <view class="nav-item tool-nav">
        <view>
          <image src="/images/icon/ls.jpg" style="width:20px;height:17px;"></image>
        </view>
        <view>铃声</view>
      </view>
      <view class="nav-item tool-nav">
        <view>
          <image src="/images/icon/sq.jpg" style="width:20px;height:17px;"></image>
        </view>
        <view>识曲</view>
      </view>
    </view>
    <view class="line"></view>
    <view class="tool">
      <view>
        <image src="/images/icon/tuiguang.jpg" style="width:20px;height:20px;"></image>
      </view>
      <view>
        推广
      </view>
      <view style="font-weight:normal;position:absolute;right:10px;font-size:13px;">
      鹿晗全新数字专辑《Venture》
      </view>
    </view>
    <view class="line"></view>

  <view class="playMusic">
      <view class="left" bindtap="detail" id="1">
          <image src="http://y.gtimg.cn/music/photo_new/T002R90x90M000003RxTdZ0sJLwo.jpg "
style="width:80px;height:80px;"></image>
</view>
      <view class="right">
          <view class="info">
              <view class="songInfo">
                   <view class="name">微微一笑很倾城</view>
                   <view>杨洋</view>
              </view>
              <view class="btn">
                   <image src="/images/play/stop.jpg" style="width:20px;height:23px;"
```

```
bindtap="play" id="1"></image>
                    <image src="/images/play/play.jpg" style="width:20px;height:23px;"
bindtap="stop" id="1"></image>
                    <image src="/images/play/kuaijin.jpg" style="width:17px;height:18px;">
</image>
                    <image src="/images/play/duilie.jpg" style="width:19px;height:19px;">
</image>
               </view>
          </view>
      </view>
   </view>
</view>
```

8 进入 pages/index/index.wxss 文件，为音乐播放区域添加样式，具体代码如下：

```
.bg{
  height: 160px;
  background-color: #0976D5;
  padding: 10px;
}
.nav{
    display: flex;
    flex-direction: row;
    text-align: center;
    padding-top:10px;
}
.nav-item{
    width: 25%;
    font-size: 13px;
    padding-top:10px;
    padding-bottom: 10px;
    color: #ffffff;
    line-height: 30px;
}
.line{
  border: 1px solid #cccccc;
  opacity: 0.2;
}
.music{
  display: flex;
  flex-direction: row;
  height: 70px;
  align-items: center;
  margin-left: 10px;
}
.local{
  color: #ffffff;
  margin-left: 10px;
  font-size: 16px;
}
.local text{
  margin-right: 20px;
```

```
}
.count{
  font-size: 13px;
  color: #cccccc;
}
.play{
  position: absolute;
  right: 40px;
}
.tool{
  display: flex;
  flex-direction: row;
  padding-left:10px;
  padding-top:10px;
}
.tool view{
  margin-right: 10px;
  font-size: 15px;
  font-weight: bold;
}
.tool-nav{
  width:16.5%;color:#000000
}
.desc{
  position: absolute;
  right: 10px;
  font-weight:unset;
  font-size:13px;
}
.playMusic{
  display: flex;
  flex-direction: row;
  border-top: 1px solid #cccccc;
  position: fixed;
  bottom: 0px;
  width: 100%;
}
.left{
  padding:10px;
}

.right{
  width:100%;
  margin-left: 10px;
  align-items: center;
}
.info{
  margin-top:30px;
  display: flex;
  flex-direction: row;
}
```

```
.songInfo{
  width: 50%;
  font-size: 13px;
}
.name{
  font-weight: bold;
}
.btn{
  width:60%;
}
.btn image{
  margin-right:15px;
}
```

至此，就完成了音乐首页界面布局设计。界面效果如图 6.9 所示。

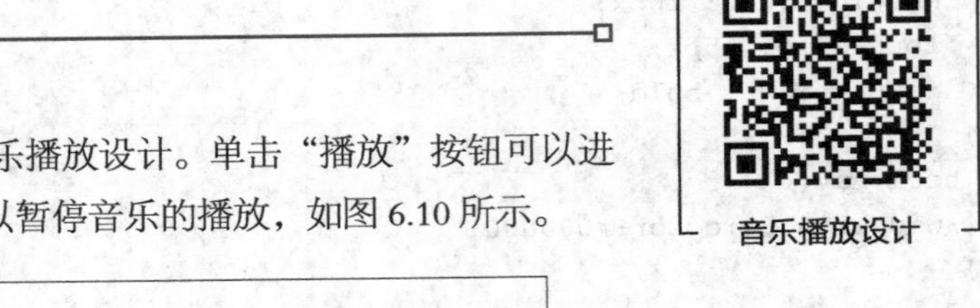

6.4 音乐播放设计

音乐首页界面布局完后，进行音乐播放设计。单击“播放”按钮可以进行音乐的播放，单击“暂停”按钮可以暂停音乐的播放，如图 6.10 所示。

图 6.10 底部音乐播放区域

1 进入 app.js 文件初始化一些歌曲列表数据，包括歌曲的 id、歌曲名称、歌手、音乐封面地址、音乐路径及音乐展现状态（1 代表默认状态，2 代表展现状态），存放到本地缓存数据中，具体代码如下：

```
//app.js
App({
  onLaunch: function () {
    //调用 API 从本地缓存中获取数据
    var songs = wx.getStorageSync('songs');
    if(!songs){
       songs = this.loadSongs();
       wx.setStorageSync('songs', songs);
    }
  },
  getUserInfo:function(cb){
    var that = this
    if(this.globalData.userInfo){
      typeof cb == "function" && cb(this.globalData.userInfo)
    }else{
      //调用登录接口
      wx.login({
```

```
      success: function () {
        wx.getUserInfo({
          success: function (res) {
            that.globalData.userInfo = res.userInfo
            typeof cb == "function" && cb(that.globalData.userInfo)
          }
        })
      }
    })
  }
},
globalData:{
  userInfo:null
},
loadSongs:function(){
  var songs = new Array();
  var song = new Object();
  song.id = 1;
  song.name = "微微一笑很倾城";
  song.singer = "杨洋";
  song.img = "http://y.gtimg.cn/music/photo_new/T002R90x90M000003RxTdZ0sJLwo.jpg"
  song.url = "http://stream.qqmusic.tc.qq.com/137903929.mp3";
  song.type = "2";
  songs.push(song);

  var song2 = new Object();
  song2.id = 2;
  song2.name = "你还要我怎样";
  song2.singer = "薛之谦";
    song2.img = "http://y.gtimg.cn/music/photo_new/T002R90x90M000000aWdOx24i3dG.jpg"
  song2.url = "http://stream.qqmusic.tc.qq.com/138549169.mp3";
  song2.type = "1";
  songs.push(song2);

  var song3 = new Object();
  song3.id = 3;
  song3.name = "演员";
  song3.singer = "薛之谦";
    song3.img = "http://y.gtimg.cn/music/photo_new/T002R90x90M000003y8dsH2wBHlo.jpg"
  song3.url = "http://stream.qqmusic.tc.qq.com/132636799.mp3";
  song3.type = "1";
  songs.push(song3);

  var song4 = new Object();
  song4.id = 4;
  song4.name = "此时此刻";
  song4.singer = "许巍";
  song4.img = "http://y.gtimg.cn/music/photo_new/T002R300x300M000003rsKF44GyaSk.jpg?
max_age=2592000"
  song4.url = "http://stream.qqmusic.tc.qq.com/132636799.mp3";
```

```
    song4.type = "1";
    songs.push(song4);

    var song5 = new Object();
    song5.id = 5;
    song5.name = "告白气球";
    song5.singer = "周杰伦";
    song5.img = "http://y.gtimg.cn/music/photo_new/T002R90x90M000003RMaRI1iFoYd.jpg";
    song5.url = "http://stream.qqmusic.tc.qq.com/137192078.mp3";
    song5.type = "1";
    songs.push(song5);

    return songs;

  }
})
```

2 进入 pages/index/index.js 文件，添加两个变量，playing 代表是否正在播放；song 代表正在播放的音乐。添加播放音乐 play 事件和暂停音乐 stop 事件，具体代码如下：

```
Page({
  data: {
    playing:false,
    song:{}
  },
  onLoad:function(){
    var songs = wx.getStorageSync('songs');
    this.setData({song:songs[0]});
  },
  play: function (e) {
    console.log(e);
    var id = e.currentTarget.id;
    var songs = wx.getStorageSync('songs');
    var song = new Object();
    for(var i=0;i<songs.length;i++){
       if(id=songs[i].id){
          song = songs[i];
          break;
       }
    }
    console.log(song);
    var page = this;
    wx.playBackgroundAudio({
      dataUrl: song.url,
      name: song.name,
      singer: song.singer,
      coverImgUrl: song.img,
      complete: function (res) {
        page.setData({
          playing: true
        })
```

```
      }
    })
  },
  stop:function(e){
    var that = this
    wx.pauseBackgroundAudio({
      success: function () {
        that.setData({
          playing: false
        })
      }
    })
  }
})
```

3 进入 pages/index/index.wxml 文件，使用 wx:if 条件判断来显示播放按钮和暂停按钮，同时在界面中绑定歌曲相关信息，具体代码如下：

```
<view class="content">
  <view class="bg">
    <view class="nav">
      <view class="nav-item">
        <view>
          <image src="/images/icon/xh.jpg" style="width:32px;height:28px;"></image>
        </view>
        <view> 电影票 </view>
      </view>
      <view class="nav-item">
        <view>
          <image src="/images/icon/gd.jpg" style="width:32px;height:28px;"></image>
        </view>
        <view> 演出票 </view>
      </view>
      <view class="nav-item">
        <view>
          <image src="/images/icon/xz.jpg" style="width:32px;height:28px;"></image>
        </view>
        <view> 优惠券 </view>
      </view>
      <view class="nav-item">
        <view>
          <image src="/images/icon/zj.jpg" style="width:32px;height:28px;"></image>
        </view>
        <view> 影城卡 </view>
      </view>
    </view>
    <view class="line"></view>
    <view class="music">
      <view>
        <image src="/images/icon/phone.jpg" style="width:16px;height:25px;"></image>
      </view>
```

```
      <view class="local" bindtap="localMusic">
        <text>本地音乐</text><text class="count">17首 ></text>
      </view>
      <view class="play">
        <image src="/images/icon/play.jpg" style="width:27px;height:27px;"></image>
      </view>
    </view>
  </view>
  <view class="nav">
      <view class="nav-item" style="width:33%;color:#000000">
        <view>
          <image src="/images/icon/yk.jpg" style="width:57px;height:57px;"></image>
        </view>
        <view>乐库</view>
      </view>
      <view class="nav-item" style="width:33%;color:#000000">
        <view>
          <image src="/images/icon/dt.jpg" style="width:57px;height:57px;"></image>
        </view>
        <view>电台</view>
      </view>
      <view class="nav-item" style="width:33%;color:#000000">
        <view>
          <image src="/images/icon/kq.jpg" style="width:57px;height:57px;"></image>
        </view>
        <view>酷群</view>
      </view>
    </view>
    <view class="line"></view>

    <view class="tool">
      <view>
        <image src="/images/icon/gj.jpg" style="width:20px;height:20px;"></image>
      </view>
      <view>
        工具
      </view>
    </view>

    <view class="nav">
      <view class="nav-item tool-nav">
        <view>
          <image src="/images/icon/yx.jpg" style="width:20px;height:17px;"></image>
        </view>
        <view>游戏</view>
      </view>
      <view class="nav-item tool-nav">
        <view>
          <image src="/images/icon/cg.jpg" style="width:20px;height:17px;"></image>
        </view>
```

```
        <view>传歌</view>
      </view>
      <view class="nav-item tool-nav">
        <view>
          <image src="/images/icon/sm.jpg" style="width:20px;height:17px;"></image>
        </view>
        <view>扫描</view>
      </view>
      <view class="nav-item tool-nav">
        <view>
          <image src="/images/icon/tg.jpg" style="width:20px;height:17px;"></image>
        </view>
        <view>挑歌</view>
      </view>
      <view class="nav-item tool-nav">
        <view>
          <image src="/images/icon/ls.jpg" style="width:20px;height:17px;"></image>
        </view>
        <view>铃声</view>
      </view>
      <view class="nav-item tool-nav">
        <view>
          <image src="/images/icon/sq.jpg" style="width:20px;height:17px;"></image>
        </view>
        <view>识曲</view>
      </view>
    </view>
    <view class="line"></view>
    <view class="tool">
      <view>
         <image src="/images/icon/tuiguang.jpg" style="width:20px;height:20px;"></image>
      </view>
      <view>
         推广
      </view>
      <view style="font-weight:normal;position:absolute;right:10px;font-size:13px;">
      鹿晗全新数字专辑《Venture》
      </view>
  </view>
  <view class="line"></view>

   <view class="playMusic">
     <view class="left" bindtap="detail" id="{{song.id}}">
        <image src="{{song.img}}" style="width:80px;height:80px;"></image>
     </view>
     <view class="right">
         <view class="info">
             <view class="songInfo">
                  <view class="name">{{song.name}}</view>
                  <view>{{song.singer}}</view>
```

```
                </view>
                <view class="btn">
                <block wx:if="{{playing === false}}">
                    <image src="/images/play/stop.jpg" style="width:20px;height:23px;"
bindtap="play" id="{{song.id}}"></image>
                </block>
                <block wx:if="{{playing === true}}">
                    <image src="/images/play/play.jpg" style="width:20px;height:23px;"
bindtap="stop" id="{{song.id}}"></image>
                </block>
                    <image src="/images/play/kuaijin.jpg" style="width:17px;height:18px;">
</image>
                    <image src="/images/play/duilie.jpg" style="width:19px;height:19px;">
</image>
                </view>
            </view>

        </view>
    </view>
</view>
```

使用音乐播放 wx.playBackgroundAudio 的 API 和音乐暂停 wx.pauseBackgroundAudio 的 API 就可以实现音乐的播放和暂停功能。

视频课程

本地音乐顶部页签切换效果设计

6.5 本地音乐顶部页签切换效果设计

从音乐首页界面可以跳转到本地音乐界面中。在本地音乐界面中，顶部有 4 个页签：单曲、歌手、专辑和文件夹，每个页签下有相应的内容，如图 6.11 所示。

图 6.11　本地音乐

1 进入 pages/index/index.wxml 文件，添加跳转到本地音乐（localMusic）的绑定事件，具体代码如下：

```
Page({
  data: {
    playing:false,
    song:{}
  },
  onLoad:function(){
    var songs = wx.getStorageSync('songs');
    this.setData({song:songs[0]});
  },
  play: function (e) {
    console.log(e);
```

```
    var id = e.currentTarget.id;
    var songs = wx.getStorageSync('songs');
    var song = new Object();
    for(var i=0;i<songs.length;i++){
      if(id=songs[i].id){
        song = songs[i];
        break;
      }
    }
    console.log(song);
    var page = this;
    wx.playBackgroundAudio({
      dataUrl: song.url,
      name: song.name,
      singer: song.singer,
      coverImgUrl: song.img,
      complete: function (res) {
        page.setData({
          playing: true
        })
      }
    })
  },
  stop:function(e){
    var that = this
    wx.pauseBackgroundAudio({
      success: function () {
        that.setData({
          playing: false
        })
      }
    })
  },
  localMusic: function () {
    wx.navigateTo({
      url: '../localMusic/localMusic'
    })
  }
})
```

2 进入 pages/localMusic/localMusic.wxml 文件，进行顶部页签布局设计，使用 currentTab 变量作为当前选中的页签，同时添加两种样式的类，select 代表选中样式的类，default 代表默认样式的类，具体代码如下：

```
<view class="content">
  <view class="type">
    <view class="{{currentTab==0?'select':'default'}}" data-current="0" bindtap="switchNav">
单曲 <text class="count">/17</text></view>
    <view class="{{currentTab==1?'select':'default'}}" data-current="1" bindtap="switchNav">
歌手 <text class="count">/15</text></view>
    <view class="{{currentTab==2?'select':'default'}}" data-current="2" bindtap="switchNav">
```

```
专辑<text class="count">/12</text></view>
    <view class="{{currentTab==3?'select':'default'}}" data-current="3" bindtap="switchNav">
文件夹<text class="count">/2</text></view>
  </view>
  <view class="hr"></view>
  </view>
```

3 进入 pages/localMusic/localMusic.wxss 文件，为本地音乐页签添加样式，具体代码如下：

```
.content{
   font-family: "Microsoft YaHei";
}
.type{
    display: flex;
    flex-direction: row;
}
.select{
    font-size:16px;
    color: #1797D4;
    width: 25%;
    text-align: center;
    height: 45px;
    line-height: 45px;
    border-bottom:5rpx solid #1797D4;
}
.count{
    font-size: 11px;
}
.default{
    width: 25%;
    font-size:16px;
    text-align: center;
    height: 45px;
    line-height: 45px;
}
.hr{
    border: 1px solid #cccccc;
    opacity: 0.2;
}
```

4 进入 pages/localMusic/localMusic.js 文件，添加 currentTab 变量来控制是选中样式还是默认样式，添加 switchNav 页签切换事件，具体代码如下：

```
Page({
  data: {
    currentTab: 0
  },
  switchNav: function (e) {
    var page = this;
    if (this.data.currentTab == e.target.dataset.current) {
      return false;
    } else {
```

```
      page.setData({ currentTab: e.target.dataset.current });
    }
  }
})
```

5 进入 pages/localMusic 目录下新建 single.wxml 单曲列表文件、singer.wxml 歌手列表文件、album.wxml 专辑列表文件和 folder.wxml 文件夹列表文件。

6 进入 pages/localMusic/localMusic.wxml 文件，使用 swiper 滑块视图容器组件来设计页签对应的内容布局，具体代码如下：

```
<view class="content">
  <view class="type">
    <view class="{{currentTab==0?'select':'default'}}" data-current="0" bindtap="switchNav">
单曲 <text class="count">/17</text></view>
    <view class="{{currentTab==1?'select':'default'}}" data-current="1" bindtap="switchNav">
歌手 <text class="count">/15</text></view>
    <view class="{{currentTab==2?'select':'default'}}" data-current="2" bindtap="switchNav">
专辑 <text class="count">/12</text></view>
    <view class="{{currentTab==3?'select':'default'}}" data-current="3" bindtap="switchNav">
文件夹 <text class="count">/2</text></view>
  </view>
  <view class="hr"></view>
  <swiper current="{{currentTab}}" style="height:800px;">
    <swiper-item>
      <include src="single.wxml"/>
    </swiper-item>
    <swiper-item>
      <include src="singer.wxml"/>
    </swiper-item>
    <swiper-item>
      <include src="album.wxml"/>
    </swiper-item>
    <swiper-item>
      <include src="folder.wxml"/>
    </swiper-item>
  </swiper>
</view>
```

这样就可以实现本地音乐顶部页签的切换效果，单击不同的页签显示对应的内容。

6.6 单曲列表设计

视频课程

单曲列表设计 1

视频课程

单曲列表设计 2

本地音乐第一个页签是“单曲”页签，单曲列表用来显示歌曲的名称和歌手的名称，列表有两种样式，单击列表的时候，会让该单曲呈现为播放状态，其他的为默认的状态，同时有输入框可以进行单曲检索，如图 6.12 和图 6.13 所示。

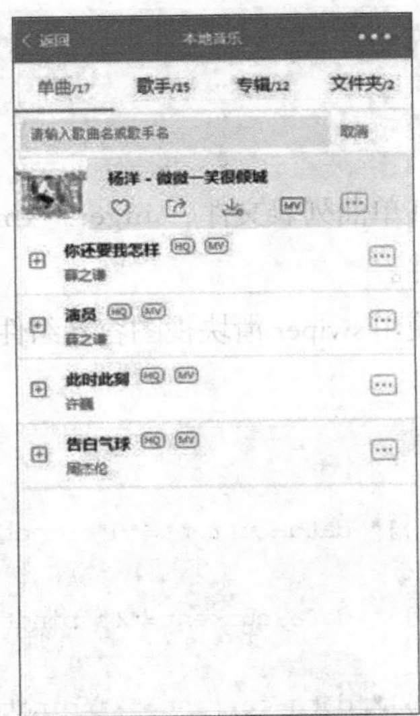

图 6.12　单曲列表（一）

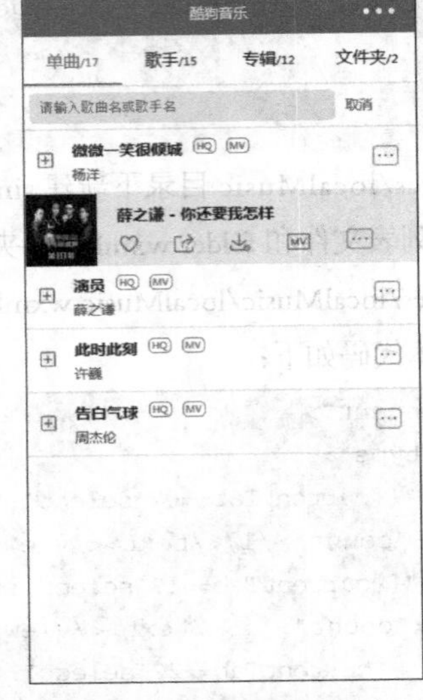

图 6.13　单曲列表（二）

1 进入 pages/localMusic/single.wxml 文件，先来设计单曲列表的检索框，检索框中有友好的提示“请输入歌曲名或歌手名”，具体代码如下：

```
<view class="search">
  <view class="searchBg">
    <input type="text" placeholder=" 请输入歌曲名或歌手名 " placeholder-class="holder" bindblur=
"searchSong"/>
  </view>
  <view class="btn"> 取消 </view>
</view>
<view class="hr"></view>
```

2 进入 pages/localMusic/localMusic.wxss 文件，为检索框添加样式，具体代码如下：

```
.content{
  font-family: "Microsoft YaHei";
}
.type{
   display: flex;
   flex-direction: row;
}
.select{
   font-size:16px;
   color: #1797D4;
   width: 25%;
   text-align: center;
   height: 45px;
   line-height: 45px;
   border-bottom:5rpx solid #1797D4;
}
.count{
   font-size: 11px;
}
```

```
.default{
    width: 25%;
    font-size:16px;
    text-align: center;
    height: 45px;
    line-height: 45px;
}
.hr{
    border: 1px solid #cccccc;
    opacity: 0.2;
}

.search{
    display: flex;
    flex-direction: row;
    padding:5px;
}
.searchBg{
    background-color: #f2f2f2;
    width:80%;
    border-radius:5px;
    height: 30px;
}
.search input{
    margin-left: 10px;
    height: 30px;
    line-height: 30px;
}
.holder{
    font-size: 13px;
}
.btn{
    color: #1797D4;
    font-size: 13px;
    line-height: 30px;
    margin-left: 10px;
}
```

3 进入 pages/localMusic/single.wxml 文件，设计单曲列表布局，有两种布局风格，一种是播放的样式风格，另一种是默认的样式风格，具体代码如下：

```
<view class="search">
  <view class="searchBg">
    <input type="text" placeholder=" 请输入歌曲名或歌手名 " placeholder-class="holder" bindblur=
"searchSong"/>
  </view>
  <view class="btn">取消 </view>
</view>
<view class="hr"></view>
<view class="item">
  <view class="add">
```

```
    <image src="/images/music/add.jpg" style="width:20px;height:20px;"></image>
  </view>
  <view class="song">
    <view class="name">
      <view>好像你</view>
      <view class="mark">HQ</view>
      <view class="mark">MV</view>
    </view>
    <view class="singer">网络歌手</view>
  </view>
  <view class="menu">
    <image src="/images/music/caidan-bai.jpg" style="width:30px;height:24px;"></image>
  </view>
</view>
<view class="hr"></view>
 <view class="item1">
    <view class="add">
       <view><image src="/images/singer/linjunjie.jpg" style="width:68px;height:70px;">
</image></view>
    </view>
    <view class="songInfo">
       <view>林俊杰 - 美人鱼</view>
       <view>
         <image src="/images/music/xin.jpg" style="width:22px;height:20px;"></image>
         <image src="/images/music/fenxiang.jpg" style="width:22px;height:20px;"></image>
         <image src="/images/music/xiazai.jpg" style="width:26px;height:20px;"></image>
         <image src="/images/music/mv.jpg" style="width:26px;height:20px;"></image>
         <image src="/images/music/caidan-hui.jpg" style="width:30px;height:24px;"></image>
       </view>
    </view>
  </view>
<view class="hr"></view>
```

4 进入 pages/localMusic/localMusic.wxss 文件，为单曲列表添加样式，具体代码如下：

```
.content{
   font-family: "Microsoft YaHei";
}
.type{
    display: flex;
    flex-direction: row;
}
.select{
    font-size:16px;
    color: #1797D4;
    width: 25%;
    text-align: center;
    height: 45px;
    line-height: 45px;
    border-bottom:5rpx solid #1797D4;
}
```

```
.count{
    font-size: 11px;
}
.default{
    width: 25%;
    font-size:16px;
    text-align: center;
    height: 45px;
    line-height: 45px;
}
.hr{
    border: 1px solid #cccccc;
    opacity: 0.2;
}

.search{
    display: flex;
    flex-direction: row;
    padding:5px;
}
.searchBg{
    background-color: #f2f2f2;
    width:80%;
    border-radius:5px;
    height: 30px;
}
.search input{
    margin-left: 10px;
    height: 30px;
    line-height: 30px;
}
.holder{
    font-size: 13px;
}
.btn{
    color: #1797D4;
    font-size: 13px;
    line-height: 30px;
    margin-left: 10px;
}

.item{
    display: flex;
    flex-direction: row;
    padding:10px;
    height: 40px;
    align-items: center;
}
.add{
    width: 10%;
```

```
}
.song{
    width: 80%;
}
.menu{
    width: 10%;
}
.name{
    display: flex;
    flex-direction: row;
    font-size: 15px;
    font-weight: bold;
}
.singer{
    font-size: 13px;
    color: #666666;
    margin-top:5px;
}
.mark{
    border:1px solid #1797D4;
    width: 20px;
    text-align: center;
    border-radius: 5px;
    margin-left: 10px;
    font-size: 9px;
    color: #1797D4;
    font-weight: normal;
    height: 13px;
}
.item1{
    display: flex;
    flex-direction: row;
    background-color: #F5F5F5;
    height: 70px;
}
.songInfo{
    margin-left: 40px;
    padding:10px;
    font-size: 15px;
    font-weight: bold;
}
.songInfo image{
    margin-top:5px;
    margin-right: 30px;
}
```

界面效果如图 6.14 所示。

图 6.14 单曲列表布局

5 进入 pages/localMusic/localMusic.js 文件，定义 songs 变量存放单曲列表，添加 loadSongs 事件从本地缓存数据获取单曲列表信息，添加 playSong 事件切换播放状态，具体代码如下：

```
Page({
  data: {
    currentTab: 0,
    songs: []
  },
  switchNav: function (e) {
    var page = this;
    if (this.data.currentTab == e.target.dataset.current) {
      return false;
    } else {
      page.setData({ currentTab: e.target.dataset.current });
    }
  },
  onLoad: function (options) {
    this.loadSongs();
  },
  loadSongs: function () {
    var songs = wx.getStorageSync('songs');
    this.setData({ songs: songs });
  },
  playSong: function (e) {
    var id = e.currentTarget.id;
    var songs = wx.getStorageSync('songs');
    var arr = new Array();
    for (var i = 0; i < songs.length; i++) {
      var m = songs[i];
      if (id == m.id) {
        m.type = '2';
      } else {
```

```
        m.type = '1';
      }
      arr.push(m);
    }
    wx.setStorageSync('songs', songs);
    this.loadSongs();
  }
})
```

6 进入 pages/localMusic/single.wxml 文件，动态绑定 songs 单曲列表数据，可以动态切换播放状态，具体代码如下：

```
<view class="search">
  <view class="searchBg">
    <input type="text" placeholder=" 请输入歌曲名或歌手名 " placeholder-class="holder" bindblur=
"searchSong"/>
  </view>
  <view class="btn"> 取消 </view>
</view>
<view class="hr"></view>
<block wx:for="{{songs}}">
  <block wx:if="{{item.type == 1}}">
    <view class="item" bindtap="playSong" id="{{item.id}}">
      <view class="add">
        <image src="/images/music/add.jpg" style="width:20px;height:20px;"></image>
      </view>
      <view class="song">
        <view class="name">
          <view>{{item.name}}</view>
          <view class="mark">HQ</view>
          <view class="mark">MV</view>
        </view>
        <view class="singer">{{item.singer}}</view>
      </view>
      <view class="menu">
        <image src="/images/music/caidan-bai.jpg" style="width:30px;height:24px;"></image>
      </view>
    </view>
    <view class="hr"></view>
  </block>
  <block wx:else>
   <view class="item1">
    <view class="add">
      <view><image src="{{item.img}}" style="width:68px;height:70px;"></image></view>
    </view>
    <view class="songInfo">
      <view>{{item.singer}} - {{item.name}}</view>
      <view>
        <image src="/images/music/xin.jpg" style="width:22px;height:20px;"></image>
        <image src="/images/music/fenxiang.jpg" style="width:22px;height:20px;"></image>
        <image src="/images/music/xiazai.jpg" style="width:26px;height:20px;"></image>
```

```
        <image src="/images/music/mv.jpg" style="width:26px;height:20px;"></image>
        <image src="/images/music/caidan-hui.jpg" style="width:30px;height:24px;"></image>
      </view>
    </view>
  </view>
  </block>
</block>
```

单曲列表布局展现效果如图 6.12 和图 6.13 所示。

6.7 单曲检索设计

视频课程

单曲检索设计

在单曲的列表上方有检索框可以进行单曲检索，例如，输入歌曲名或者歌手名作为关键字进行检索，如图 6.15 和图 6.16 所示。

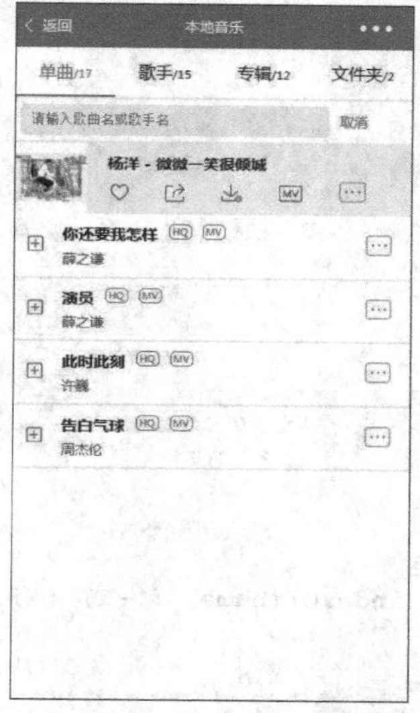

图 6.15 检索单曲列表

图 6.16 检索单曲

1 进入 pages/localMusic/localMusic.js 文件，添加检索单曲 searchSong 事件，根据输入的歌曲名或者歌手名进行检索，具体代码如下：

```
Page({
  data: {
    currentTab: 0,
    songs: []
  },
  switchNav: function (e) {
    var page = this;
    if (this.data.currentTab == e.target.dataset.current) {
      return false;
    } else {
      page.setData({ currentTab: e.target.dataset.current });
    }
```

```
  },
  onLoad: function (options) {
    this.loadSongs();
  },
  loadSongs: function () {
    var songs = wx.getStorageSync('songs');
    this.setData({ songs: songs });
  },
  playSong: function (e) {
    var id = e.currentTarget.id;
    var songs = wx.getStorageSync('songs');
    var arr = new Array();
    for (var i = 0; i < songs.length; i++) {
      var m = songs[i];
      if (id == m.id) {
        m.type = '2';
      } else {
        m.type = '1';
      }
      arr.push(m);
    }
    wx.setStorageSync('songs', songs);
    this.loadSongs();
  },
  searchSong: function (e) {
    var name = e.detail.value;
    var songs = wx.getStorageSync('songs');
    var arr = new Array();
    for (var i = 0; i < songs.length; i++) {
      var m = songs[i];
      if (m.name.indexOf(name) > -1 || m.singer.indexOf(name) > -1) {
        arr.push(m);
      }
    }
    this.setData({ songs: arr });
  }
})
```

2 在单曲检索框中，输入关键字“你”，检索结果如图 6.16 所示。

6.8 小结

仿酷狗音乐微信小程序主要完成音乐首页界面布局设计、音乐播放设计、本地音乐顶部页签切换效果、单曲列表设计及单曲检索设计，重点掌握以下内容：

1 学会使用 view、image、swiper 和 button 组件来进行界面布局设计，使用 WXSS 添加界面样式；

2 wx.setStorageSync(OBJECT) 将数据存储在本地缓存指定的 key 中，wx.getStorageSync(OBJECT) 从本地缓存中同步获取指定 key 对应的内容；

3 媒体音频组件 audio 可以进行音频播放，需要在界面布局中使用该音频组件，才能进行音乐播放；

4 音乐播放控件 wx.getBackgroundAudioPlayerState(OBJECT)，获取后台音乐播放状态；

5 音乐播放控件 wx.playBackgroundAudio(OBJECT)，使用后台播放器播放音乐；

6 音乐播放控件 wx.pauseBackgroundAudio()，暂停播放音乐。

6.9 实战演练

在音乐首页界面中，单击底部播放区域的图片，可以进入到音乐播放界面，如图 6.17 所示。

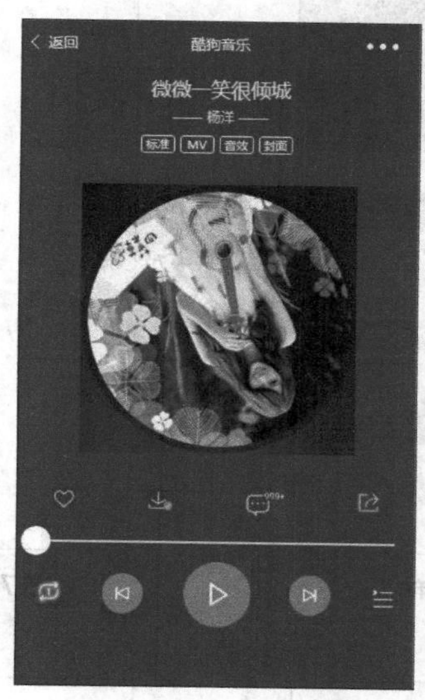

图 6.17 音乐播放界面

需求描述：

① 进入引用首页界面，单击底部播放区域的图片可以进入音乐播放界面。

② 完成音乐播放界面的布局设计。

第 7 章　电商类：仿京东购物微信小程序

在微信小程序刚正式发布的时候，京东购物也推出了自己的小程序。不像京东 App 那样有非常全面、复杂的功能，它提供的是快速购物的通道，大大简化 App 的很多功能，只把核心功能放在微信小程序里。本章将一起来设计仿京东购物微信小程序，主要完成小程序的搜索商品、购物车设计及我的订单设计，如图 7.1 ~图 7.4 所示。

图 7.1　搜索商品

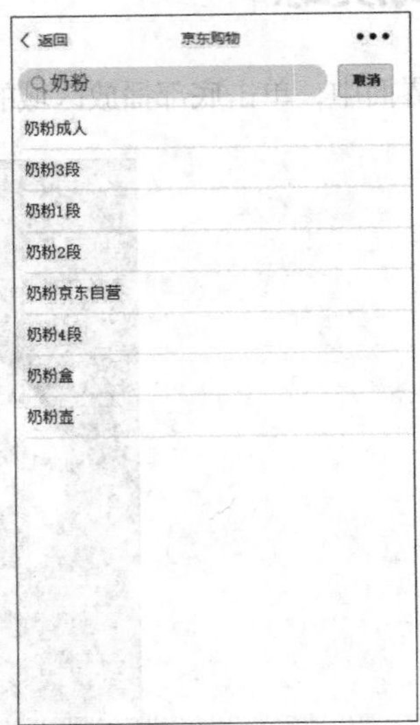

图 7.2　搜索结果

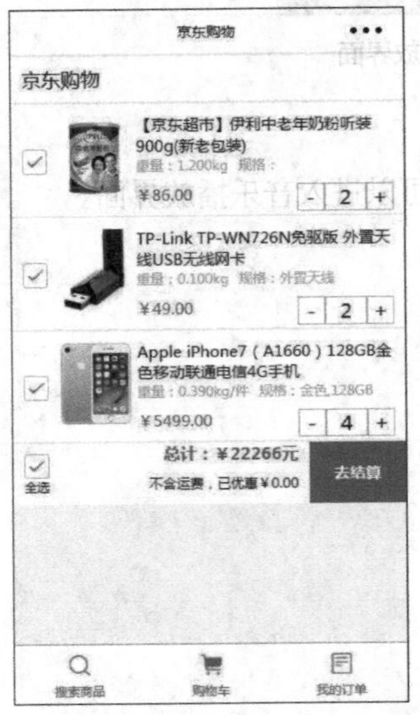

图 7.3　购物车

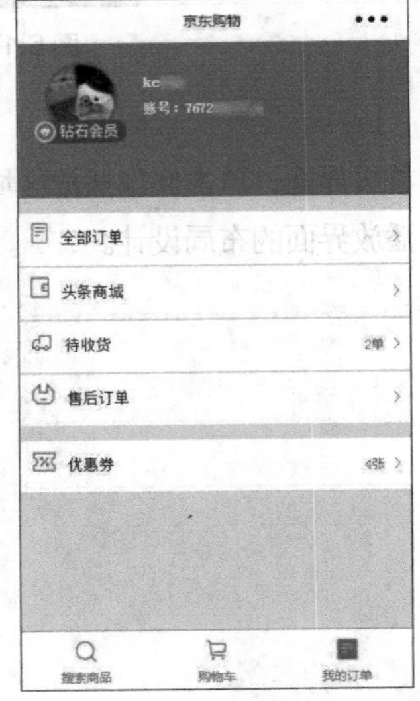

图 7.4　我的订单

7.1 需求描述及交互分析

视频课程
需求描述及交互分析

7.1.1 需求描述

仿京东购物微信小程序，要完成以下功能。

① 完成搜索商品首界面的布局设计，包括京东购物的 LOGO、搜索区域及京东好券的设计，如图 7.5 所示。

② 在搜索商品首界面中，单击搜索京东商品输入框，会跳转到搜索界面；在搜索界面中，有搜索商品的输入框及经常检索商品的标签，如图 7.6 所示。

图 7.5 搜索商品首界面设计

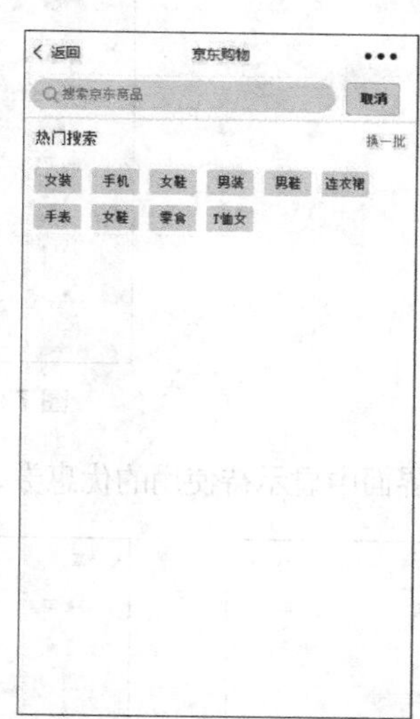

图 7.6 搜索界面

③ 在搜索界面中，输入要检索商品的关键字，例如“奶粉”，可以进行商品检索，搜索结果如图 7.7 所示。单击“取消”按钮，会跳回搜索界面。

④ 在购物车界面中，显示已选购的商品，包括商品图片、价格、名称、数量等信息，如图 7.8 所示。

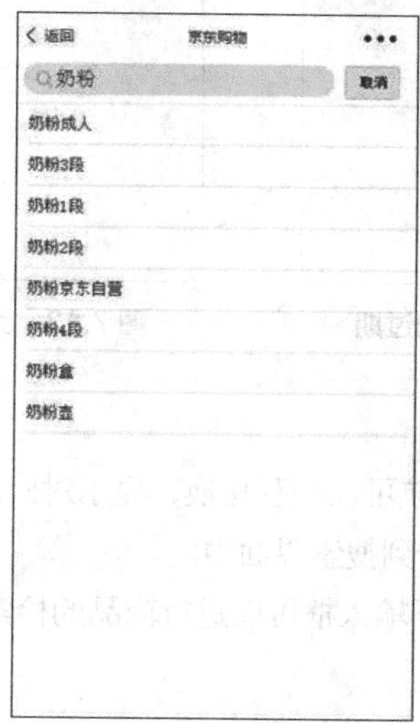

图 7.7 搜索结果界面

图 7.8 购物车设计

⑤ 在我的订单界面中，通过列表式导航显示全部订单、头条商城、待收货、优惠券等信息，如图 7.9 所示。

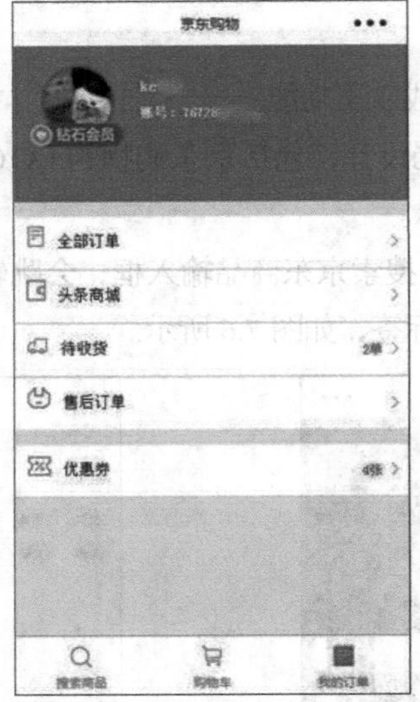

图 7.9 我的订单设计

⑥ 在优惠券界面中显示待使用的优惠券、已过期的及已使用的优惠券，如图 7.10 ~ 图 7.12 所示。

图 7.10 优惠券待使用

图 7.11 优惠券已过期

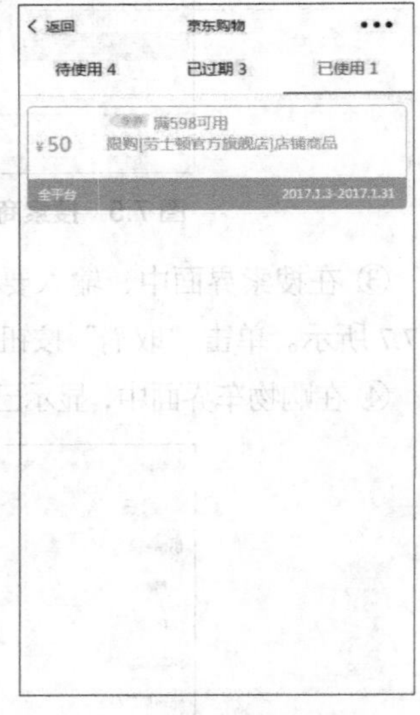

图 7.12 优惠券已使用

7.1.2 交互分析

①“搜索商品”“购物车”“我的订单”底部标签导航可以相互切换，显示对应的内容。

② 在搜索商品首界面中，单击搜索京东商品，跳转到搜索界面中。

③ 在搜索界面中，输入商品的关键字后，光标离开输入框可以进行商品的检索，显示检索商品的列表。

④ 在搜索界面中，单击“取消”按钮，可以清空输入框内容。

⑤ 在购物车界面中，可以动态添加商品的数量及计算商品的总价格。

⑥ 在我的订单界面中，单击“优惠券”导航，可以跳转到优惠券下一级界面中。

⑦ 在优惠券界面中，优惠券“待使用”“已过期”“已使用”页签可以相互切换，显示对应的优惠券内容。

7.2 设计思路及相关知识点

视频课程

设计思路及相关知识点

7.2.1 设计思路

① 设计底部标签导航，准备好底部标签导航的图标和创建相应的 3 个界面。

② 进行界面布局时，需要使用微信小程序的组件和添加相应的样式。

③ 将商品信息保存到本地，需要借助于 wx.setStorageSync 这个 API。

④ 获取本地商品信息，需要使用 wx.getStorageSync 这个 API。

⑤ 设计优惠券顶部页签切换效果，需要借助于 swiper 滑块视图容器组件，动态切换不同页签对应的内容。

7.2.2 相关知识点

① swiper 滑块视图容器组件，可以实现海报轮播效果动态展示及页签内容切换效果。swiper 滑块视图容器属性如表 7.1 所示。

表 7.1 swiper 滑块视图容器属性

属性名	类　型	默认值	说　明
indicator-dots	Boolean	false	是否显示面板指示点
autoplay	Boolean	false	是否自动切换
current	Number	0	当前所在页面的 index
interval	Number	5000	自动切换时间间隔
duration	Number	1000	滑动动画时长
bindchange	EventHandle		current 改变时会触发 change 事件，event.detail = {current: current}

② wx.setStorageSync 将数据存储在本地缓存指定的 key 中，会覆盖原来该 key 对应的内容，这是一个同步接口。

③ wx.getStorageSync 从本地缓存中同步获取指定 key 对应的内容。

④ input 输入框组件用来输入单行文本内容，input 输入框件属性如表 7.2 所示。

表 7.2 input 输入框组件属性

属性名	类　型	默认值	说　明
value	String		输入框的初始内容
type	String	text	input 的类型，有效值为 text、number、idcard 和 digit

续表

属性名	类　型	默认值	说　明
password	Boolean	false	是否是密码类型
placeholder	String		输入框为空时占位符
placeholder-style	String		指定 placeholder 的样式
placeholder-class	String	input-placeholder	指定 placeholder 的样式类
disabled	Boolean	false	是否禁用
maxlength	Number	140	最大输入长度，设置为 -1 时不限制最大长度
cursor-spacing	Number	0	指定光标与键盘的距离，单位为 px 。取 input 与底部的距离和 cursor-spacing 指定的距离的最小值作为光标与键盘的距离
auto-focus	Boolean	false	自动聚焦 (即将废弃，请直接使用 focus)，拉起键盘
focus	Boolean	false	获取焦点
bindinput	EventHandle		当键盘输入时，触发 input 事件，event.detail = {value: value}，处理函数可以直接返回一个字符串，将替换输入框的内容
bindfocus	EventHandle		输入框聚焦时触发，event.detail = {value: value}
bindblur	EventHandle		输入框失去焦点时触发，event.detail = {value: value}
bindconfirm	EventHandle		单击“完成”按钮时触发，event.detail = {value: value}

⑤ wx.navigateTo 保留当前页面，跳转到应用内的某个页面；使用 wx.navigateBack 可以返回到原页面。

⑥ wx.redirectTo(OBJECT) 关闭当前页面，跳转到应用内的某个页面。

7.3 搜索商品首界面布局设计

仿京东购物微信小程序底部有 3 个标签，底部标签选中时会呈现为红色图标及红色文字；在搜索商品首界面中有京东购物的 LOGO、搜索商品的输入框及京东的优惠券三部分内容，如图 7.13 所示。

视频课程

搜索商品首界面布局设计

图 7.13　搜索商品首界面

1 新建一个仿京东购物微信小程序的项目，将图片复制到该项目的根目录下，然后进入 app.json 文件，添加 3 个页面路径，搜索商品路径 "pages/index/index"、购物车路径 "pages/shoppingcart/shoppingcart" 及我的订单路径 "pages/order/order"，删除日志文件夹，具体代码如下：

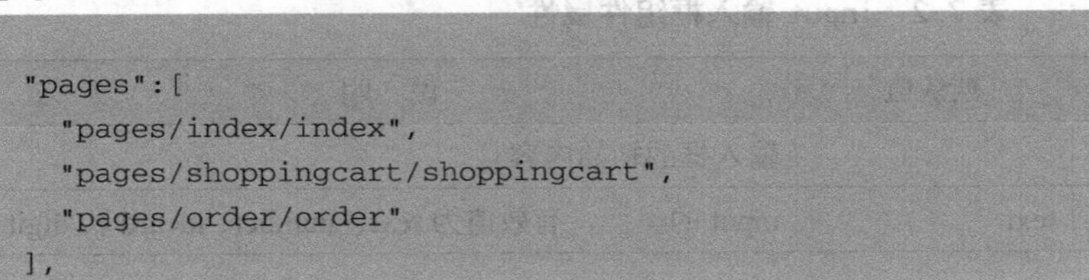

```
{
  "pages":[
    "pages/index/index",
    "pages/shoppingcart/shoppingcart",
    "pages/order/order"
  ],
```

```
  "window":{
    "backgroundTextStyle":"light",
    "navigationBarBackgroundColor": "#fff",
    "navigationBarTitleText": "WeChat",
    "navigationBarTextStyle":"black"
  }
}
```

2 在 app.json 文件中，将导航标题改为“京东购物”，设置底部标签文字选中时颜色为红色（#E4393C），具体代码如下：

```
{
  "pages":[
    "pages/index/index",
    "pages/shoppingcart/shoppingcart",
    "pages/order/order"
  ],
  "window":{
    "backgroundTextStyle":"light",
    "navigationBarBackgroundColor": "#fff",
    "navigationBarTitleText": "京东购物",
    "navigationBarTextStyle":"black"
  },
  "tabBar": {
    "backgroundColor": "#ffffff",
    "selectedColor": "#E4393C",
    "list": [{
      "pagePath": "pages/index/index",
      "text": "搜索商品",
      "iconPath": "../images/bar/search-0.jpg",
      "selectedIconPath": "../images/bar/search-1.jpg"
    },{
      "pagePath": "pages/shoppingcart/shoppingcart",
      "text": "购物车",
      "iconPath": "../images/bar/shoppingcart-0.jpg",
      "selectedIconPath": "../images/bar/shoppingcart-1.jpg"
    },{
      "pagePath": "pages/order/order",
      "text": "我的订单",
      "iconPath": "../images/bar/order-0.jpg",
      "selectedIconPath": "../images/bar/order-1.jpg"
    }]
  }
}
```

3 进入 pages/index/index.wxml 搜索商品首界面文件，设计京东购物的 LOGO 及搜索商品的输入框，具体代码如下：

```
<view class="content">
  <view class="bg">
    <image class="logo" src="/images/icon/logo.jpg" style="width:194px;height:146px;">
</image>
    <view class="search" bindtap="search">
```

```
      <view>
        <image src="/images/icon/search.jpg" style="width:20px;height:21px;"></image>
搜索京东商品 </view>
      </view>
    </view>
</view>
</view>
```

4 进入 pages/index/index.wxss 文件，为京东购物的 LOGO 及搜索商品的输入框添加样式，具体代码如下：

```
.content{
  font-family: "Microsoft YaHei";
}
.bg{
  width: 100%;
  height: 300px;
  background-color: #FA2A43;
  text-align: center;
}
.logo{
  margin-top:40px;
  border-radius: 50%;
}
.search{
  height: 40px;
  width: 96%;
  background-color: #ffffff;
  margin: 0 auto;
  margin-top:30px;
  border-radius: 50px;
  line-height: 40px;
}
.search view{
  text-align: center;
  width: 100%;
  font-size: 15px;
  color: #999999;
}
```

界面效果如图 7.14 所示。

图 7.14　搜索京东商品界面

5 进入 pages/index/index.wxml 文件，设计京东购物的优惠券，包含优惠券金额、使用条件、优惠券类型、优惠券使用的平台等信息，具体代码如下：

```
<view class="content">
  <view class="bg">
   <image class="logo" src="/images/icon/logo.jpg" style="width:194px;height:146px;"></image>
    <view class="search" bindtap="search">
      <view>
        <image src="/images/icon/search.jpg" style="width:20px;height:21px;"></image>
搜索京东商品 </view>
    </view>
  </view>
  <view>
    <view class="title"> 发现京东好券 </view>
    <view class="items">
      <view class="item">
        <view class="priceInfo">
          <view class="price">
            <text class="rmb">¥</text>
            <text class="count">5</text>
          </view>
          <view class="type">
            <view>
              <image src="/images/icon/dongquan.jpg" style="width:40px;height:16px;">
</image>
            </view>
            <view> 满 100 可用 </view>
          </view>
        </view>
        <view class="desc">
          全品类（特例商品除外）
        </view>
      </view>
      <view class="item">
        <view class="priceInfo">
          <view class="price">
            <text class="rmb">¥</text>
            <text class="count">500</text>
          </view>
          <view class="type">
            <view>
              <image src="/images/icon/dongquan.jpg" style="width:40px;height:16px;">
</image>
            </view>
            <view> 满 999 可用 </view>
          </view>
        </view>
        <view class="desc">
          仅可购买全球购商品
        </view>
      </view>
```

```
    </view>

    <view class="items">
      <view class="item">
        <view class="priceInfo">
          <view class="price">
            <text class="rmb">¥</text>
            <text class="count">500</text>
          </view>
          <view class="type">
            <view>
              <image src="/images/icon/dongquan.jpg" style="width:40px;height:16px;">
</image>
            </view>
            <view> 满 999 可用 </view>
          </view>
        </view>
        <view class="desc">
          仅可购买全球购商品
        </view>
      </view>
      <view class="item">
        <view class="priceInfo">
          <view class="price">
            <text class="rmb">¥</text>
            <text class="count">100</text>
          </view>
          <view class="type">
            <view>
              <image src="/images/icon/dongquan.jpg" style="width:40px;height:16px;">
</image>
            </view>
            <view> 满 199 可用 </view>
          </view>
        </view>
        <view class="desc">
          仅可购买指定品牌挂架商品
        </view>
      </view>
    </view>

  </view>
</view>
```

6 进入 pages/index/index.wxss 文件，为优惠券信息添加样式，具体代码如下：

```
.content{
  font-family: "Microsoft YaHei";
}
.bg{
  width: 100%;
  height: 300px;
```

```
  background-color: #FA2A43;
  text-align: center;
}
.logo{
  margin-top:40px;
  border-radius: 50%;
}
.search{
  height: 40px;
  width: 96%;
  background-color: #ffffff;
  margin: 0 auto;
  margin-top:30px;
  border-radius: 50px;
  line-height: 40px;
}
.search view{
  text-align: center;
  width: 100%;
  font-size: 15px;
  color: #999999;
}
.title{
   padding: 10px;
   font-size: 13px;
   color: #999999;
}
.items{
  display: flex;
  flex-direction: row;
  margin-bottom: 10px;
}
.item{
  border: 1px solid #47C1C4;
  width: 47%;
  height: 83px;
  margin: 0 auto;
  border-radius:5px;
}
.priceInfo{
  display: flex;
  flex-direction: row;
  padding:5px;
}
.price{
  width: 40%;
  line-height: 40px;
  color: #47C1C4;
}
.type{
```

```
  font-size: 15px;
  color: #47C1C4;
}
.rmb{
  font-size: 13px;
}
.count{
  font-size: 20px;
}
.desc{
  font-size: 12px;
  background-color: #47C1C4;
  height: 30px;
  color: #ffffff;
  text-align: center;
  line-height: 30px;
}
```

界面效果如图 7.15 所示。

图 7.15　京东好券

7 在 app.json 文件中，添加搜索界面路径 "pages/search/search"，在搜索商品首界面中单击输入框可以跳转到搜索界面中，需要进入 pages/index/index.js 文件，添加跳转函数 search，具体代码如下：

```
Page({
  search:function(){
    wx.navigateTo({
      url: '../search/search'
    })
  }
})
```

这样就完成了搜索商品首界面的设计，包括京东购物的 LOGO 布局、搜索商品的输入框、京东购物的优惠券及单击搜索商品的输入框可以跳转到搜索界面中。

7.4 搜索商品设计

在搜索界面中，有搜索商品的输入框、取消搜索的按钮及热门搜索商品的标签。在输入框中输入商品名称关键字后，光标离开输入框可以进行商品检索，跳转到搜索结果界面中，如图 7.16 和图 7.17 所示。

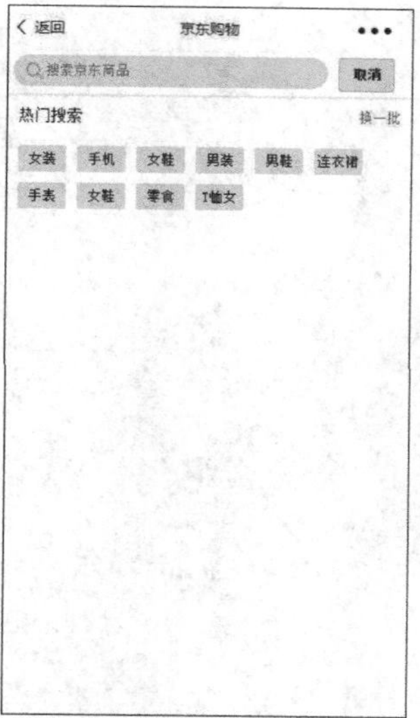

图 7.16　搜索界面

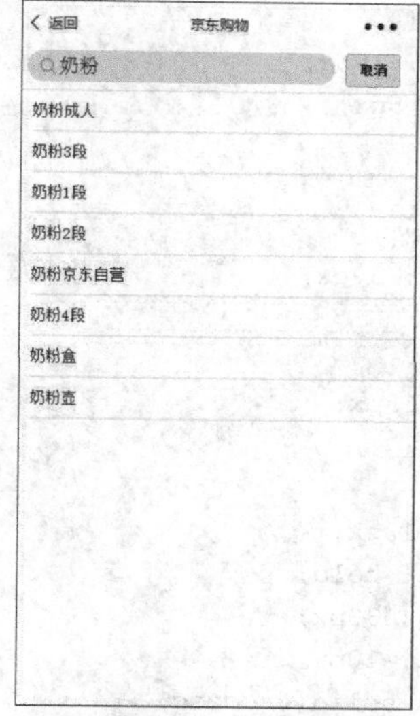

图 7.17　搜索结果

1 进入 pages/search/search.wxml 搜索商品文件，设计搜索商品的输入框及取消搜索按钮，具体代码如下：

```
<view class="search">
  <view class="searchBg">
    <view>
      <image src="/images/icon/search-1.jpg" style="width:20px;height:21px;"></image>
    </view>
    <view>
      <input type="text" placeholder="搜索京东商品" placeholder-class="holder" bindblur=
"searchGoods" id="search" value="{{name}}"/>
    </view>
  </view>
  <view class="btn" bindtap="resetSearch">取消</view>
</view>
<view class="hr"></view>
```

2 进入 pages/search/search.wxss 文件，为搜索商品的输入框及取消搜索按钮添加样式，具体代码如下：

```
.search{
    display: flex;
    flex-direction: row;
    padding:5px;
}
.searchBg{
    background-color: #E8E8ED;
    width:80%;
    border-radius:15px;
    height: 30px;
    display: flex;
    flex-direction: row;
}
```

```
.searchBg image{
    margin-left: 10px;
    margin-top: 5px;
}
.search input{
    height: 30px;
    line-height: 30px;
}
.holder{
    font-size: 13px;
}
.btn{
    font-size: 13px;
    font-weight: bold;
    line-height: 30px;
    margin-left: 10px;
    border: 1px solid #cccccc;
    width: 50px;
    text-align: center;
    background-color: #E8E8ED;
    border-radius:3px;
}
.hr{
    border: 1px solid #cccccc;
    opacity: 0.2;
}
```

3 进入 pages/search/search.wxml 文件，设计热门搜索商品的标签，具体代码如下：

```
<view class="search">
  <view class="searchBg">
    <view>
      <image src="/images/icon/search-1.jpg" style="width:20px;height:21px;"></image>
    </view>
    <view>
      <input type="text" placeholder=" 搜索京东商品 " placeholder-class="holder" bindblur=
"searchGoods" id="search" value="{{name}}"/>
    </view>
  </view>
  <view class="btn" bindtap="resetSearch"> 取消 </view>
</view>
<view class="hr"></view>

<view class="hotSearch">
  <view class="title">
    <view class="left"> 热门搜索 </view>
    <view class="right"> 换一批 </view>
  </view>
  <view class="tips">
    <view class="tip"> 女装 </view>
    <view class="tip"> 手机 </view>
    <view class="tip"> 女鞋 </view>
```

```
    <view class="tip">男装</view>
    <view class="tip">男鞋</view>
    <view class="tip">连衣裙</view>
    <view class="tip">手表</view>
    <view class="tip">女鞋</view>
    <view class="tip">零食</view>
    <view class="tip">T恤女</view>
  </view>
</view>
```

4 进入 pages/search/search.wxss 文件，为热门搜索商品的标签添加样式，具体代码如下：

```
.search{
    display: flex;
    flex-direction: row;
    padding:5px;
}
.searchBg{
    background-color: #E8E8ED;
    width:80%;
    border-radius:15px;
    height: 30px;
    display: flex;
    flex-direction: row;
}
.searchBg image{
    margin-left: 10px;
    margin-top: 5px;
}
.search input{
    height: 30px;
    line-height: 30px;
}
.holder{
    font-size: 13px;
}
.btn{
    font-size: 13px;
    font-weight: bold;
    line-height: 30px;
    margin-left: 10px;
    border: 1px solid #cccccc;
    width: 50px;
    text-align: center;
    background-color: #E8E8ED;
    border-radius:3px;
}
.hr{
    border: 1px solid #cccccc;
    opacity: 0.2;
}
.title{
```

```
    display: flex;
    flex-direction: row;
    padding: 10px;
}
.left{
    width: 80%;
    font-size: 15px;
}
.right{
    width: 20%;
    font-size: 13px;
    color: #E4393C;
    text-align: right;
}
.tips{
    padding:10px;
}
.tip{
    background-color: #E8E8ED;
    width:45px;
    height:25px;
    line-height: 25px;
    border-radius: 3px;
    text-align: center;
    font-size: 13px;
    margin-right: 10px;
    float: left;
    margin-bottom: 10px;
}
```

5 进入 pages/search/search.wxml 文件，设计输入商品关键字进行检索后显示的搜索结果列表布局，具体代码如下：

```
<view class="search">
  <view class="searchBg">
    <view>
      <image src="/images/icon/search-1.jpg" style="width:20px;height:21px;"></image>
    </view>
    <view>
      <input type="text" placeholder=" 搜索京东商品 " placeholder-class="holder" bindblur=
"searchGoods" id="search" value="{{name}}"/>
    </view>
  </view>
  <view class="btn" bindtap="resetSearch"> 取消 </view>
</view>
<view class="hr"></view>

<view class="hotSearch">
  <view class="title">
    <view class="left"> 热门搜索 </view>
    <view class="right"> 换一批 </view>
  </view>
```

```
  <view class="tips">
    <view class="tip">女装</view>
    <view class="tip">手机</view>
    <view class="tip">女鞋</view>
    <view class="tip">男装</view>
    <view class="tip">男鞋</view>
    <view class="tip">连衣裙</view>
    <view class="tip">手表</view>
    <view class="tip">女鞋</view>
    <view class="tip">零食</view>
    <view class="tip">T恤女</view>
  </view>
</view>

<view class="item">
  <view class="name">奶粉成人</view>
  <view class="hr"></view>
</view>
<view class="item">
  <view class="name">奶粉成人</view>
  <view class="hr"></view>
</view>
```

6 进入 pages/search/search.wxss 文件，为搜索结果列表添加样式，具体代码如下：

```
.search{
    display: flex;
    flex-direction: row;
    padding:5px;
}
.searchBg{
    background-color: #E8E8ED;
    width:80%;
    border-radius:15px;
    height: 30px;
    display: flex;
    flex-direction: row;
}
.searchBg image{
    margin-left: 10px;
    margin-top: 5px;
}
.search input{
    height: 30px;
    line-height: 30px;
}
.holder{
    font-size: 13px;
}
.btn{
    font-size: 13px;
    font-weight: bold;
```

```
    line-height: 30px;
    margin-left: 10px;
    border: 1px solid #cccccc;
    width: 50px;
    text-align: center;
    background-color: #E8E8ED;
    border-radius:3px;
}
.hr{
    border: 1px solid #cccccc;
    opacity: 0.2;
}
.title{
    display: flex;
    flex-direction: row;
    padding: 10px;
}
.left{
    width: 80%;
    font-size: 15px;
}
.right{
    width: 20%;
    font-size: 13px;
    color: #E4393C;
    text-align: right;
}
.tips{
    padding:10px;
}
.tip{
    background-color: #E8E8ED;
    width:45px;
    height:25px;
    line-height: 25px;
    border-radius: 3px;
    text-align: center;
    font-size: 13px;
    margin-right: 10px;
    float: left;
    margin-bottom: 10px;
}
.item{
    width: 100%;
    padding-left:10px;
    padding-right:10px;
    font-size: 15px;
    padding-top: 10px;
}
.name{
    margin-bottom: 10px;
}
```

7 进入 pages/search/search.js 文件，添加两个变量，result 搜索商品的结果及 name 搜索商品的关键字；添加三个函数，loadGoods 初始化商品集合、searchGoods 搜索商品及 resetSearch 取消搜索，具体代码如下：

```
Page({
  data: {
    result: [],
    name:''
  },
  loadGoods: function () {
    var goods = ['奶粉成人', '奶粉3段', '奶粉1段', '奶粉2段', '奶粉京东自营', '奶粉4段', '奶粉盒', '咖啡机', '咖啡杯', '咖啡豆', '咖啡粉', '奶粉壶', '咖啡伴侣', '咖啡机家用',];
    return goods;
  },
  searchGoods: function (e) {
    var name = e.detail.value;
    var goods = this.loadGoods();
    var result = new Array();
    if (name != '') {
      for (var i = 0; i < goods.length; i++) {
        var good = goods[i];
        if (good.indexOf(name) > -1) {
          result.push(good);
        }
      }
    }
    console.log(result);
    this.setData({ result: result });
  },
  resetSearch:function(){
    var result = new Array();
    this.setData({result:result,name:''});
  }

})
```

8 热门搜索商品标签和商品搜索结果不是同时出现的，应该是在输入框中输入商品关键字后显示搜索结果，单击“取消”按钮后显示热门列表，具体代码如下：

```
<view class="search">
  <view class="searchBg">
    <view>
      <image src="/images/icon/search-1.jpg" style="width:20px;height:21px;"></image>
    </view>
    <view>
      <input type="text" placeholder=" 搜索京东商品 " placeholder-class="holder" bindblur="searchGoods" id="search" value="{{name}}"/>
    </view>
  </view>
  <view class="btn" bindtap="resetSearch">取消 </view>
</view>
<view class="hr"></view>
```

```
<block wx:if="{{result.length > 0}}">
  <block wx:for="{{result}}">
    <view class="item">
      <view class="name">{{item}}</view>
      <view class="hr"></view>
    </view>
  </block>
</block>
<block wx:else>
  <view class="hotSearch">
    <view class="title">
      <view class="left">热门搜索</view>
      <view class="right">换一批</view>
    </view>
    <view class="tips">
      <view class="tip">女装</view>
      <view class="tip">手机</view>
      <view class="tip">女鞋</view>
      <view class="tip">男装</view>
      <view class="tip">男鞋</view>
      <view class="tip">连衣裙</view>
      <view class="tip">手表</view>
      <view class="tip">女鞋</view>
      <view class="tip">零食</view>
      <view class="tip">T恤女</view>
    </view>
  </view>
</block>
```

这样就完成了搜索界面及搜索结果显示界面设计。在搜索界面中默认显示的是热门商品标签，当输入商品检索后显示搜索结果列表。

7.5 购物车设计

仿京东购物微信小程序有一个底部标签导航是购物车，它是用来显示加入购物车的商品。加入购物车的商品可以增加数量或者选择性地进行结算，如图7.18所示。

视频课程

购物车设计 1

视频课程

购物车设计 2

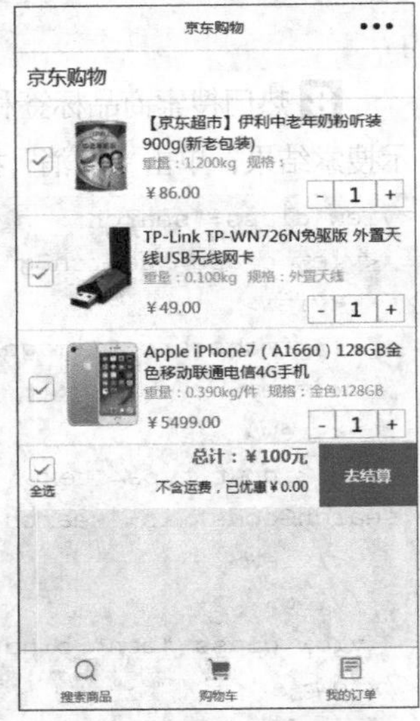

图7.18 购物车界面

1 进入pages/shoppingcart/shoppingcart.wxml文件，设计购物车商品显示的列表布局，包括商品的图片、商品名称、重量、规格、价格及数量，具体代码如下：

```
<view class="content">
  <view class="info">
    <view class="line"></view>
    <view class="receive">
      京东购物
```

```
</view>
<view class="line"></view>
<view class="items">
  <checkbox-group bindchange="checkboxChange">
    <view class="item">
      <view class="icon">
        <checkbox checked/>
      </view>
      <view class="pic">
        <image src="/images/order/1.jpg" style="width:80px;height:80px;"></image>
      </view>
      <view class="order">
        <view class="title">【京东超市】伊利中老年奶粉听装 900g（新老包装）</view>
        <view class="desc">
          <view>重量：1.200kg</view>
          <view>规格：</view>
        </view>
        <view class="priceInfo">
          <view class="price">¥86.00</view>
          <view class="minus">-</view>
          <view class="count">1</view>
          <view class="add">+</view>
        </view>
      </view>
    </view>
    <view class="line"></view>
    <view class="item">
      <view class="icon">
        <checkbox checked/>
      </view>
      <view class="pic">
        <image src="/images/order/2.jpg" style="width:80px;height:80px;"></image>
      </view>
      <view class="order">
        <view class="title">TP-Link TP-WN726N 免驱版 外置天线 USB 无线网卡</view>
        <view class="desc">
          <view>重量：0.100kg</view>
          <view>规格：外置天线</view>
        </view>
        <view class="priceInfo">
          <view class="price">¥49.00</view>
          <view class="minus">-</view>
          <view class="count">1</view>
          <view class="add">+</view>
        </view>
      </view>
    </view>
    <view class="line"></view>
    <view class="item">
      <view class="icon">
        <checkbox checked/>
      </view>
      <view class="pic">
        <image src="/images/order/3.jpg" style="width:80px;height:80px;"></image>
```

```
        </view>
        <view class="order">
          <view class="title">Apple iPhone7（A1660）128GB 金色移动联通电信 4G 手机 </view>
          <view class="desc">
            <view> 重量：0.390kg/ 件 </view>
            <view> 规格：金色 ,128GB</view>
          </view>
          <view class="priceInfo">
            <view class="price">¥5499.00</view>
            <view class="minus">-</view>
            <view class="count">1</view>
            <view class="add">+</view>
          </view>
        </view>
      </view>
      <view class="line"></view>

    </checkbox-group>
    <checkbox-group bindchange="checkAll">
      <view class="totalInfo">
        <view class="all">
          <view>
            <checkbox checked="true" />
          </view>
          <view>
            全选
          </view>
        </view>
        <view class="amount">
          <view class="total">
            总计：¥100 元
          </view>
          <view>
            不含运费，已优惠 ¥0.00
          </view>
        </view>
        <view class="opr"> 去结算 </view>
      </view>
    </checkbox-group>
  </view>
 </view>
</view>
```

2 进入 pages/shoppingcart/shoppingcart.wxss 文件，为购物车列表布局添加样式，具体代码如下：

```
.content{
    font-family: "Microsoft YaHei";
    height: 600px;
    background-color: #F9F9F8;
}
.info{
  background-color: #ffffff;
```

```
}
.line{
    border: 1px solid #cccccc;
    opacity: 0.2;
}
.receive{
    display: flex;
    flex-direction: row;
    padding: 10px;
}
.item{
    display: flex;
    flex-direction: row;
    padding: 10px;
    align-items: center;
}
.order{
    width:100%;
    height: 87px;
}
.title{
    font-size: 15px;
}
.desc{
    display: flex;
    flex-direction: row;
    font-size: 13px;
    color: #cccccc;
}
.desc view{
    margin-right: 10px;
}
.priceInfo{
    display: flex;
    flex-direction: row;
    margin-top:10px;
}
.price{
    width: 65%;
    font-size: 15px;
    color: #ff0000;
    text-align: left;
}
.minus,.add{
    border: 1px solid #cccccc;
    width: 25px;
    text-align: center;
}
.count{
    border: 1px solid #cccccc;
    width: 40px;
```

```
    text-align: center;
}
.totalInfo{
    display: flex;
    flex-direction: row;
    height: 60px;
}
.all{
    align-items: center;
    padding-left: 10px;
    width: 20%;
    font-size: 12px;
    margin-top: 10px;
}
.amount{
    width:50%;
    font-size: 13px;
    text-align: right;
}
.total{
    font-size: 16px;
    color: #ff0000;
    font-weight: bold;
    margin-bottom: 10px;
}
.opr{
    position: absolute;
    right: 0px;
    width: 92px;
    font-size: 15px;
    font-weight: bold;
    background-color: #E4393C;
    height: 60px;
    text-align: center;
    line-height: 60px;
    color:#ffffff;
}
```

界面效果如图 7.19 所示。

3 在 app.js 文件中，初始化一些购物车商品数据，存放在本地缓存 goods 缓存数据中，具体代码如下：

```
//app.js
App({
  onLaunch: function () {
    var goods = wx.getStorageSync('goods');
    if(!goods){
        goods = this.loadGoods();
    }
    wx.setStorageSync('goods', goods);
  },
```

图 7.19　购物车布局

```
 loadGoods:function(){

  var goods = new Array();
  var good = new Object();
  good.id="0"
  good.pic = '/images/order/1.jpg';
  good.name='【京东超市】伊利中老年奶粉听装 900g(新老包装)';
  good.price='86.00';
  good.weight='1.200kg';
  good.spec='';
  good.count=1;
  goods[0] = good;

  var good1 = new Object();
  good1.id="1"
  good1.pic = '/images/order/2.jpg';
  good1.name='TP-Link TP-WN726N 免驱版 外置天线 USB 无线网卡';
  good1.price='49.00';
  good1.weight='0.100kg';
  good1.spec='外置天线';
  good1.count=1;
  goods[1] = good1;

  var good2 = new Object();
  good2.id="2";
  good2.pic = '/images/order/3.jpg';
  good2.name='Apple iPhone7 (A1660) 128GB 金色移动联通电信 4G 手机';
  good2.price='5499.00';
  good2.weight='0.390kg/件';
  good2.spec='金色,128GB';
  good2.count=1;
  goods[2] = good2;
  return goods;

},
getUserInfo:function(cb){
  var that = this
  if(this.globalData.userInfo){
    typeof cb == "function" && cb(this.globalData.userInfo)
  }else{
    //调用登录接口
    wx.login({
      success: function () {
        wx.getUserInfo({
          success: function (res) {
            that.globalData.userInfo = res.userInfo
            typeof cb == "function" && cb(that.globalData.userInfo)
          }
        })
      }
    })
```

```
    }
  },
  globalData:{
    userInfo:null
  }
})
```

4 进入 pages/shoppingcart/shoppingcart.js 文件，添加 4 个变量，goods 购物车商品的列表、selected 商品复选框选择状态、selectedAll 全选复选框选中状态和 totalPrice 总价格；添加 5 个函数，loadGoods 加载购物车商品、checkboxChange 商品复选框、checkAll 全选复选框、addGoods 添加商品数量和 minusGoods 减少商品数量，具体代码如下：

```
// pages/shoppingcart/shoppingcart.js
Page({
  data:{
    goods:[],
    selected:true,
    selectedAll:true,
    totalPrice:0
  },
  onLoad:function(options){
    this.loadGoods();
  },
  loadGoods:function(){
    var goods = wx.getStorageSync('goods')
    this.setData({goods:goods});
     var totalPrice=0;
      for(var i=0;i < goods.length;i++){
         var good = goods[i];
         totalPrice += good.price * good.count
      }
       this.setData({totalPrice:totalPrice});
  },
  checkboxChange:function(e){
    var ids = e.detail.value;
    if(ids.length==0){
      this.setData({selectedAll:false});
    }else{
      this.setData({selectedAll:true});
    }
    var goods = wx.getStorageSync('goods');
    var totalPrice=0;
    for(var i=0;i < goods.length;i++){
      var good = goods[i];
       for(var j=0;j < ids.length;j++){
           if(good.id == ids[j]){
              totalPrice += good.price * good.count
           }
       }
    }
     this.setData({totalPrice:totalPrice});
```

```
},
checkAll:function(e){
  var selected = this.data.selected;
  var result = selected==true?false:true;
  this.setData({selected:result});
  if(result==false){
     this.setData({totalPrice:0});
  }else{
    this.loadGoods();
  }
  this.setData({selectedAll:true});
},
addGoods: function (e) {
  var id = e.currentTarget.id;
  console.log(id);
  var goods = wx.getStorageSync('goods');
  var addGoods = new Array();
  for (var i = 0; i < goods.length; i++) {
    var good = goods[i];
    if (good.id == id) {
      var count = good.count;
      good.count = count + 1;
    }
    addGoods[i] = good;
  }

  wx.setStorageSync('goods', addGoods);
  this.loadGoods();
},
minusGoods: function (e) {
  var id = e.currentTarget.id;
  var goods = wx.getStorageSync('goods');
  var addGoods = new Array();
  var add = true;
  for (var i = 0; i < goods.length; i++) {
    var good = goods[i];
    if (good.id == id) {
      var count = good.count;
      if(count >= 2){
         good.count = count - 1;
      }
    }
    addGoods[i] = good;
  }
  wx.setStorageSync('goods', addGoods);
  this.loadGoods();
}


})
```

5 进入 pages/shoppingcart/shoppingcart.wxml 文件，将 goods、selected、selectedAll 和 totalPrice 这 4 项数据绑定到界面中，具体代码如下：

```
<view class="content">
  <view class="info">
    <view class="line"></view>
    <view class="receive">
      京东购物
    </view>
    <view class="line"></view>
    <view class="items">
      <checkbox-group bindchange="checkboxChange">
        <block wx:for="{{goods}}">
          <view class="item">
            <view class="icon">
              <checkbox value="{{item.id}}" checked="{{selected}}"/>
            </view>
            <view class="pic">
              <image src="{{item.pic}}" style="width:80px;height:80px;"></image>
            </view>
            <view class="order">
              <view class="title">{{item.name}}</view>
              <view class="desc">
                <view>重量：{{item.weight}}</view>
                <view>规格：{{item.spec}}</view>
              </view>
              <view class="priceInfo">
                <view class="price">￥{{item.price}}</view>
                <view class="minus" id="{{item.id}}" bindtap="minusGoods">-</view>
                <view class="count">{{item.count}}</view>
                <view class="add" id="{{item.id}}" bindtap="addGoods">+</view>
              </view>
            </view>
          </view>
          <view class="line"></view>
        </block>
      </checkbox-group>
      <checkbox-group bindchange="checkAll">
        <view class="totalInfo">
          <view class="all">
            <view>
              <checkbox checked="{{selectedAll}}" />
            </view>
            <view>
              全选
            </view>
          </view>
          <view class="amount">
            <view class="total">
              总计：￥{{totalPrice}}元
            </view>
            <view>
```

```
            不含运费，已优惠 ¥0.00
          </view>
        </view>
        <view class="opr"> 去结算 </view>
      </view>
    </checkbox-group>
  </view>
 </view>
</view>
```

这样就可以动态地添加、减少商品的数量，以及对商品的选中效果、全选效果进行跟踪，同时可以动态地计算商品的总价格。

视频课程

我的订单设计

7.6 我的订单设计

仿京东购物微信小程序的我的订单，用来显示所有的订单信息，包括全部订单、头条商城、待收货、售后订单及优惠券等信息。它是采用列表式导航来进行界面的布局，可以根据导航名称选择性地进入相关的下一级界面，如图 7.20 所示。

图 7.20　我的订单

1 进入 pages/order/order.wxml 我的订单文件，设计账号信息及订单列表布局，具体代码如下：

```
<view class="content">
  <view class="bg">
    <view class="head">
      <view class="headIcon">
        <image src="/images/icon/head.jpg" style="width:99px;height:99px;"></image>
      </view>
      <view class="login">
        <view>kevin</view>
        <view class="account"> 账号：767289117_m</view>
```

```
      </view>
    </view>
  </view>
  <view class="hr"></view>
  <view class="item">
    <view class="img">
      <image src="/images/icon/qbdd.jpg" style="width:20px;height:24px;"></image>
    </view>
    <view class="name">全部订单</view>
    <view class="detail">
      <text>></text>
    </view>
  </view>
  <view class="line"></view>
  <view class="item">
    <view class="img">
      <image src="/images/icon/dfk.jpg" style="width:20px;height:24px;"></image>
    </view>
    <view class="name">头条商城</view>
    <view class="detail">
      <text>></text>
    </view>
  </view>
  <view class="line"></view>
  <view class="item">
    <view class="img">
      <image src="/images/icon/dsh.jpg" style="width:23px;height:20px;"></image>
    </view>
    <view class="name">待收货</view>
    <view class="detail">
      <text class="count">2单</text>
      <text> ></text>
    </view>
  </view>
  <view class="line"></view>
  <view class="item">
    <view class="img">
      <image src="/images/icon/shdd.jpg" style="width:25px;height:24px;"></image>
    </view>
    <view class="name">售后订单</view>
    <view class="detail">
      <text> ></text>
    </view>
  </view>
  <view class="hr"></view>
  <view class="item" bindtap="seeCoupon">
    <view class="img">
      <image src="/images/icon/yhq.jpg" style="width:25px;height:22px;"></image>
    </view>
    <view class="name">优惠券</view>
```

```
    <view class="detail">
      <text class="count">4 张 </text>
      <text> ></text>
    </view>
  </view>
  <view class="line"></view>
</view>
```

2 进入 pages/order/order.wxss 文件，为账号信息及订单列表布局添加样式，具体代码如下：

```
.content{
    background-color: #E8E8ED;
    height: 600px;
}
.bg{
  width:100%;
  height: 150px;
  background-color: #F54844;
}
.head{
    display: flex;
    flex-direction: row;
}
.headIcon{
    margin: 10px;
}
.login{
    color: #ffffff;
    font-size: 15px;
    font-weight: bold;
    position: absolute;
    left:120px;
    margin-top:30px;
}
.account{
    color: #f2f2f2;
    font-size: 13px;
    margin-top:10px;
}
.item{
    display:flex;
    flex-direction:row;
    background-color: #ffffff;
}
.hr{
    width: 100%;
    height: 15px;
}
.img{
    margin-left:10px;
    line-height: 50px;
```

```
}
.name{
    padding-top:15px;
    padding-left: 10px;
    padding-bottom:15px;
    font-size:15px;
}
.detail{
    font-size: 15px;
    position: absolute;
    right: 10px;
    height: 50px;
    line-height: 50px;
    color: #888888;
}
.line{
    border: 1px solid #cccccc;
    opacity: 0.2;
}
.count{
    font-size: 13px;
    color: #ff0000;
}
```

3 在 app.json 文件中，添加优惠券路径 "pages/coupon/coupon"，在我的订单界面中单击优惠券会跳转到优惠券界面，需要进入 pages/order/order.js 文件，添加优惠券跳转函数 seeCoupon，具体代码如下：

```
Page({
  seeCoupon:function(){
   wx.navigateTo({
     url: '../coupon/coupon'
   })
  }
})
```

这样就完成了我的订单布局设计。

7.7 优惠券设计

在我的订单界面中，通过单击优惠券导航会进入优惠券下一级界面中。在优惠券界面中分为待使用优惠券、已过期优惠券和已使用优惠券，如图 7.21 ~图 7.23 所示。

1 进入 pages/coupon/coupon.js 文件，初始化优惠券，包含优惠券的 id、价格、使用条件、用于哪些商品、使用方式、有效时间、类型，其中 type 类型等于 0 为待使用，type 等于 1 为已过期，type 等于 2 为已使用；添加两个变量，currentTab 页签的序号值和 coupons 优惠券列表；添加一个 switchNav 页签切换函数，具体代码如下：

图 7.21　优惠券待使用

图 7.22　优惠券已过期

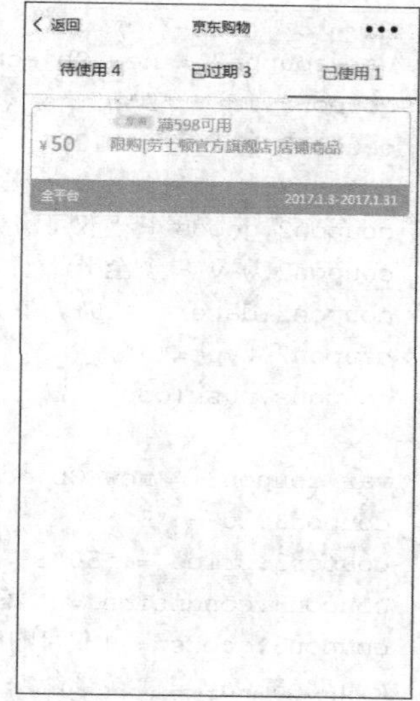

图 7.23　优惠券已使用

```
Page({
  data: {
    currentTab: 0,
    coupons: []
  },
  onLoad: function (options) {
    var coupons = this.loadCoupons(0);
    this.setData({coupons:coupons});
  },
  switchNav: function (e) {
    var page = this;
    var index = e.target.dataset.current;
    if (this.data.currentTab == index) {
      return false;
    } else {
      page.setData({ currentTab: index });
    }
    var coupons = this.loadCoupons(index);
    page.setData({coupons:coupons});
  },
  loadCoupons: function (flag) {
    var coupons = new Array();
    var coupon = new Object();
    coupon.id = "1";
    coupon.price = "200";
    coupon.condition = " 满 1000 可用 ";
    coupon.goods = " 仅可购买网络品类指定商品 ";
    coupon.way = " 全平台 ";
    coupon.date = "2017.3.22-2017.12.22";
    coupon.type="0";
    coupons.push(coupon);
```

```
var coupon2 = new Object();
coupon2.id = "2";
coupon2.price = "100";
coupon2.condition = "满500可用";
coupon2.goods = "仅可购买网络品类指定商品";
coupon2.way = "全平台";
coupon2.date = "2017.3.22-2017.12.22";
coupon2.type="0";
coupons.push(coupon2);

var coupon3 = new Object();
coupon3.id = "3";
coupon3.price = "50";
coupon3.condition = "满100可用";
coupon3.goods = "仅可购买网络品类指定商品";
coupon3.way = "全平台";
coupon3.date = "2017.3.22-2017.12.22";
coupon3.type="0";
coupons.push(coupon3);

var coupon4 = new Object();
coupon4.id = "4";
coupon4.price = "200";
coupon4.condition = "满800可用";
coupon4.goods = "仅可购买国内机票商品";
coupon4.way = "全平台";
coupon4.date = "2017.3.22-2017.12.22";
coupon4.type="0";
coupons.push(coupon4);

var coupon5 = new Object();
coupon5.id = "5";
coupon5.price = "300";
coupon5.condition = "满5199可用";
coupon5.goods = "仅可购买自营iPhone手机部分商品";
coupon5.way = "全平台";
coupon5.date = "2017.1.16-2017.1.26";
coupon5.type="1";
coupons.push(coupon5);

var coupon6 = new Object();
coupon6.id = "6";
coupon6.price = "30";
coupon6.condition = "满500可用";
coupon6.goods = "全品类(特例商品除外)";
coupon6.way = "全平台";
coupon6.date = "2017.1.1-2017.1.3";
coupon6.type="1";
coupons.push(coupon6);
```

```
    var coupon7 = new Object();
    coupon7.id = "7";
    coupon7.price = "10";
    coupon7.condition = "满200可用";
    coupon7.goods = "全品类(特例商品除外)";
    coupon7.way = "全平台";
    coupon7.date = "2016.12.22-2017.12.25";
    coupon7.type="1";
    coupons.push(coupon7);

    var coupon8 = new Object();
    coupon8.id = "8";
    coupon8.price = "50";
    coupon8.condition = "满598可用";
    coupon8.goods = "限购[劳士顿官方旗舰店]店铺商品";
    coupon8.way = "全平台";
    coupon8.date = "2017.1.3-2017.1.31";
    coupon8.type="2";
    coupons.push(coupon8);
    var result = new Array();
    for(var i=0;i<coupons.length;i++){
      if(flag==coupons[i].type){
        result.push(coupons[i]);
      }
    }
    return result;
  }

})
```

2 进入 pages/coupon/coupon.wxml 文件，进行页签切换布局及优惠券列表布局，具体代码如下：

```
<view class="content">
  <view class="menu">
    <view class="{{currentTab==0?'select':'default'}}" data-current="0" bindtap="switchNav">
待使用 4</view>
    <view class="{{currentTab==1?'select':'default'}}" data-current="1" bindtap="switchNav">
已过期 3</view>
    <view class="{{currentTab==2?'select':'default'}}" data-current="2" bindtap="switchNav">
已使用 1</view>
  </view>
  <view class="hr"></view>
  <block wx:for="{{coupons}}">
    <block wx:if="{{currentTab==0}}">
      <view class="item">
        <view class="priceInfo">
          <view class="price">
            <text class="rmb">¥</text>
            <text class="count">{{item.price}}</text>
          </view>
          <view class="type">
            <view>
```

```
            <image src="/images/icon/dongquan.jpg" style="width:40px;height:16px;">
</image> {{item.condition}}
            </view>
            <view>{{item.goods}}</view>
          </view>
        </view>
        <view class="desc">
          <view class="left">{{item.way}}</view>
          <view class="right">{{item.date}}</view>
        </view>
      </view>
    </block>
    <block wx:else>
      <view class="item1">
        <view class="priceInfo">
          <view class="price1">
            <text class="rmb">¥</text>
            <text class="count">{{item.price}}</text>
          </view>
          <view class="type1">
            <view>
              <image src="/images/icon/dongquan-1.jpg" style="width:40px;height:16px;">
</image> {{item.condition}}
            </view>
            <view>{{item.goods}}</view>
          </view>
        </view>
        <view class="desc1">
          <view class="left">{{item.way}}</view>
          <view class="right">{{item.date}}</view>
        </view>
      </view>
    </block>

  </block>
</view>
```

3 进入 pages/coupon/coupon.wxss 文件，为优惠券页签切换布局及优惠券列表布局添加样式，具体代码如下：

```
.content{
   font-family: "Microsoft YaHei";
}
.menu{
    display: flex;
    flex-direction: row;
    width: 100%;
    border-bottom: 1px solid #f2f2f2;
}
.menu view{
    margin: 0 auto;
```

```
}
.select{
    font-size:15px;
    color: red;
    width: 33%;
    text-align: center;
    height: 45px;
    line-height: 45px;
    border-bottom:5rpx solid red;
}
.default{
    width: 33%;
    font-size:15px;
    text-align: center;
    height: 45px;
    line-height: 45px;
}

.item{
  border: 1px solid #47C1C4;
  width: 96%;
  height: 100px;
  margin: 0 auto;
  border-radius:5px;
  margin-top:10px;
}
.item1{
  border: 1px solid #CCCCCC;
  width: 96%;
  height: 100px;
  margin: 0 auto;
  border-radius:5px;
  margin-top:10px;
}
.priceInfo{
  display: flex;
  flex-direction: row;
  padding:5px;
  height: 60px;
}
.price{
  width: 20%;
  line-height: 60px;
  color: #47C1C4;
}
.price1{
  width: 20%;
  line-height: 60px;
  color: #CCCCCC;
}
.type{
```

```
  width:80%;
  font-size: 15px;
  color: #47C1C4;
  display: flex;
  flex-direction: column;
}
.type1{
  width:80%;
  font-size: 15px;
  color: #CCCCCC;
  display: flex;
  flex-direction: column;
}
.type view{
    width: 100%;
    margin-top:5px;
}
.rmb{
  font-size: 13px;
}
.count{
  font-size: 20px;
}
.desc{
  font-size: 12px;
  background-color: #47C1C4;
  height: 30px;
  color: #ffffff;
  line-height: 30px;
  display: flex;
  flex-direction: row;
}
.desc1{
  font-size: 12px;
  background-color: #CCCCCC;
  height: 30px;
  color: #ffffff;
  line-height: 30px;
  display: flex;
  flex-direction: row;
}
.left{
    width:60%;
    text-align: left;
    margin-left: 10px;
}
.right{
    width:40%;
    text-align: right;
    margin-right: 10px;
}
```

这样就完成了优惠券在 3 种状态下的切换。根据不同状态，可以加载不同的优惠券列表内容。

7.8 小结

仿京东购物微信小程序主要完成搜索商品首界面、搜索界面、搜索结果显示界面、购物车界面、我的订单界面及优惠券列表界面的设计，重点掌握以下内容：

1. 学会使用 view、image、swiper 和 button 组件来进行界面布局设计，利用 WXSS 添加界面样式；
2. wx.setStorageSync(OBJECT) 将数据存储在本地缓存指定的 key 中，wx.getStorageSync(OBJECT) 从本地缓存中同步获取指定 key 对应的内容；
3. input 输入框组件用来输入单行文本内容；
4. 学会顶部页签切换效果，根据不同页签显示不同内容；
5. 掌握 .js 文件能处理很多复杂的场景，如购物车动态计算商品的总价格。

7.9 实战演练

在全部订单界面中，有“待付款”和“待收货”列表导航。单击“待收货”导航，会进入待收货下一级界面，如图 7.24 ～图 7.26 所示。

图 7.24　全部订单

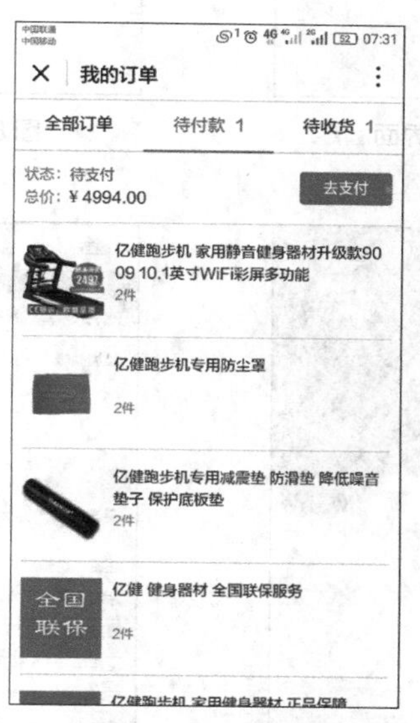

图 7.25　待付款

图 7.26　待收货

需求描述：

① 完成订单的页签切换效果，“全部订单”“待付款”“待收货”页签可以相互切换。

② 完成全部订单列表设计。

第8章 求职类：仿拉勾网微信小程序

仿拉勾网微信小程序是一款求职招聘的微信小程序，主要分为3个模块：即“首页”“言职”和“我”模块。首页界面用来显示各个企业的招聘信息，言职界面用九宫格方式显示社区的各个主题标签，“我的”界面采用列表式导航显示账号相关信息和简历导航内容，如图8.1～图8.4所示。

图8.1 首页界面

图8.2 言职界面

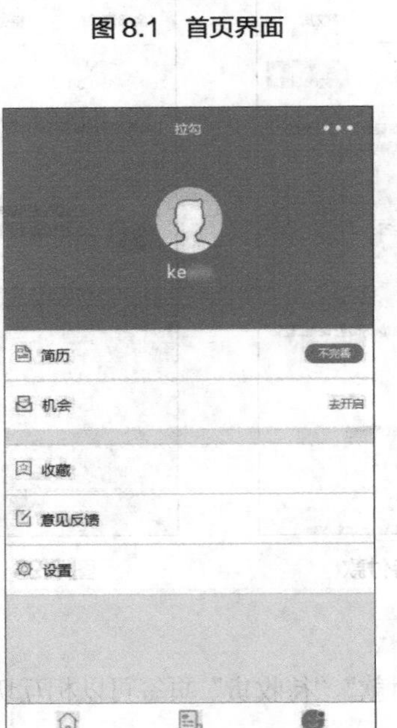

图8.3 我界面

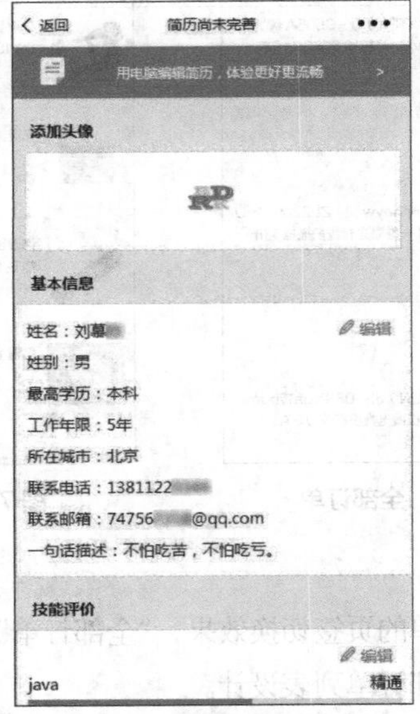

图8.4 完善简历界面

8.1 需求描述及交互分析

8.1.1 需求描述

仿拉勾网微信小程序，要完成以下功能。

① 完成 3 个底部标签导航设计、首页海报轮播效果设计及企业招聘信息列表设计，如图 8.5 所示。

图 8.5　首页设计

② 完成言职社区设计，显示社区各个主题的图标布局，同时可以左右切换这些主题，如图 8.6 和图 8.7 所示。

图 8.6　言职一

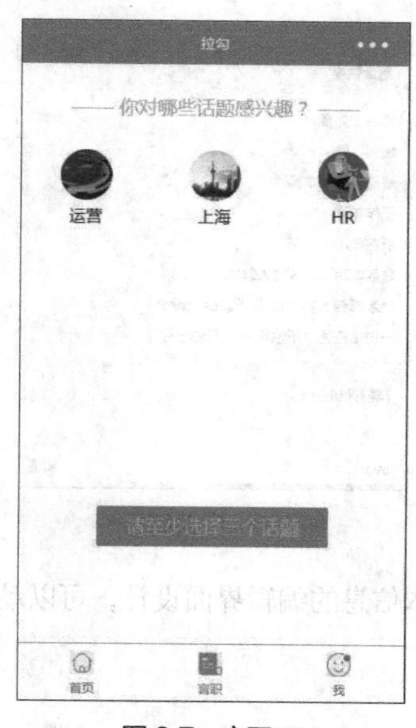

图 8.7　言职二

③ 完成“我的”界面列表设计，显示简历、机会、收藏、意见反馈、设置等列表式导航，如图 8.8 所示。

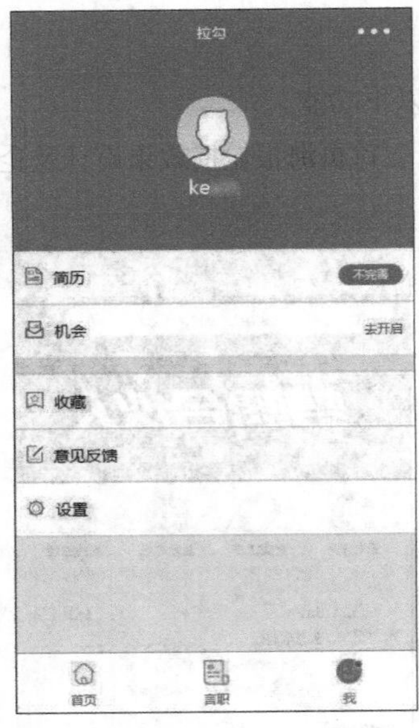

图8.8 我界面设计

④ 完善简历界面的显示，包括添加头像、基本信息、技能评价 3 个区域的布局设计，如图 8.9 和图 8.10 所示。

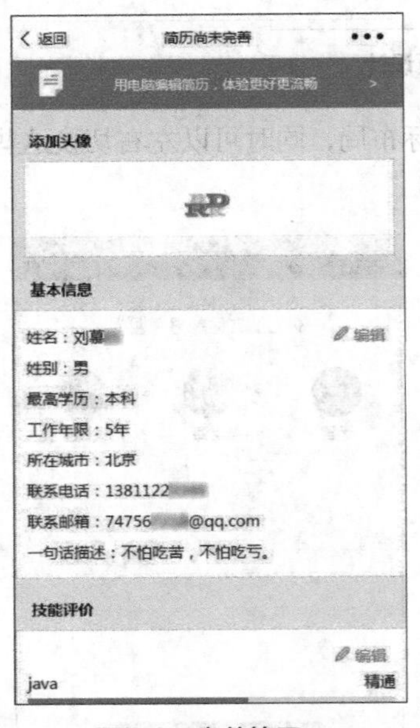

图 8.9　完善简历一

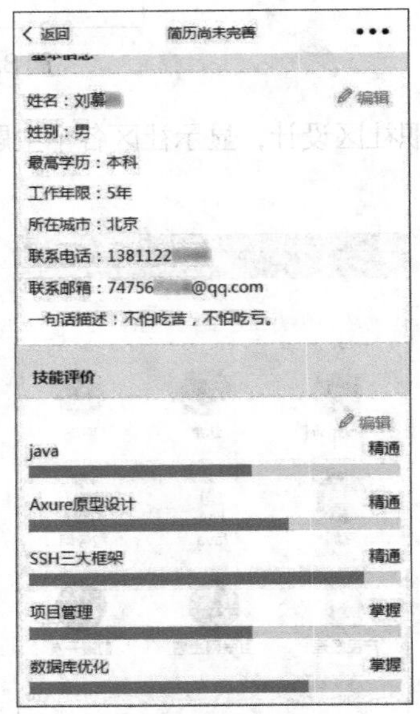

图 8.10　完善简历二

⑤ 完成基本信息的编辑界面设计，可以动态地修改出生年月，如图 8.11 和图 8.12 所示。

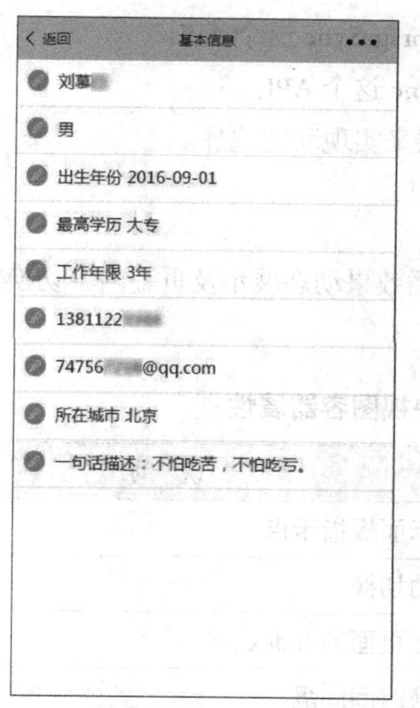

图 8.11　基本信息界面

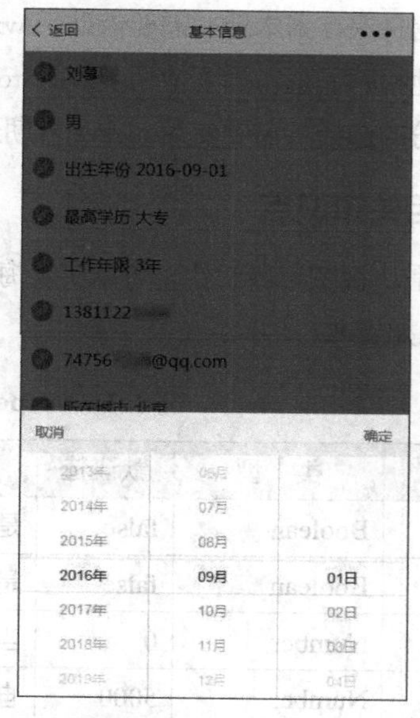

图 8.12　出生年月界面

8.1.2　交互分析

① 底部标签导航有“首页”“言职”“我”3 个，单击不同底部标签导航显示对应的界面内容。

② 在首页界面中，顶部有海报轮播区域和下面显示企业的招聘信息。

③ 在言职界面中，显示求职相关主题，可以通过左右滑动方式显示。

④ 在“我”界面中，显示我相关的列表导航内容。

⑤ 在“我”界面中，单击“简历”导航可以进入完善简历信息界面，完善简历信息界面中显示上传头像、基本信息和技能评价 3 个区域内容。

⑥ 在完善简历界面中，单击基本信息右侧的“编辑”链接，可以跳转到基本信息界面中编辑基本信息。

⑦ 在基本信息界面中，出生年月的选择通过时间选择器来实现。

视频课程

设计思路及相关知识点

8.2　设计思路及相关知识点

8.2.1　设计思路

① 设计底部标签导航，准备好底部标签导航的图标和创建相应的 3 个页面。

② 设计首页的幻灯片轮播效果，需要准备好要轮播的图片，同时借助于 swiper 滑块视图容器组件完成幻灯片轮播效果。

③ 完成企业招聘列表展示，需要使用 image、view 等组件布局设计。

④ 完成言职界面左右滑动效果，需要使用 swiper 滑块视图容器组件。

⑤ 上传头像图片，需要使用 wx.chooseImage(OBJECT) 选择图片 API。

⑥ 将招聘信息保存到本地，需要借助于 wx.setStorageSync 这个 API。

⑦ 获取本地招聘信息，需要使用 wx.getStorageSync 这个 API。

⑧ 出生年份的选择，需要使用 picker 日期选择器来实现动态选择。

8.2.2 相关知识点

① swiper 滑块视图容器组件，可以实现海报轮播效果动态展示及页签内容切换效果。swiper 滑块视图容器属性如表 8.1 所示。

表 8.1 swiper 滑块视图容器属性

属性名	类 型	默认值	说 明
indicator-dots	Boolean	false	是否显示面板指示点
autoplay	Boolean	false	是否自动切换
current	Number	0	当前所在页面的 index
interval	Number	5000	自动切换时间间隔
duration	Number	1000	滑动动画时长
bindchange	EventHandle		current 改变时会触发 change 事件，event.detail = {current: current}

② wx.setStorageSync(KEY,DATA) 将 data 存储在本地缓存指定的 key 中，会覆盖原来该 key 对应的内容，这是一个同步接口。示例代码如下：

```
try {
    wx.setStorageSync('key', 'value')
} catch (e) {
}
```

③ wx.getStorageSync(KEY) 从本地缓存中同步获取指定 key 对应的内容。

④ wx.chooseImage(OBJECT) 从本地相册选择图片或使用相机拍照，示例代码如下：

```
wx.chooseImage({
  count: 1, // 默认 9
  sizeType: ['original', 'compressed'], // 可以指定是原图还是压缩图，默认二者都有
  sourceType: ['album', 'camera'], // 可以指定来源是相册还是相机，默认二者都有
  success: function (res) {
    // 返回选定照片的本地文件路径列表，tempFilePath 可以作为 img 标签的 src 属性显示图片
    var tempFilePaths = res.tempFilePaths
  }
})
```

⑤ wx.previewImage(OBJECT) 预览图片，示例代码如下：

```
wx.previewImage({
  current: '', // 当前显示图片的 http 链接
  urls: [] // 需要预览的图片 http 链接列表
})
```

⑥ wx.getImageInfo(OBJECT) 获取图片信息，示例代码如下：

```
wx.getImageInfo({
```

```
  src: 'images/a.jpg',
  success: function (res) {
    console.log(res.width)
    console.log(res.height)
  }
})

wx.chooseImage({
  success: function (res) {
    wx.getImageInfo({
      src: res.tempFilePaths[0],
      success: function (res) {
        console.log(res.width)
        console.log(res.height)
      }
    })
  }
})
```

⑦ picker 从底部弹起的滚动选择器，支持 3 种选择器，分别是普通选择器、时间选择器和日期选择器，默认是普通选择器。普通选择器：mode = selector，时间选择器：mode = time，日期选择器：mode = date。

视频课程

首页招聘信息列表设计

8.3 首页招聘信息列表设计

仿拉勾网微信小程序首页主要展现企业发布的招聘信息，包括岗位、公司、薪资范围、地址及公司规模等情况，同时使用幻灯片轮播效果动态显示广告信息及使用宫格导航作为日常任务、直播 LIVE、首发专场和城市专场导航的展现方式，如图 8.13 所示。

图 8.13　首页

1 新建一个仿拉勾网微信小程序的项目，将图片复制到该项目的根目录下，然后进入app.json文件，添加3个页面路径，首页路径"pages/index/index"、言职路径"pages/community/community"、我路径"pages/me/me"，删除日志文件夹，设置导航背景色为绿色（#00B38A）、文字颜色为白色，具体代码如下：

```
{
  "pages":[
    "pages/index/index",
    "pages/community/community",
    "pages/me/me"
  ],
  "window":{
    "backgroundTextStyle":"light",
    "navigationBarBackgroundColor": "#00B38A",
    "navigationBarTitleText": " 拉勾 ",
    "navigationBarTextStyle":"white"
  },
  "tabBar": {
    "backgroundColor": "#ffffff",
    "selectedColor": "#00B38A",
    "list": [{
      "pagePath": "pages/index/index",
      "text": " 首页 ",
      "iconPath": "../images/bar/index-0.jpg",
      "selectedIconPath": "../images/bar/index-1.jpg"
    },{
      "pagePath": "pages/community/community",
      "text": " 言职 ",
      "iconPath": "../images/bar/community-0.jpg",
      "selectedIconPath": "../images/bar/community-1.jpg"
    },{
      "pagePath": "pages/me/me",
      "text": " 我 ",
      "iconPath": "../images/bar/me-0.jpg",
      "selectedIconPath": "../images/bar/me-1.jpg"
    }]
  }
}
```

2 在app.js文件中，初始化一些企业招聘信息，包括招聘信息的id、职位名称（name）、招聘公司（company）、省份（province）、地址（address）、学历（education）、薪资范围（salary）、公司类型（companyType）、公司规模（person）、所在行业（business）及发布时间（date），将这些信息存储在本地jobs招聘信息中，具体代码如下：

```
//app.js
App({
  onLaunch: function () {
    // 调用 API 从本地缓存中获取数据
    var jobs = wx.getStorageSync('jobs');
    if(!jobs){
```

```
      jobs = this.loadJobs();
      wx.setStorageSync('jobs', jobs);
    }
  },
  getUserInfo:function(cb){
    var that = this
    if(this.globalData.userInfo){
      typeof cb == "function" && cb(this.globalData.userInfo)
    }else{
      //调用登录接口
      wx.login({
        success: function () {
          wx.getUserInfo({
            success: function (res) {
              that.globalData.userInfo = res.userInfo
              typeof cb == "function" && cb(that.globalData.userInfo)
            }
          })
        }
      })
    }
  },
  globalData:{
    userInfo:null
  },
  loadJobs:function(){
    var jobs = new Array();
    var job = new Object();
    job.id = "1";
    job.pic = "/images/icon/qunar.jpg";
    job.name ="Java";
    job.company = "去哪网儿";
    job.province = "北京";
    job.address = "苏州街";
    job.year = "3-5年";
    job.education = "本科";
    job.salary = "15k-25k";
    job.companyType = "上市公司";
    job.person = "2000人以上";
    job.business = "移动互联网";
    job.date = "02月07日";
    jobs.push(job);

    var job1 = new Object();
    job1.id = "2";
    job1.pic = "/images/icon/alibaba.jpg";
    job1.name ="高级Java工程师";
    job1.company = "阿里巴巴集团";
    job1.province = "北京";
    job1.address = "大望路";
```

```
job1.year = "3-5 年 ";
job1.education = " 本科 ";
job1.salary = "20k 以上 ";
job1.companyType = " 上市公司 ";
job1.person = "2000 人以上 ";
job1.business = " 移动互联网、电子商务 ";
job1.date = "02 月 14 日 ";
jobs.push(job1);

var job2 = new Object();
job2.id = "3";
job2.pic = "/images/icon/yonghong.jpg";
job2.name =" 高级 Java 工程师 ";
job2.company = " 永洪科技 ";
job2.province = " 北京 ";
job2.address = " 朝阳区 ";
job2.year = "3-5 年 ";
job2.education = " 本科 ";
job2.salary = "15k-25k";
job2.companyType = "C 轮 ";
job2.person = "150-500 人 ";
job2.business = " 企业服务、数据服务 ";
job2.date = "03 月 22 日 ";
jobs.push(job2);

var job3 = new Object();
job3.id = "4";
job3.pic = "/images/icon/baoku.jpg";
job3.name ="Java";
job3.company = " 宝库在线 ";
job3.province = " 北京 ";
job3.address = " 酒仙桥 ";
job3.year = "3-5 年 ";
job3.education = " 本科 ";
job3.salary = "15k-20k";
job3.companyType = "A 轮 ";
job3.person = "150-500 人 ";
job3.business = " 移动互联网、电子商务 ";
job3.date = "03 月 21 日 ";
jobs.push(job3);

var job4 = new Object();
job4.id = "5";
job4.pic = "/images/icon/xmjr.jpg";
job4.name ="Java 高级工程师 ";
job4.company = " 小马金融 ";
job4.province = " 北京 ";
job4.address = " 魏公村 ";
job4.year = "3-5 年 ";
job4.education = " 本科 ";
```

```
    job4.salary = "15k-25k";
    job4.companyType = "未融资";
    job4.person = "150-500人";
    job4.business = "金融";
    job4.date = "03月21日";
    jobs.push(job4);

    var job5 = new Object();
    job5.id = "6";
    job5.pic = "/images/icon/honghua.jpg";
    job5.name ="Java";
    job5.company = "泓华国际医疗";
    job5.province = "北京";
    job5.address = "亚运村";
    job5.year = "3-5年";
    job5.education = "本科";
    job5.salary = "15k-25k";
    job5.companyType = "未融资";
    job5.person = "150-500人";
    job5.business = "医疗健康";
    job5.date = "03月21日";
    jobs.push(job5);

    var job6 = new Object();
    job6.id = "7";
    job6.pic = "/images/icon/bdrk.jpg";
    job6.name ="Java开发工程师";
    job6.company = "博大融科";
    job6.province = "北京";
    job6.address = "苏州街";
    job6.year = "3-5年";
    job6.education = "本科";
    job6.salary = "12k-24k";
    job6.companyType = "未融资";
    job6.person = "15-50人";
    job6.business = "移动互联网、社交网络";
    job6.date = "03月20日";
    jobs.push(job6);
    return jobs;
  }
})
```

3 进入 pages/index/index.wxml 文件，设计幻灯片轮播效果和宫格导航布局，具体代码如下：

```
<view class="content">
  <view class="haibao">
    <swiper indicator-dots="{{indicatorDots}}" autoplay="{{autoplay}}" interval="{{interval}}"
duration="{{duration}}" style="height:183px;">
      <block wx:for="{{imgUrls}}">
        <swiper-item>
          <image src="{{item}}" class="silde-image" style="width:100%;height:183px;">
</image>
```

```
        </swiper-item>
      </block>
    </swiper>
  </view>

  <view class="nav">
    <view>
      <view>
        <image src="/images/icon/renwu.jpg" style="width:43px;height:43px;"></image>
      </view>
      <view>日常任务</view>
    </view>
    <view>
      <view>
        <image src="/images/icon/zhibo.jpg" style="width:43px;height:43px;"></image>
      </view>
      <view>直播 LIVE</view>
    </view>
    <view>
      <view>
        <image src="/images/icon/shoufa.jpg" style="width:43px;height:43px;"></image>
      </view>
      <view>首发专场</view>
    </view>
    <view>
      <view>
        <image src="/images/icon/chengshi.jpg" style="width:43px;height:43px;"></image>
      </view>
      <view>城市专场</view>
    </view>
  </view>

  <view class="hr"></view>
</view>
```

4 进入 pages/index/index.js 文件，添加幻灯片轮播的一些属性，具体代码如下：

```
Page({
  data: {
    indicatorDots:false,
    autoplay:true,
    interval:5000,
    duration:1000,
    imgUrls:[
      "/images/haibao/1.jpg",
      "/images/haibao/2.jpg",
      "/images/haibao/3.jpg"
    ]
  }
})
```

5 进入 pages/index/index.wxss 文件，为幻灯片轮播区域和宫格导航区域添加样式，具体代码如下：

```
.content{
  font-family: "Microsoft YaHei";
}
.nav{
  display: flex;
  flex-direction: row;
  padding: 10px;
}
.nav view{
  margin: 0 auto;
  text-align: center;
  font-size: 13px;
}
.hr{
  height: 10px;
  background-color: #f2f2f2;
}
```

6 进入 pages/index/index.wxml 文件，设计招聘信息列表布局，具体代码如下：

```
<view class="content">
  <view class="haibao">
    <swiper indicator-dots="{{indicatorDots}}" autoplay="{{autoplay}}" interval="{{interval}}"
duration="{{duration}}" style="height:183px;">
      <block wx:for="{{imgUrls}}">
        <swiper-item>
          <image src="{{item}}" class="silde-image" style="width:100%;height:183px;">
</image>
        </swiper-item>
      </block>
    </swiper>
  </view>
  <view class="nav">
    <view>
      <view>
        <image src="/images/icon/renwu.jpg" style="width:43px;height:43px;"></image>
      </view>
      <view>日常任务</view>
    </view>
    <view>
      <view>
        <image src="/images/icon/zhibo.jpg" style="width:43px;height:43px;"></image>
      </view>
      <view>直播 LIVE</view>
    </view>
    <view>
      <view>
        <image src="/images/icon/shoufa.jpg" style="width:43px;height:43px;"></image>
      </view>
      <view>首发专场</view>
    </view>
    <view>
```

```
      <view>
        <image src="/images/icon/chengshi.jpg" style="width:43px;height:43px;"></image>
      </view>
      <view>城市专场</view>
    </view>
  </view>
  <view class="hr"></view>
  <view class="items">
    <view class="item">
      <view>
        <image src="/images/icon/qunar.jpg" style="width:64px;height:64px;"></image>
      </view>
      <view class="intro">
        <view class="position">
          <view class="name">java</view>
          <view class="salary">15k-25k</view>
        </view>
        <view class="name">
          去哪儿网
        </view>
        <view class="addressInfo">
          <view class="address">北京 苏州街 3-5年 本科</view>
          <view class="date">02月17日</view>
        </view>
        <view class="companyInfo">
          上市公司 2000人以上 移动互联网
        </view>
      </view>
    </view>
    <view class="line"></view>
  </view>
</view>
```

7 进入 pages/index/index.wxss 文件，为招聘信息列表添加样式，具体代码如下：

```
.content{
  font-family: "Microsoft YaHei";
}
.nav{
  display: flex;
  flex-direction: row;
  padding: 10px;
}
.nav view{
  margin: 0 auto;
  text-align: center;
  font-size: 13px;
}
.hr{
  height: 10px;
  background-color: #f2f2f2;
}
```

```
.items{
  padding:10px;
}
.item{
   display: flex;
   flex-direction: row;
   line-height: 25px;
   margin-bottom: 10px;
   margin-top:10px;
}
.intro{
  margin-left: 10px;
  width: 100%;
}
.position{
  display: flex;
  flex-direction: row;
}
.name{
  width:60%;
  font-size: 16px;
  font-weight: bold;
}
.salary{
  width:40%;
  text-align: right;
  font-size: 16px;
  color: #ff0000;
}
.addressInfo{
  display: flex;
  flex-direction: row;
}
.address{
  width:70%;
  font-size: 13px;
  color: #999999;
}
.date{
  width:30%;
  font-size: 13px;
  color: #cccccc;
  text-align: right;
}
.companyInfo{
  font-size: 13px;
  color: #999999;
}
.line{
  border: 1px solid #cccccc;
  opacity: 0.2;
}
```

8 进入 pages/index/index.js 文件，添加招聘信息列表 jobs 变量，从本地缓存数据读取，具体代码如下：

```
Page({
  data: {
    indicatorDots:false,
   autoplay:true,
   interval:5000,
   duration:1000,
   imgUrls:[
     "/images/haibao/1.jpg",
     "/images/haibao/2.jpg",
     "/images/haibao/3.jpg"
   ],
   jobs:[]
  },
  onLoad:function(){
   var jobs = wx.getStorageSync('jobs');
   this.setData({jobs:jobs});
  }
})
```

9 进入 pages/index/index.wxml 文件，将招聘信息列表 jobs 数据动态绑定到界面中，以循环方式渲染出来，具体代码如下：

```
<view class="content">
  <view class="haibao">
    <swiper indicator-dots="{{indicatorDots}}" autoplay="{{autoplay}}" interval="{{interval}}"
duration="{{duration}}" style="height:183px;">
      <block wx:for="{{imgUrls}}">
        <swiper-item>
          <image src="{{item}}" class="silde-image" style="width:100%;height:183px;">
</image>
        </swiper-item>
      </block>
    </swiper>
  </view>
  <view class="nav">
    <view>
      <view>
        <image src="/images/icon/renwu.jpg" style="width:43px;height:43px;"></image>
      </view>
      <view>日常任务</view>
    </view>
    <view>
      <view>
        <image src="/images/icon/zhibo.jpg" style="width:43px;height:43px;"></image>
      </view>
      <view>直播 LIVE</view>
    </view>
    <view>
      <view>
```

```
        <image src="/images/icon/shoufa.jpg" style="width:43px;height:43px;"></image>
      </view>
      <view>首发专场</view>
    </view>
    <view>
      <view>
        <image src="/images/icon/chengshi.jpg" style="width:43px;height:43px;"></image>
      </view>
      <view>城市专场</view>
    </view>
  </view>
  <view class="hr"></view>
  <view class="items">
    <block wx:for="{{jobs}}">
    <view class="item">
        <view><image src="{{item.pic}}" style="width:64px;height:64px;"></image></view>
        <view class="intro">
            <view class="position">
               <view class="name">{{item.name}}</view>
               <view class="salary">{{item.salary}}</view>
            </view>
            <view class="name">
               {{item.company}}
            </view>
            <view class="addressInfo">
               <view class="address">{{item.province}}  {{item.address}}  {{item.year}}
{{item.education}}</view>
               <view class="date">{{item.date}}</view>
            </view>
            <view class="companyInfo">
               {{item.companyType}}  {{item.person}}  {{item.business}}
            </view>
        </view>
    </view>
    <view class="line"></view>
      </block>
  </view>
</view>
```

界面效果如图 8.13 所示。

这样就完成仿拉勾网微信小程序的首页布局设计，包括幻灯片轮播效果设计，通过幻灯片轮播可以在有限的区域内展现很多内容；招聘信息的列表设计，通过数据绑定的方式将数据绑定到界面上。

8.4 言职界面九宫格导航设计

仿拉勾网微信小程序的言职模块是讨论一些与职业相关的话题，每个人可以选择 3 个自己感兴趣的话题进行关注，提供九宫格展现的方式，将话题列出来，并且可以左右滑动切换话题的显示，如图 8.14 和图 8.15 所示。

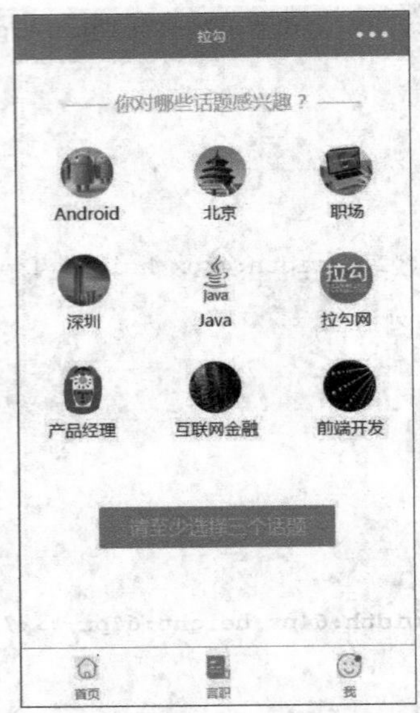

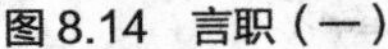
图 8.14　言职（一）

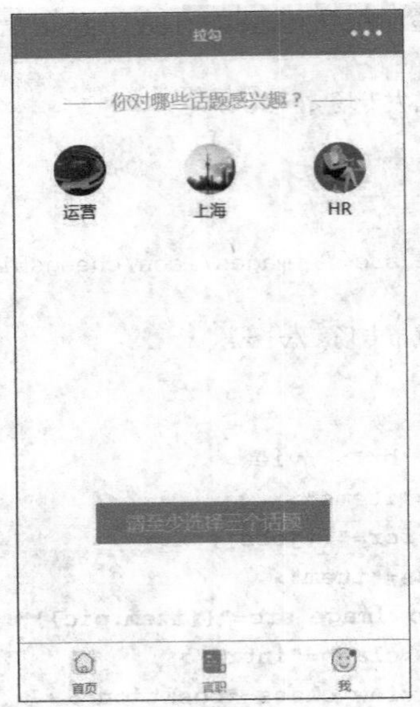

图 8.15　言职（二）

1 进入 pages/community/community.wxml 文件，进行九宫格界面布局设计。由于可以左右滑动切换显示，需要借助于 swiper 滑块视图容器组件，具体代码如下：

```
<view class="content">
  <view class="title">— 你对哪些话题感兴趣？ —</view>
  <swiper style="height:350px;">
    <swiper-item>
      <view class="item">
        <view>
          <view>
            <image class="pic" src="/images/yanzhi/android.jpg" style="width:50px;height:50px;">
</image>
          </view>
          <view>Android</view>
        </view>
        <view>
          <view>
            <image class="pic" src="/images/yanzhi/bj.jpg" style="width:50px;height:50px;">
</image>
          </view>
          <view> 北京 </view>
        </view>
        <view>
          <view>
            <image class="pic" src="/images/yanzhi/zc.jpg" style="width:50px;height:50px;">
</image>
          </view>
          <view> 职场 </view>
        </view>
      </view>
      <view class="item">
```

```
        <view>
          <view>
            <image class="pic" src="/images/yanzhi/sz.jpg" style="width:50px;height:50px;">
</image>
          </view>
          <view>深圳</view>
        </view>
        <view>
          <view>
            <image class="pic" src="/images/yanzhi/java.jpg" style="width:50px;height:50px;">
</image>
          </view>
          <view>Java</view>
        </view>
        <view>
          <view>
            <image class="pic" src="/images/yanzhi/lg.jpg" style="width:50px;height:50px;">
</image>
          </view>
          <view>拉勾网</view>
        </view>
      </view>
      <view class="item">
        <view>
          <view>
            <image class="pic" src="/images/yanzhi/cpjl.jpg" style="width:50px;height:50px;">
</image>
          </view>
          <view>产品经理</view>
        </view>
        <view>
          <view>
            <image class="pic" src="/images/yanzhi/jr.jpg" style="width:50px;height:50px;">
</image>
          </view>
          <view>互联网金融</view>
        </view>
        <view>
          <view>
            <image class="pic" src="/images/yanzhi/qdkf.jpg" style="width:50px;height:50px;">
</image>
          </view>
          <view>前端开发</view>
        </view>
      </view>
    </swiper-item>
    <swiper-item>
      <view class="item">
        <view>
          <view>
```

```
          <image class="pic" src="/images/yanzhi/yy.jpg" style="width:50px;height:50px;">
</image>
        </view>
        <view>运营</view>
      </view>
      <view>
        <view>
          <image class="pic" src="/images/yanzhi/sh.jpg" style="width:50px;height:50px;">
</image>
        </view>
        <view>上海</view>
      </view>
      <view>
        <view>
          <image class="pic" src="/images/yanzhi/hr.jpg" style="width:50px;height:50px;">
</image>
        </view>
        <view>HR</view>
      </view>
    </view>
  </swiper-item>
 </swiper>
 <view class="btn">
   请至少选择三个话题
 </view>
</view>
```

2 进入 pages/community/community.wxss 文件，为九宫格界面布局添加样式，具体代码如下：

```
.content{
  font-family: "Microsoft YaHei";
}
.title{
    text-align: center;
    margin-top:30px;
    margin-bottom: 30px;
    color: #cccccc;
}
.item{
  display: flex;
  flex-direction: row;
  margin-bottom:30px;
  font-size: 16px;
}
.item view{
    margin: 0 auto;
    text-align: center;
}
.pic{
    border-radius: 50%;
}
.btn{
    width:60%;
```

```
    height: 40px;
    line-height: 40px;
    text-align: center;
    background-color: #00B38A;
    margin: 0 auto;
    color: #cccccc;
    border-radius: 3px;
}
```

这样就完成了以九宫格导航布局的方式，显示出言职相关的话题，再借助于 swiper 滑块视图容器组件，可以左右切换话题界面。

8.5 “我”界面列表式导航设计

视频课程

“我”界面列表式导航设计

仿拉勾网微信小程序在“我”界面中显示简历的完成情况、就业机会、收藏、意见反馈和设置内容，它是通过列表式导航的方式进行展现，同时显示账号和头像信息，如图 8.16 所示。

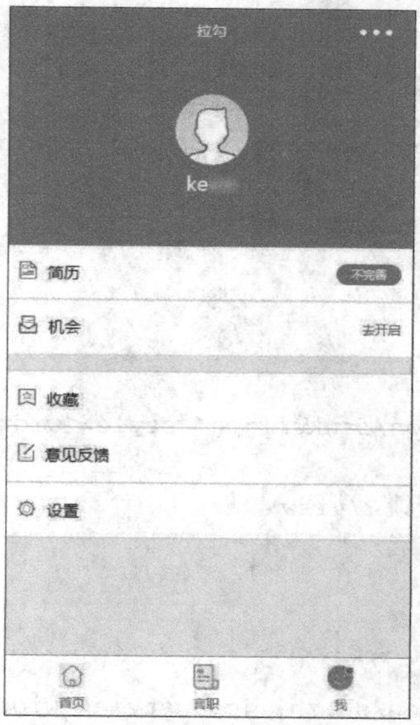

图 8.16 我界面

1 进入 pages/me/me.wxml 文件，进行账号信息的布局和列表式导航的布局，列表式导航由图标、名称和操作组成，具体代码如下：

```
<view class="content">
  <view class="account">
    <view class="pic">
      <image src="/images/icon/head1.jpg" style="width:68px;height:68px;"></image>
    </view>
    <view>{{userInfo.nickName}}</view>
  </view>
  <view class="items">
```

```
    <view class="item">
      <view class="img">
        <image src="/images/icon/jianli.jpg" style="width:16px;height:17px;"></image>
      </view>
      <view class="name">简历</view>
      <view class="detail" bindtap="finishResume">
        <text>不完善</text>
      </view>
    </view>
    <view class="line"></view>
    <view class="item">
      <view class="img">
        <image src="/images/icon/jihui.jpg" style="width:17px;height:17px;"></image>
      </view>
      <view class="name">机会</view>
      <view class="open">
        <text>去开启</text>
      </view>
    </view>
    <view class="hr"></view>
    <view class="line"></view>
    <view class="item">
      <view class="img">
        <image src="/images/icon/shoucang.jpg" style="width:16px;height:16px;"></image>
      </view>
      <view class="name">收藏</view>
    </view>
    <view class="line"></view>
    <view class="item">
      <view class="img">
        <image src="/images/icon/fankui.jpg" style="width:15px;height:17px;"></image>
      </view>
      <view class="name">意见反馈</view>
    </view>
    <view class="line"></view>
    <view class="item">
      <view class="img">
        <image src="/images/icon/shezhi.jpg" style="width:17px;height:17px;"></image>
      </view>
      <view class="name">设置</view>
    </view>
    <view class="line"></view>
  </view>
</view>
```

2 进入 pages/me/me.wxss 文件，为账号信息的布局和列表式导航的布局添加样式，具体代码如下：

```
.content{
  font-family: "Microsoft YaHei";
}
```

```
.account{
    background-color: #00B38A;
    height: 186px;
    text-align: center;
    color: #ffffff;
}
.pic{
    padding-top:40px;
}
.items{
    background-color: #F0F1F5;
    height: 400px;
}
.item{
    display:flex;
    flex-direction:row;
    background-color: #ffffff;
}
.hr{
    width: 100%;
    height: 15px;
}
.img{
    margin-left:10px;
    line-height: 50px;
}
.name{
    padding-top:15px;
    padding-left: 10px;
    padding-bottom:15px;
    font-size:15px;
}
.detail{
    font-size: 11px;
    position: absolute;
    right: 10px;
    height: 20px;
    line-height: 20px;
    width: 60px;
    color: #ffffff;
    text-align: center;
    border-radius:10px;
    background-color: #00B38A;
    margin-top:15px;
}
.open{
   font-size: 12px;
    position: absolute;
    right: 10px;
    height: 50px;
```

```
    line-height: 50px;
    color: #ff0000;
}
.line{
    border: 1px solid #cccccc;
    opacity: 0.2;
}
```

8.6 完善简历界面布局设计

视频课程
完善简历界面布局设计

在“我”界面中，单击“简历”导航可以跳转到完善简历的界面。在完善简历界面中显示三方面的内容：添加头像、基本信息和技能评价，如图 8.17 和图 8.18 所示。

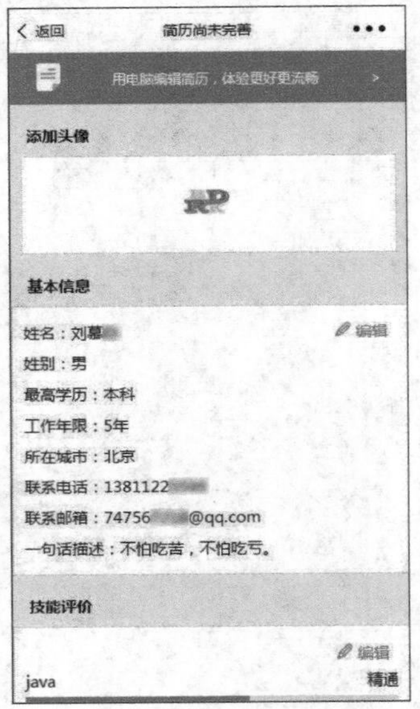

图 8.17　完善简历（一）

图 8.18　完善简历（二）

1 在 app.json 文件中，添加一个完善简历界面路径 "pages/resume/resume"；进入 pages/me/me.js 文件，添加单击简历导航跳转到完善简历界面的函数及获取账户信息，具体代码如下：

```
//index.js
//获取应用实例
var app = getApp()
Page({
  data: {
    userInfo: {}
  },
  onLoad: function () {
    console.log('onLoad')
    var that = this
    //调用应用实例的方法获取全局数据
    app.getUserInfo(function(userInfo){
```

```
      // 更新数据
      that.setData({
        userInfo:userInfo
      })
    })
  },
  finishResume:function(){
    wx.navigateTo({
      url: '../resume/resume'
    })
  }
})
```

2 进入 pages/resume/resume.wxml 文件，进行添加头像、基本信息和技能评价的界面布局设计，具体代码如下：

```
<view class="content">
  <view class="tip">
    <view>
      <image src="/images/icon/wenben.jpg" style="width:23px;height:27px;"></image>
    </view>
    <view>用电脑编辑简历，体验更好更流畅</view>
    <view>></view>
  </view>
  <view class="item">
    <view class="title">添加头像</view>
    <view class="region" bindtap="addHead">
      <block wx:if="{{headUrl==''}}">
        <view class="head">
          <image src="/images/icon/head.jpg" style="width:57px;height:47px;"></image>
        </view>
        <view class="headBtn">点击头像</view>
      </block>
      <block wx:else>
          <view class="selectHead">
          <image src="{{headUrl}}" style="width:57px;height:47px;"></image>
        </view>
      </block>
    </view>
  </view>
  <view class="item">
    <view class="title">基本信息</view>
    <view class="region left">
      <view class="edit" bindtap="editBaseInfo">
        <image src="/images/icon/edit.jpg" style="width:15px;height:15px;"></image> 编辑</view>
      <view>姓名：刘慕</view>
      <view>姓别：男</view>
      <view>最高学历：本科</view>
      <view>工作年限：5年</view>
      <view>所在城市：北京</view>
      <view>联系电话：1381122</view>
      <view>联系邮箱：74756@qq.com</view>
```

```
      <view>一句话描述：不怕吃苦，不怕吃亏。</view>
    </view>
  </view>
  <view class="item">
    <view class="title">技能评价</view>
    <view class="region left">
      <view class="edit">
        <image src="/images/icon/edit.jpg" style="width:15px;height:15px;"></image> 编辑</view>
      <view style="margin-top:25px;">
        <view class="skill">
          <view class="name">java</view>
          <view class="level">精通</view>
        </view>
        <view>
          <progress percent="60" color="#00B38A" stroke-width="12" />
        </view>
      </view>
      <view style="margin-top:10px;">
        <view class="skill">
          <view class="name">Axure 原型设计</view>
          <view class="level">精通</view>
        </view>
        <view>
          <progress percent="70" color="#00B38A" stroke-width="12" />
        </view>
      </view>
      <view style="margin-top:10px;">
        <view class="skill">
          <view class="name">SSH 三大框架</view>
          <view class="level">精通</view>
        </view>
        <view>
          <progress percent="90" color="#00B38A" stroke-width="12" />
        </view>
      </view>
      <view style="margin-top:10px;">
        <view class="skill">
          <view class="name">项目管理</view>
          <view class="level">掌握</view>
        </view>
        <view>
          <progress percent="60" color="#00B38A" stroke-width="12" />
        </view>
      </view>
      <view style="margin-top:10px;">
        <view class="skill">
          <view class="name">数据库优化</view>
          <view class="level">掌握</view>
        </view>
        <view>
```

```
          <progress percent="75" color="#00B38A" stroke-width="12" />
        </view>
      </view>
    </view>
  </view>
</view>
```

3 进入pages/resume/resume.wxss文件，为添加头像、基本信息和技能评价的界面布局添加样式，具体代码如下：

```
.content{
  font-family: "Microsoft YaHei";
  background-color: #F0F1F5;
  height: 700px;
}
.tip{
    width: 100%;
    height:50px;
    background-color: #00B38A;
    display: flex;
    flex-direction: row;
    align-items: center;
}
.tip view{
    margin: 0 auto;
    font-size: 13px;
    color: #ffffff;
}
.title{
    margin-left: 15px;
    margin-top:20px;
    font-size: 15px;
    font-weight: bold;
}
.region{
    width: 94%;
    background-color: #ffffff;
    border: 1px dotted #cccccc;
    margin:0 auto;
    margin-top:10px;
    text-align: center;
}
.head{
    margin-top:20px;
}
.selectHead{
    margin-top:20px;
    margin-bottom: 20px;
}
.headBtn{
    margin-bottom:20px;
```

```
}
.left{
    text-align: left;
    padding: 10px;
    font-size: 15px;
    line-height: 30px;
}
.edit{
    position: absolute;
    right: 20px;
    color:#00B38A;
}
.skill{
    display: flex;
    flex-direction: row;
}
.name{
    width:70%;
    text-align: left;
}
.level{
    width: 30%;
    text-align: right;
}
```

4 进入 pages/resume/resume.js 文件，实现可以上传头像功能。选择上传的图片，在界面中渲染出来，新增一个头像地址的变量 headUrl，具体代码如下：

```
Page({
  data: {
    headUrl:""
  },
  onLoad: function (options) {
    this.loadHead();
  },
  addHead: function () {
    wx.chooseImage({
      count: 1, // 默认 9
      sizeType: ['original', 'compressed'], // 可以指定是原图还是压缩图，默认二者都有
      sourceType: ['album', 'camera'], // 可以指定来源是相册还是相机，默认二者都有
      success: function (res) {
        // 返回选定照片的本地文件路径列表，tempFilePath 可以作为 img 标签的 src 属性显示图片
        var tempFilePaths = res.tempFilePaths
        wx.setStorageSync('headUrl', tempFilePaths);
        this.loadHead();
      }
    });

  },
  loadHead:function(){
    var headUrl =  wx.getStorageSync('headUrl');
```

```
    this.setData({headUrl:headUrl});
  }
})
```

5 在 app.json 中，添加一个编辑基本信息界面路径 "pages/baseInfo/baseInfo"；进入 pages/resume/resume.js 文件，添加跳转到编辑基本信息界面的函数 editBaseInfo，具体代码如下：

```
Page({
  data: {
    headUrl:""
  },
  onLoad: function (options) {
    this.loadHead();
  },
  addHead: function () {
    wx.chooseImage({
      count: 1, // 默认 9
      sizeType: ['original', 'compressed'], // 可以指定是原图还是压缩图，默认二者都有
      sourceType: ['album', 'camera'], // 可以指定来源是相册还是相机，默认二者都有
      success: function (res) {
        // 返回选定照片的本地文件路径列表，tempFilePath 可以作为 img 标签的 src 属性显示图片
        var tempFilePaths = res.tempFilePaths
        wx.setStorageSync('headUrl', tempFilePaths);
        this.loadHead();
      }
    });

  },
  loadHead:function(){
    var headUrl =  wx.getStorageSync('headUrl');
    this.setData({headUrl:headUrl});
  },
  editBaseInfo:function(){
    wx.navigateTo({
      url: '../baseInfo/baseInfo'
    })
  }
})
```

这样就完成了完善简历界面设计。简历内容不仅仅有这三方面内容，还有很多，这里只是选择了有代表性的 3 个区域来设计，可以上传图像、显示基本信息及采用进度条的方式展示技能情况。

8.7 编辑基本信息设计

在完善简历界面中，可以对各个区域进行编辑。本节开始对基本信息进行编辑，首先设计编辑基本信息界面、动态选择出生年月及动态选择学历，如图 8.19 和图 8.20 所示。

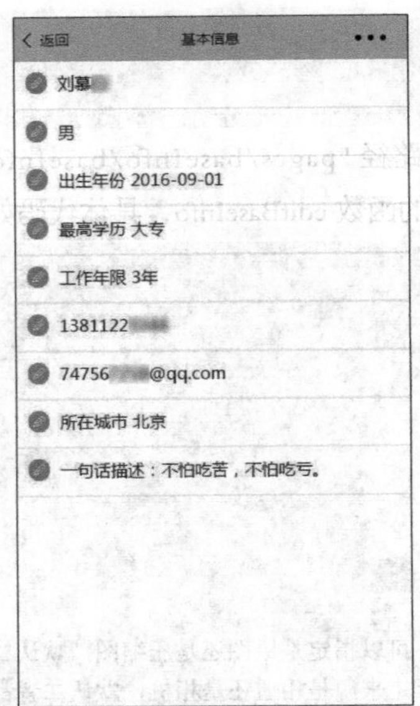

图 8.19　编辑基本信息

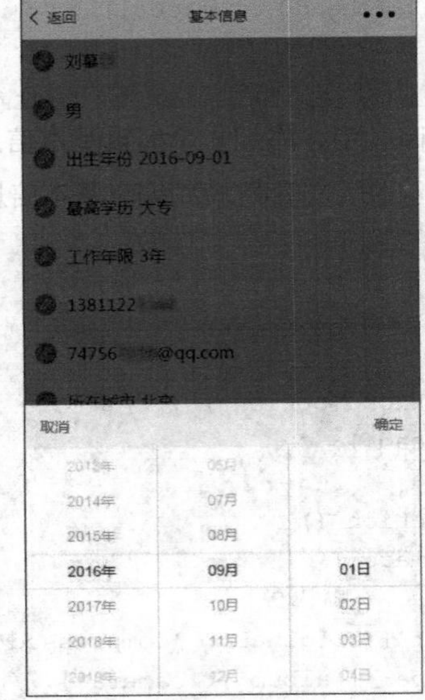

图 8.20　出生年月

1 进入 pages/baseInfo/baseInfo.wxml 文件，进行基本信息的渲染设计，包括姓名、性别、出生年份、最高学历、工作年限、联系方式、邮箱、所在城市及一句话描述信息，具体代码如下：

```
<view class="content">
   <view class="item">
       <view><image src="/images/icon/editInfo.jpg" style="width:21px;height:21px;margin-right:10px;"></image></view>
       <view> 刘慕 </view>
   </view>
   <view class="line"></view>

   <view class="item">
       <view><image src="/images/icon/editInfo.jpg" style="width:21px;height:21px;margin-right:10px;"></image></view>
       <!--
       <view> 男 </view>
       -->
       <picker bindchange="bindPickerChange" value="{{index}}" range="{{array}}">
    <view class="picker">
      {{array[index]}}
    </view>
  </picker>
   </view>
   <view class="line"></view>

    <view class="item">
       <view><image src="/images/icon/editInfo.jpg" style="width:21px;height:21px;margin-right:10px;"></image></view>
       <picker mode="date" value="{{date}}" start="2015-09-01" end="2017-09-01" bindchange="bindDateChange">
```

```
    <view class="picker">
      出生年份 {{date}}
    </view>
  </picker>
  </view>
  <view class="line"></view>

  <view class="item">
      <view><image src="/images/icon/editInfo.jpg" style="width:21px;height:21px;margin-
right:10px;"></image></view>
      <view> 最高学历 本科 </view>
  </view>
  <view class="line"></view>

  <view class="item">
      <view><image src="/images/icon/editInfo.jpg" style="width:21px;height:21px;margin-
right:10px;"></image></view>
      <view> 工作年限 3 年 </view>
  </view>
  <view class="line"></view>

  <view class="item">
      <view><image src="/images/icon/editInfo.jpg" style="width:21px;height:21px;margin-
right:10px;"></image></view>
      <view>1381122    </view>
  </view>
  <view class="line"></view>

  <view class="item">
      <view><image src="/images/icon/editInfo.jpg" style="width:21px;height:21px;margin-
right:10px;"></image></view>
      <view>74756    @qq.com</view>
  </view>
  <view class="line"></view>

  <view class="item">
      <view><image src="/images/icon/editInfo.jpg" style="width:21px;height:21px;margin-
right:10px;"></image></view>
      <view> 所在城市 北京 </view>
  </view>
  <view class="line"></view>

  <view class="item">
      <view><image src="/images/icon/editInfo.jpg" style="width:21px;height:21px;margin-
right:10px;"></image></view>
      <view> 一句话描述：不怕吃苦，不怕吃亏。</view>
  </view>
  <view class="line"></view>
</view>
```

2 进入 pages/baseInfo/baseInfo.wxss 文件，为编辑基本信息添加样式，具体代码如下：

```
.content{
    font-family: "Microsoft YaHei";
    font-size: 16px;
}
.item{
    display: flex;
    flex-direction: row;
    padding:10px;
}
.line{
    border: 1px solid #cccccc;
    opacity: 0.2;
}
```

3 进入 pages/baseInfo/baseInfo.js 文件，动态获取性别及出生年份，具体代码如下：

```
Page({
  data:{
    array: ['男', '女'],
    index:0,
    level:0,
    date: '2016-09-01'
  },
  onLoad:function(options){
    // 页面初始化 options 为页面跳转所带来的参数
  },
  bindPickerChange: function(e) {
    console.log('picker 发送选择改变，携带值为', e.detail.value)
    this.setData({
      index: e.detail.value
    })
  },
  bindDateChange: function(e) {
    this.setData({
      date: e.detail.value
    })
  }
})
```

这样就完成了编辑基本信息界面的渲染及动态选择出生年份和性别（采用 picker 普通选择器来设计）。

8.8 小结

仿拉勾网微信小程序主要完成首页招聘信息的展示、言职话题的切换显示、“我”界面列表式导航设计、完善简历界面设计、上传头像设计及编辑基本信息设计等，重点掌握以下内容：

1 学会使用 swiper 滑块视图容器组件来完成幻灯片轮播效果和页面左右切换效果设计；

2 学会使用 view、image、swiper、form 和 button 组件来进行界面布局设计，利用 WXSS 添加界面样式；

3 wx.setStorageSync(OBJECT) 将数据存储在本地缓存指定的 key 中，wx.getStorageSync(OBJECT) 从本地缓存中同步获取指定 key 对应的内容；

4 wx.chooseImage(OBJECT) 从本地相册选择图片或使用相机拍照；wx.previewImage(OBJECT) 预览图片；wx.getImageInfo(OBJECT) 获取图片信息；

5 picker 从底部弹起的滚动选择器，支持 3 种选择器，分别是普通选择器、时间选择器和日期选择器，默认是普通选择器。普通选择器：mode = selector，时间选择器：mode = time，日期选择器：mode = date。

8.9 实战演练

在仿拉勾网微信小程序的编辑基本信息界面中，完成对基本信息的编辑工作，可以修改姓名、性别、出生年份、最高学历、工作年限、联系方式、邮箱、所在城市、一句话描述信息，如图 8.21 所示。

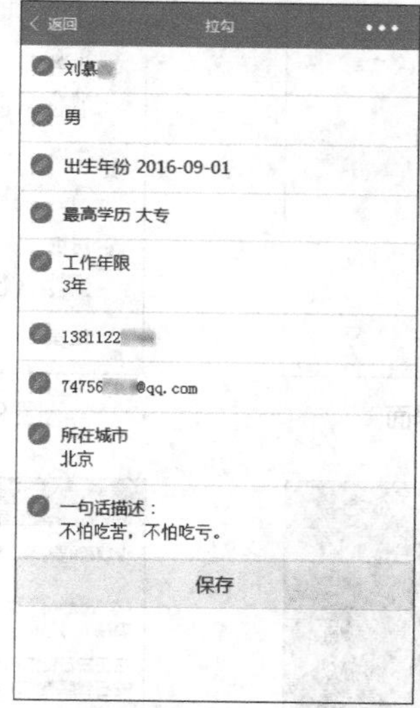

图 8.21 编辑基本信息

需求描述：

① 完成修改基本信息功能。

② 采用 picker 普通选择器来选择最高学历。

③ 添加“保存”按钮，修改的数据提交到后台。

第 9 章　教育类：仿猿题库微信小程序

猿题库是一款手机智能做题软件，已经完成对初中和高中 6 个年级的全面覆盖。它可以覆盖初、高中所有知识点、支持各种版本教材的同步练习、实时提供做题报告、中高考总复习神器、各种题目的优质解析、随身的错题本和草稿纸。它是比较受欢迎的一款教育类智能做题软件。仿猿题库微信小程序用来实现练习科目的导航、科目的练习及排行榜等内容的设计，如图 9.1 ～图 9.4 所示。

图 9.1　练习界面

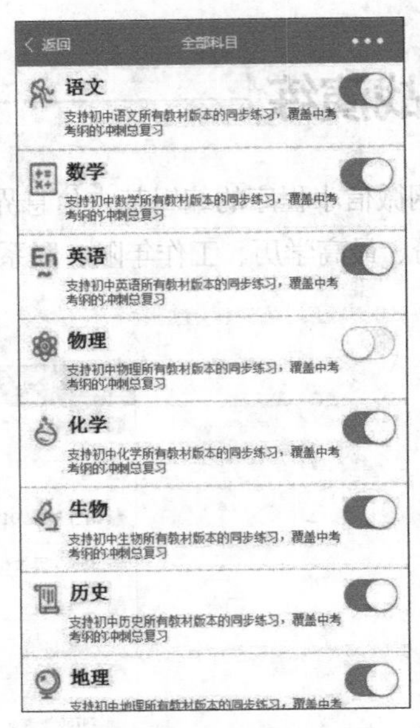

图 9.2　全部科目

图 9.3　排行榜

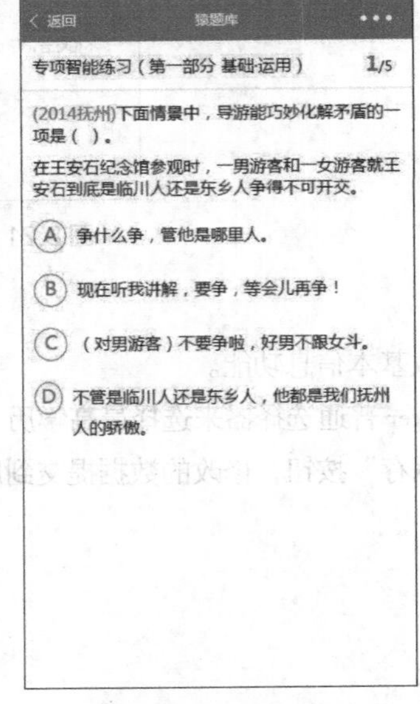

图 9.4　专项智能练习

9.1 需求描述及交互分析

9.1.1 需求描述

仿猿题库微信小程序，要完成以下功能。

① 练习界面九宫格导航设计，单击“更多”导航会进入全部科目设置界面，如图 9.5 和图 9.6 所示。

图 9.5　九宫格导航

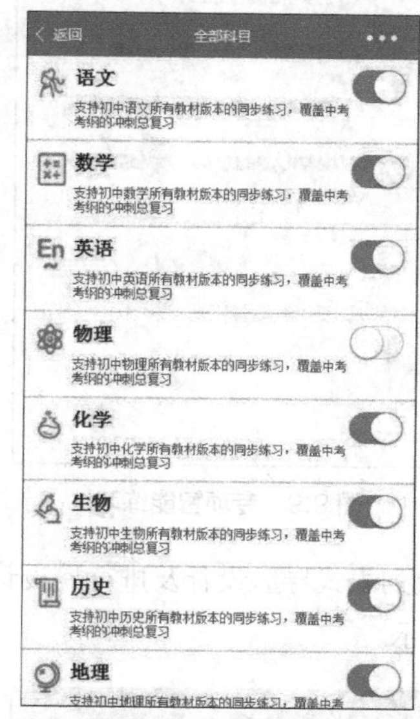

图 9.6　全部科目设置

② 在练习九宫格导航界面中，单击“语文”导航，会进入语文同步练习和语文中考练习界面，如图 9.7 和图 9.8 所示。

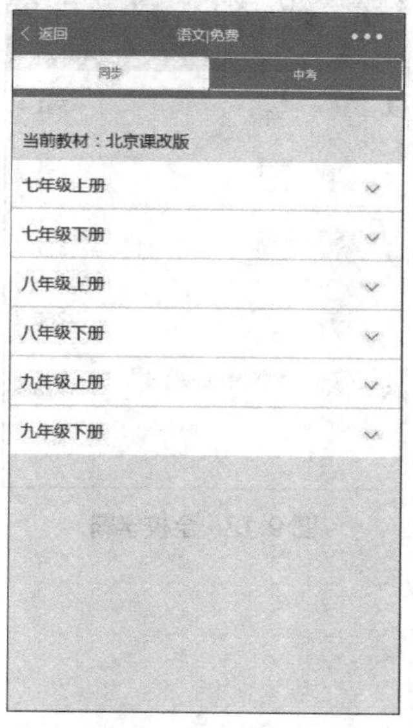

图 9.7　语文同步练习

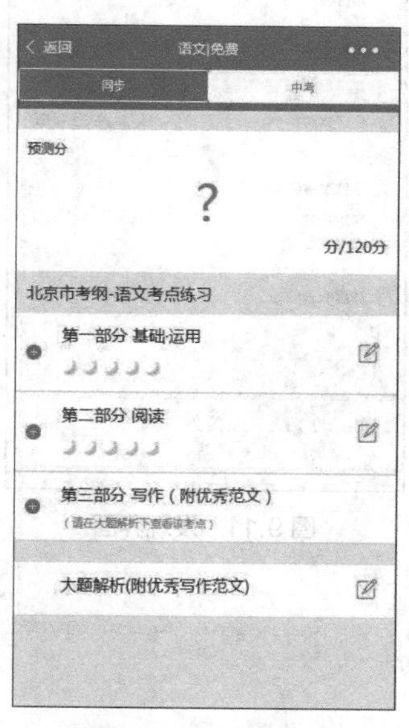

图 9.8　语文中考练习

③ 在中考练习界面中，可以单击考点练习，进行语文题目的专项智能练习，如图 9.9 和图 9.10 所示。

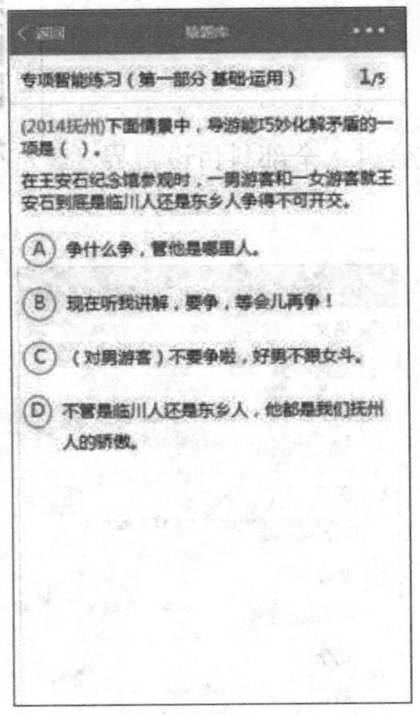

图 9.9　专项智能练习 1

图 9.10　专项智能练习 2

④ 发现模块列表式导航设计及排行榜设计，排行榜分为全校学霸、全省学霸和全省校霸，如图 9.11 ~图 9.14 所示。

图 9.11　发现界面

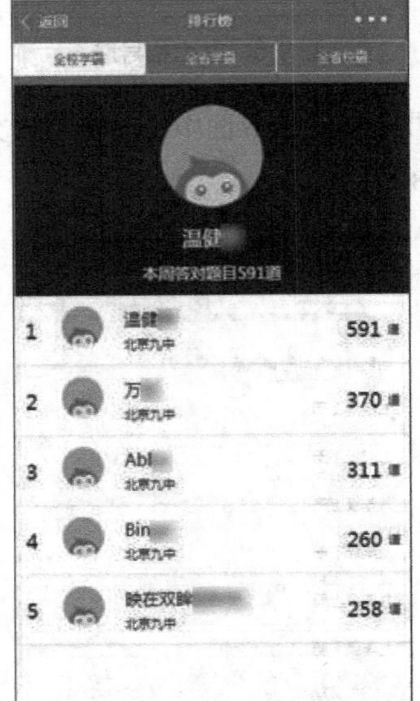

图 9.12　全校学霸

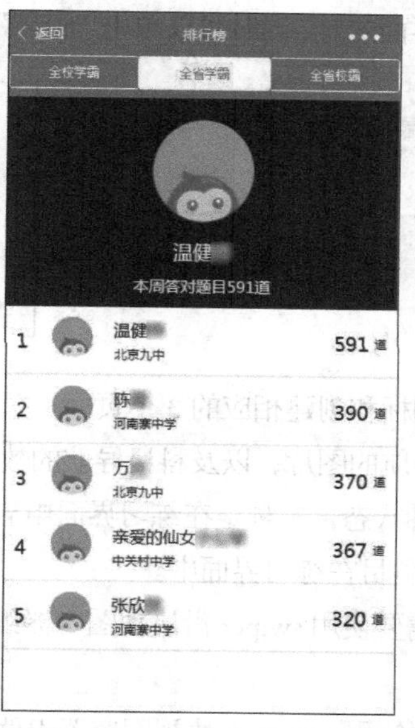

图 9.13　全省学霸

图 9.14　全省校霸

⑤“我”界面列表式导航设计及设置界面列表式导航设计，如图 9.15 和图 9.16 所示。

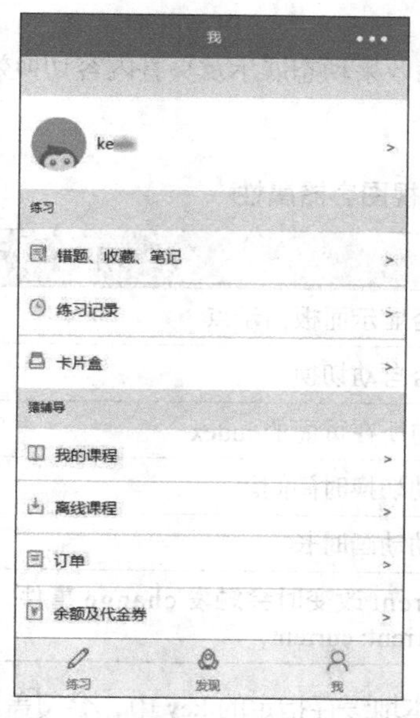

图 9.15　我界面

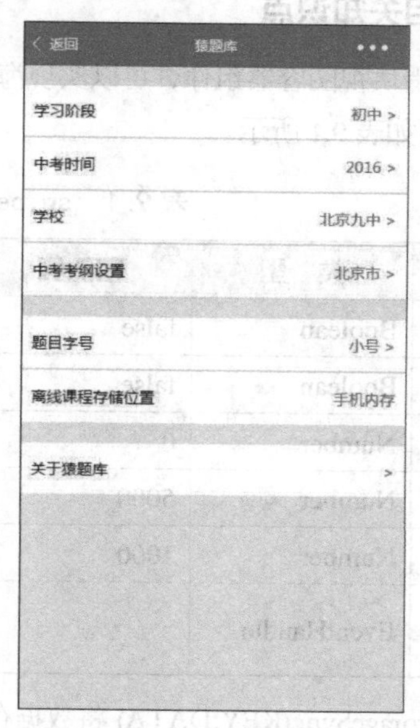

图 9.16　设置界面

9.1.2　交互分析

① 底部标签导航有 3 个，单击不同底部标签导航显示对应的界面内容。

② 在练习界面中，有九宫格导航，单击“更多”导航可以进行全部科目的设置，单击“语文”导航可以进行语文科目的练习。

③ 在发现模块中，采用列表式导航设计“发现”模块内容，单击“排行榜”列表导航，可以进入排行榜界面。在排行榜界面中有全校学霸、全省学霸和全省校霸 3 个页签，可以相互切换。

④ 在“我”界面中，采用列表式导航设计“我”界面内容，同时可以单击“设置”导航进行学校、学习阶段、中考时间等内容的设计。

视频课程

设计思路及相关知识点

9.2 设计思路及相关知识点

9.2.1 设计思路

① 设计底部标签导航，准备好底部标签导航的图标和创建相应的 3 个页面。

② 设计练习界面的九宫格导航，需要准备好要导航的图片，以及科目导航的数据。

③ 全部科目设置采用科目导航的数据，设置两种状态，一种是在练习界面中显示出来，另一种是不显示出来，这样就可以根据自己的需求放置哪些科目在练习界面中。

④ 语文练习界面，分为同步练习和中考练习，需要使用 swiper 滑块视图容器组件，进行两个界面的切换显示。

⑤ 在进行语文题目练习时，题目的切换显示需要使用 swiper 滑块视图容器组件。

⑥ 发现、“我”界面布局设计，需要使用 view、image 和 swiper 等组件，进行列表式导航设计。

9.2.2 相关知识点

① swiper 滑块视图容器组件，可以实现海报轮播效果动态展示及页签内容切换效果。swiper 滑块视图容器属性如表 9.1 所示。

表 9.1 swiper 滑块视图容器属性

属性名	类　型	默认值	说　明
indicator-dots	Boolean	false	是否显示面板指示点
autoplay	Boolean	false	是否自动切换
current	Number	0	当前所在页面的 index
interval	Number	5000	自动切换时间间隔
duration	Number	1000	滑动动画时长
bindchange	EventHandle		current 改变时会触发 change 事件，event.detail = {current: current}

② wx.setStorageSync(KEY,DATA) 将数据存储在本地缓存指定的 key 中，会覆盖原来该 key 对应的内容，这是一个同步接口。wx.setStorageSync 参数如表 9.2 所示。

表 9.2 wx.setStorageSync 参数说明

参数名	类　型	必　填	说　明
key	String	是	本地缓存中指定的 key
data	Object/String	是	需要存储的内容

示例代码如下：

```
try {
    wx.setStorageSync('key', 'value')
} catch (e) {
}
```

③ wx.getStorageSync(KEY) 从本地缓存中同步获取指定 key 对应的内容，这是一个同步的接口。wx.getStorageSync 参数如表 9.3 所示。

表 9.3 wx.getStorageSync 参数说明

参数名	类 型	必 填	说 明
key	String	是	本地缓存中指定的 key

示例代码如下：

```
try {
  var value = wx.getStorageSync('key')
  if (value) {
      // 当 value 存在时执行
  }
} catch (e) {
  // 当发生异常时可以捕捉异常
}
```

9.3 练习界面九宫格导航设计

练习界面九宫格导航设计

仿猿题库微信小程序的练习界面通过九宫格方式布局各个科目的导航，单击不同科目就可以进入相应科目界面进行练习；单击“更多”导航可以进入科目设置界面，动态设置科目导航的显示，如图 9.17 所示。

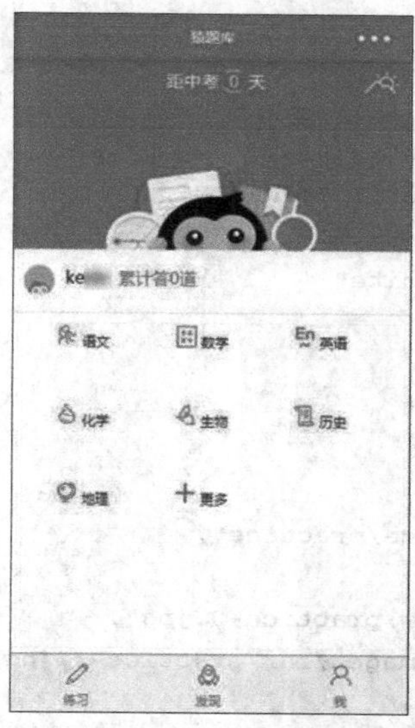

图 9.17 九宫格导航

底部标签导航有 3 个标签导航，标签导航选中时导航图标会变为蓝色图标，相应的文字也变为蓝色。

1 新建一个仿猿题库微信小程序项目，将准备好的底部标签导航图标及界面中图片图标所在的 images 文件夹复制到项目根目录下。

2 打开 app.json 配置文件，在 pages 数组中添加 3 个页面路径 "pages/practice/practice"、"pages/find/find" 和 "pages/me/me"，保存后会自动生成相应的页面文件夹；删除 "pages/index/index"、"pages/logs/logs" 页面路径及对应的文件夹，具体代码如下：

```
{
  "pages":[
    "pages/practice/practice",
    "pages/find/find",
     "pages/me/me"
],
  "window":{
    "backgroundTextStyle":"light",
    "navigationBarBackgroundColor": "#fff",
    "navigationBarTitleText": "WeChat",
    "navigationBarTextStyle":"black"
  }
}
```

3 在 window 中修改导航栏文字为“猿题库”，在 tabBar 对象中配置底部标签导航背景色为浅灰色（#F7F6F9）、标签导航文字选中时为蓝色（#0099FF），在 list 数组中配置底部标签导航对应的页面、导航名称、默认时图标及选中时图标，具体配置代码如下所示。

```
{
  "pages":[
    "pages/practice/practice",
    "pages/find/find",
    "pages/me/me"

  ],
  "window":{
    "backgroundTextStyle":"light",
    "navigationBarBackgroundColor": "#0099FF",
    "navigationBarTitleText": "猿题库",
    "navigationBarTextStyle":"white"
  },
  "tabBar": {
    "backgroundColor": "#F7F6F9",
    "selectedColor": "#0099FF",
    "list": [{
      "pagePath": "pages/practice/practice",
      "text": "练习",
      "iconPath": "../images/bar/practice-0.jpg",
      "selectedIconPath": "../images/bar/practice-1.jpg"
    },{
      "pagePath": "pages/find/find",
```

```
        "text": "发现",
        "iconPath": "../images/bar/find-0.jpg",
        "selectedIconPath": "../images/bar/find-1.jpg"
      },{
        "pagePath": "pages/me/me",
        "text": "我",
        "iconPath": "../images/bar/me-0.jpg",
        "selectedIconPath": "../images/bar/me-1.jpg"
      }]
  }
}
```

这样就完成了仿猿题库微信小程序的底部标签导航配置。单击不同的导航，可以进行切换显示不同的页面，同时导航图标会呈现为选中状态。

4 进入 pages/practice/practice.wxml 文件，设计练习界面，包括顶部猿题库背景、账号信息和科目导航内容，顶部猿题库背景采用图片形式展现，科目导航采用图片和文字的形式展现，具体代码如下：

```
<view class="content">
<view>
  <image src="/images/icon/bg.jpg" style="width:100%;height:184px;"></image>
</view>
<view class="account">
   <view>
     <image src="/images/icon/head.jpg" style="width:29px;height:29px;"></image>
   </view>
   <view>
      {{userInfo.nickName}}
   </view>
   <view class="count">累计答 0 道</view>
</view>
<view class="line"></view>
<view class="items">
   <view class="item" bindtap="seeSubject" id="1">
         <image src="/images/subject/yuwen.jpg" style="width:20px;height:22px;"></image>
        语文
   </view>
   <view class="item" bindtap="more">
         <image src="/images/subject/gengduo.jpg" style="width:20px;height:22px;"></image>
        更多
   </view>
</view>
</view>
```

5 进入 pages/practice/practice.js 文件，新增一个变量 userInfo，用来获取账号信息，具体代码如下：

```
var app = getApp()
Page({
  data: {
    userInfo: {}
```

```
  },
  onLoad: function () {
    console.log('onLoad')
    var that = this
    //调用应用实例的方法获取全局数据
    app.getUserInfo(function(userInfo){
      //更新数据
      that.setData({
        userInfo:userInfo
      })
    });
  }
})
```

6 进入 pages/practice/practice.wxss 文件，为顶部背景、账号信息和科目导航添加样式，具体代码如下：

```
.content{
  font-family: "Microsoft YaHei";
}
.account{
    display: flex;
    flex-direction: row;
    padding:10px;
    font-size: 16px;
}
.account view{
    margin-right: 10px;
}
.count{
    color:#0099FF;
}
.line{
    border: 1px solid #cccccc;
    opacity: 0.2;
}
.items{
    width: 100%;
    padding:10px;
    text-align: center;
    font-size: 13px;
}
.item{
   width:30%;
   float: left;
   margin-bottom: 50px;
}
.hr{
    height: 10px;
    background-color: #F0EFF4;
}
```

具体效果如图 9.18 所示。

图 9.18　练习界面

9.4 科目设置界面设计

视频课程

科目设置界面设计

练习界面中九宫格导航不能动态显示或隐藏，那么如何才能动态显示 / 隐藏科目导航呢？那就需要把科目导航信息存储到缓存数据，包括科目的 id、科目导航图片、科目导航名称、科目导航状态及科目导航描述信息，如图 9.19 所示。

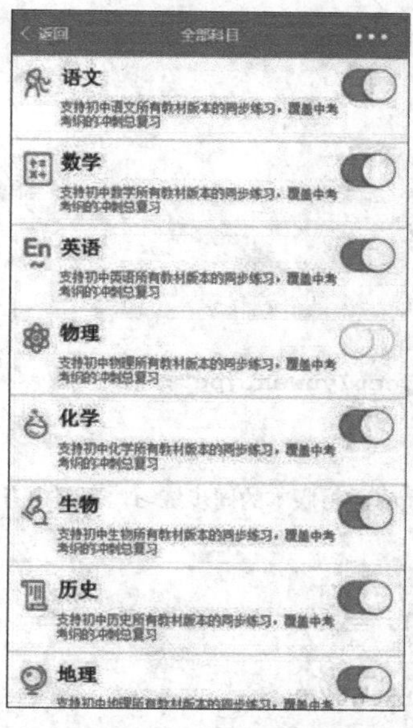

图 9.19　科目设置

1 进入 app.js 文件，把科目导航数据缓存到本地，包括科目的 id、科目导航图片 pic、科目导航名称 name、科目导航状态 status、科目导航描述信息 desc，其中 status=1 时，科目导航会在练习界面显示出来；status=2 时，会隐藏科目，存储到 subjects 中，具体代码如下：

```
//app.js
App({
  onLaunch: function () {
    // 调用 API 从本地缓存中获取数据
    var subjects = wx.getStorageSync('subjects');
    if(!subjects){
       subjects = this.loadSubjects();
       wx.setStorageSync('subjects', subjects);
    }
  },
  getUserInfo:function(cb){
    var that = this
    if(this.globalData.userInfo){
      typeof cb == "function" && cb(this.globalData.userInfo)
    }else{
      // 调用登录接口
      wx.login({
        success: function () {
          wx.getUserInfo({
            success: function (res) {
              that.globalData.userInfo = res.userInfo
              typeof cb == "function" && cb(that.globalData.userInfo)
            }
          })
        }
      })
    }
  },
  globalData:{
    userInfo:null
  },
  loadSubjects:function(){
    var subjects = new Array();

    var subject = new Object();
    subject.id = "1";
    subject.pic = "/images/subject/yuwen.jpg";
    subject.name = " 语文 ";
    subject.status = "1";
    subject.desc =" 支持初中语文所有教材版本的同步练习，覆盖中考考纲的冲刺总复习 ";
    subjects.push(subject);

    var subject1 = new Object();
    subject1.id = "2";
    subject1.pic = "/images/subject/shuxue.jpg";
    subject1.name = " 数学 ";
```

```
subject1.status = "1";
subject1.desc =" 支持初中数学所有教材版本的同步练习，覆盖中考考纲的冲刺总复习 ";
subjects.push(subject1);

var subject2 = new Object();
subject2.id = "3";
subject2.pic = "/images/subject/yingyu.jpg";
subject2.name = " 英语 ";
subject2.status = "1";
subject2.desc =" 支持初中英语所有教材版本的同步练习，覆盖中考考纲的冲刺总复习 ";
subjects.push(subject2);

var subject3 = new Object();
subject3.id = "4";
subject3.pic = "/images/subject/wuli.jpg";
subject3.name = " 物理 ";
subject3.status = "1";
subject3.desc =" 支持初中物理所有教材版本的同步练习，覆盖中考考纲的冲刺总复习 ";
subjects.push(subject3);

var subject4 = new Object();
subject4.id = "5";
subject4.pic = "/images/subject/huaxue.jpg";
subject4.name = " 化学 ";
subject4.status = "1";
subject4.desc =" 支持初中化学所有教材版本的同步练习，覆盖中考考纲的冲刺总复习 ";
subjects.push(subject4);

var subject5 = new Object();
subject5.id = "6";
subject5.pic = "/images/subject/shengwu.jpg";
subject5.name = " 生物 ";
subject5.status = "1";
subject5.desc =" 支持初中生物所有教材版本的同步练习，覆盖中考考纲的冲刺总复习 ";
subjects.push(subject5);

var subject6 = new Object();
subject6.id = "7";
subject6.pic = "/images/subject/lishi.jpg";
subject6.name = " 历史 ";
subject6.status = "1";
subject6.desc =" 支持初中历史所有教材版本的同步练习，覆盖中考考纲的冲刺总复习 ";
subjects.push(subject6);

var subject7 = new Object();
subject7.id = "8";
subject7.pic = "/images/subject/dili.jpg";
subject7.name = " 地理 ";
subject7.status = "2";
subject7.desc =" 支持初中地理所有教材版本的同步练习，覆盖中考考纲的冲刺总复习 ";
```

```
    subjects.push(subject7);

    var subject8 = new Object();
    subject8.id = "9";
    subject8.pic = "/images/subject/kexue.jpg";
    subject8.name = "科学";
    subject8.status = "2";
    subject8.desc =" 支持初中科学所有教材版本的同步练习，覆盖中考考纲的冲刺总复习 ";
    subjects.push(subject8);

    var subject9 = new Object();
    subject9.id = "10";
    subject9.pic = "/images/subject/shehui.jpg";
    subject9.name = "历史与社会";
    subject9.status = "2";
    subject9.desc =" 支持初中历史与社会所有教材版本的同步练习，覆盖中考考纲的冲刺总复习 ";
    subjects.push(subject9);

    var subject10 = new Object();
    subject10.id = "11";
    subject10.pic = "/images/subject/sixiang.jpg";
    subject10.name = "思想品德";
    subject10.status = "2";
    subject10.desc =" 支持初中思想品德所有教材版本的同步练习，覆盖中考考纲的冲刺总复习 ";
    subjects.push(subject10);

    return subjects;
  }
})
```

2 进入 pages/practice/practice.js 文件，添加科目变量数组 subjects，同时添加加载所有科目的 loadSubjects 函数和 onShow 函数，具体代码如下：

```
var app = getApp()
Page({
  data: {
    userInfo: {},
    subjects:[]
  },
  onLoad: function () {
    console.log('onLoad')
    var that = this
    //调用应用实例的方法获取全局数据
    app.getUserInfo(function(userInfo){
      //更新数据
      that.setData({
        userInfo:userInfo
      })
    });
  },
  loadSubjects:function(){
```

```
    var subjects = wx.getStorageSync('subjects');
    var result = new Array();
    for(var i=0;i<subjects.length;i++){
      if(subjects[i].status=="1"){
        result.push(subjects[i]);
      }
    }
    this.setData({subjects:result});
  },
  onShow:function(){
     console.log('onLoad')
    var that = this
    // 调用应用实例的方法获取全局数据
    app.getUserInfo(function(userInfo){
      // 更新数据
      that.setData({
        userInfo:userInfo
      })
    });
    this.loadSubjects();
  }
})
```

3 进入 pages/practice/practice.wxml 文件，将科目导航数组 subjects 在界面中渲染出来，具体代码如下：

```
<view class="content">
<view>
  <image src="/images/icon/bg.jpg" style="width:100%;height:184px;"></image>
</view>
<view class="account">
   <view>
     <image src="/images/icon/head.jpg" style="width:29px;height:29px;"></image>
   </view>
   <view>
      {{userInfo.nickName}}
   </view>
   <view class="count">累计答 0 道 </view>
</view>
<view class="line"></view>
<view class="items">

   <block wx:for="{{subjects}}">
      <view class="item" bindtap="seeSubject" id="{{item.name}}">
         <image src="{{item.pic}}" style="width:20px;height:22px;"></image>
        {{item.name}}
   </view>
   </block>

   <view class="item" bindtap="more">
        <image src="/images/subject/gengduo.jpg" style="width:20px;height:22px;"></image>
```

```
        更多
    </view>
</view>

</view>
```

界面效果如图 9.20 所示。

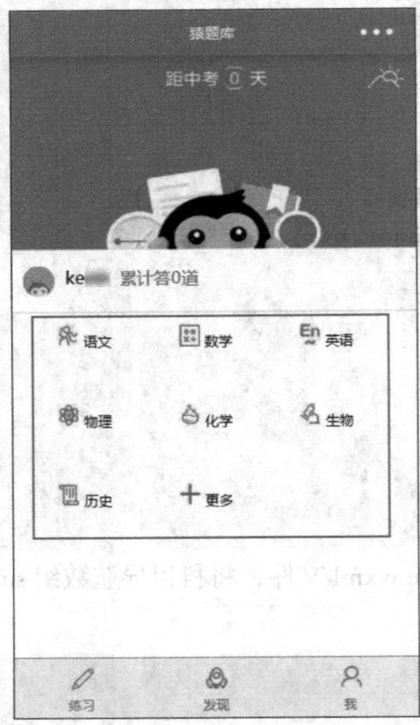

图 9.20　九宫格科目导航

4 在 app.json 文件中，添加 "pages/subjects/subjects" 界面路径；在 pages/practice/ practice .js 文件中，添加 more 函数，单击“更多”导航会进入全部科目设置界面进行科目的设置，具体代码如下：

```
var app = getApp()
Page({
  data: {
    userInfo: {},
    subjects:[]
  },
  onLoad: function () {
    console.log('onLoad')
    var that = this
    // 调用应用实例的方法获取全局数据
    app.getUserInfo(function(userInfo){
      // 更新数据
      that.setData({
        userInfo:userInfo
      })
    });
  },
  loadSubjects:function(){
    var subjects = wx.getStorageSync('subjects');
```

```
    var result = new Array();
    for(var i=0;i<subjects.length;i++){
      if(subjects[i].status=="1"){
        result.push(subjects[i]);
      }
    }
    this.setData({subjects:result});
  },
  onShow:function(){
    console.log('onLoad')
    var that = this
    //调用应用实例的方法获取全局数据
    app.getUserInfo(function(userInfo){
      //更新数据
      that.setData({
        userInfo:userInfo
      })
    });
    this.loadSubjects();
  },
  more:function(){
    wx.navigateTo({
      url: '../subjects/subjects'
    })
  }
})
```

5 在 pages/subjects/subjects.wxml 文件中，设计导航列表信息，包括导航图片、导航名称、导航描述信息及设置按钮，具体代码如下：

```
<view class="content">
<view class="item">
   <view class="pic"><image src="/images/subject/yuwen.jpg" style="width:28px;height:33px;">
</image></view>
   <view class="subject">
      <view class="name">语文</view>
      <view class="desc">支持初中语文所有教材版本的同步练习，覆盖中考考纲的冲刺总复习</view>
   </view>
   <view class="btn">
     <switch type="switch" bindchange="switchChange" />
   </view>
</view>
<view class="line"></view>
</view>
```

6 在 pages/subjects/subjects.wxss 文件中，为导航列表添加样式，具体代码如下：

```
.item{
   display: flex;
   flex-direction: row;
   padding:10px;
}
.pic{
```

```
    width: 10%;
}
.subject{
    width: 75%;
}
.btn{
    width:15%;
}
.name{
    font-weight: bold;
}
.desc{
    font-size: 12px;
    margin-top:10px;
    color: #666666;
}
.line{
    border: 1px dotted #cccccc;
}
```

具体效果如图 9.21 所示。

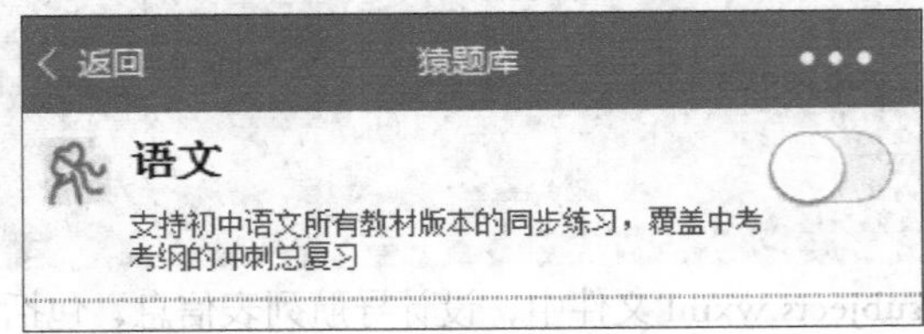

图 9.21　科目列表

7 在 pages/subjects/subjects.js 文件中，从本地缓存中读取 subjects 缓存数据，具体代码如下：

```
Page({
  data:{
    subjects:[]
  },
  onLoad:function(options){
    this.setData({subjects:wx.getStorageSync('subjects')});
  }
})
```

8 在 pages/subjects/subjects.wxml 文件中，将 subjects 缓存数据渲染到界面，添加 switchChange 科目设置按钮，具体代码如下：

```
<view class="content">
<block wx:for="{{subjects}}">
<view class="item">
   <view class="pic"><image src="{{item.pic}}" style="width:28px;height:33px;"></image>
</view>
   <view class="subject">
      <view class="name">{{item.name}}</view>
      <view class="desc">{{item.desc}}</view>
   </view>
```

```
    <view class="btn">
      <switch checked="{{item.status == '1'?true:''}}" type="switch" bindchange="switchChange"
id="{{item.id}}"/>
    </view>
</view>
<view class="line"></view>
</block>
</view>
```

具体效果如图 9.19 所示。

9 在 pages/subjects/subjects.js 文件中，为 switchChange 科目设置按钮添加事件，在其中进行科目的设置，当 status 等于 1 时，在练习界面显示科目导航；等于 2 时，不显示科目导航，具体代码如下：

```
Page({
  data:{
    subjects:[]
  },
  onLoad:function(options){
    this.setData({subjects:wx.getStorageSync('subjects')});
  },
  switchChange:function(e){
     var status = e.detail.value;
     var id = e.target.id;
    var subjects = wx.getStorageSync('subjects');
    var result = new Array();
    for(var i=0;i<subjects.length;i++){
      if(subjects[i].id==id){
        subjects[i].status = status==true?'1':'2';
      }
       result.push(subjects[i]);
    }
    wx.setStorageSync('subjects', result);
    this.setData({subjects:result});
  }
})
```

这样就可以动态地设置科目。想把哪个科目导航在练习界面中显示出来，就可以通过设置按钮设置科目导航的显示；想隐藏哪个科目导航，关闭设置按钮即可。

9.5 语文科目练习界面设计

视频课程

语文科目练习界面设计

在练习界面中，单击科目导航名称，会进入科目练习界面。科目练习界面包括同步练习和中考练习两个页签内容，如图 9.22 和图 9.23 所示。

1 在 app.json 文件中，添加一个页面路径 "pages/grade/grade"；在 pages/practice/ practice.js 文件中，添加 seeSubject 查看科目的函数，单击科目导航时，会跳转到相应科目的练习界面，具体代码如下：

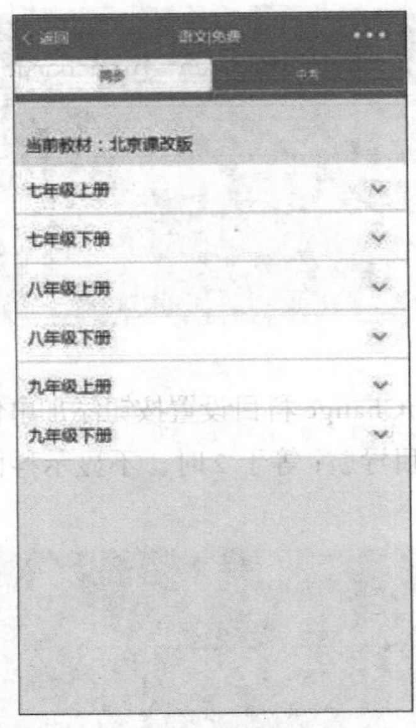

图 9.22　同步练习

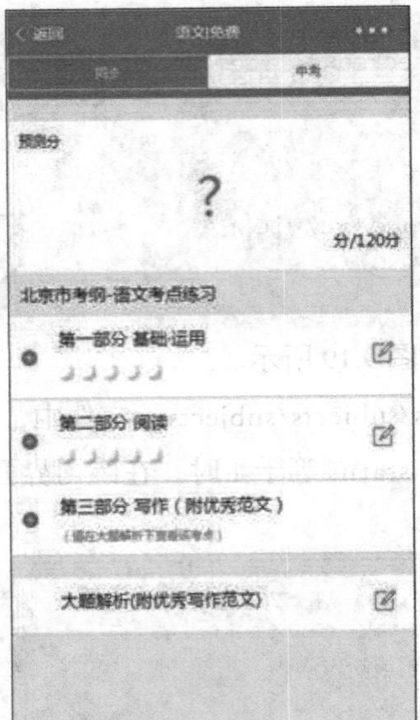

图 9.23　中考练习

```
var app = getApp()
Page({
  data: {
    userInfo: {},
    subjects:[]
  },
  onLoad: function () {
    console.log('onLoad')
    var that = this
    //调用应用实例的方法获取全局数据
    app.getUserInfo(function(userInfo){
      //更新数据
      that.setData({
        userInfo:userInfo
      })
    });
  },
  loadSubjects:function(){
    var subjects = wx.getStorageSync('subjects');
    var result = new Array();
    for(var i=0;i<subjects.length;i++){
      if(subjects[i].status=="1"){
         result.push(subjects[i]);
      }
    }
    this.setData({subjects:result});
  },
  onShow:function(){
     console.log('onLoad')
    var that = this
```

```
    // 调用应用实例的方法获取全局数据
    app.getUserInfo(function(userInfo){
      // 更新数据
      that.setData({
        userInfo:userInfo
      })
    });
    this.loadSubjects();
  },
  more:function(){
    wx.navigateTo({
      url: '../subjects/subjects'
    })
  },
  seeSubject:function(e){
     var name = e.target.id;
     console.log(e);
     wx.navigateTo({
       url: '../grade/grade?subjectName='+name+"|免费"
     })
  }
})
```

2 进入 pages/grade/grade.wxml 文件，设计“同步”和“中考”两个页签，新建两个界面文件 "pages/grade/tb.wxml" 和 "pages/grade/zk.wxml"，单击“同步”页签可以查看同步练习内容，单击“中考”页签可以查看中考练习内容，具体代码如下：

```
<view class="menu">
  <view class="{{currentTab==0?'select':'default'}}" data-current="0" bindtap="switchNav">
同步</view>
  <view class="{{currentTab==1?'select':'default'}}" data-current="1" bindtap="switchNav">
中考</view>
</view>
<view class="content">
<view class="hr"></view>
<swiper current="{{currentTab}}" style="height:800px">
  <swiper-item>
    <include src="tb" />
  </swiper-item>
  <swiper-item>
    <include src="zk" />
  </swiper-item>
</swiper>
</view>
```

3 进入 pages/grade/grade.js 文件，添加变量 currentTab 页签的序号，同时添加页签切换函数 switchNav，将练习界面传递过来的参数值作为导航名称，具体代码如下：

```
Page({
  data:{
    currentTab:0
  },
```

```
  onLoad:function(e){
    var subjectName = e.subjectName;
    wx.setNavigationBarTitle({
      title: subjectName
    })
  },
  switchNav:function(e){
    var page = this;
    if(this.data.currentTab == e.target.dataset.current){
       return false;
    }else{
      page.setData({currentTab:e.target.dataset.current});
    }
  }
})
```

4 进入 pages/grade/grade.wxss 文件，为页签切换添加样式，页签有两种样式，即 default（默认）样式和 select（选中）样式，具体代码如下：

```
.menu{
    display: flex;
    flex-direction: row;
    width: 100%;
    background-color: #0099FF;
    height: 40px;
}
.select{
    font-size:12px;
    color: #0099FF;
    width: 50%;
    text-align: center;
    height: 30px;
    line-height: 30px;
    background-color: #ffffff;
    border: 1px solid #ffffff;
}
.default{
    width: 50%;
    font-size:12px;
    margin: 0 auto;
    text-align: center;
    height: 30px;
    line-height: 30px;
    color: #ffffff;
    border-radius:3px;
    border: 1px solid #ffffff;
}
```

具体效果如图 9.24 所示。

图 9.24　页签切换

5 进入 pages/grade/tb.wxml 文件，设计同步练习内容，主要设计各个年级教材列表的显示，具体代码如下：

```
<view class="title">
    当前教材：北京课改版
</view>
<view class="item">
    <view class="name">七年级上册</view>
    <view class="opr"><image src="/images/icon/xia.jpg" style="width:17px;height:11px;">
</image></view>
</view>
<view class="line"></view>
<view class="item">
    <view class="name">七年级下册</view>
    <view class="opr"><image src="/images/icon/xia.jpg" style="width:17px;height:11px;">
</image></view>
</view>
<view class="line"></view>
<view class="item">
    <view class="name">八年级上册</view>
    <view class="opr"><image src="/images/icon/xia.jpg" style="width:17px;height:11px;">
</image></view>
</view>
<view class="line"></view>
<view class="item">
    <view class="name">八年级下册</view>
    <view class="opr"><image src="/images/icon/xia.jpg" style="width:17px;height:11px;">
</image></view>
</view>
<view class="line"></view>
<view class="item">
    <view class="name">九年级上册</view>
    <view class="opr"><image src="/images/icon/xia.jpg" style="width:17px;height:11px;">
</image></view>
</view>
<view class="line"></view>
<view class="item">
    <view class="name">九年级下册</view>
    <view class="opr"><image src="/images/icon/xia.jpg" style="width:17px;height:11px;">
</image></view>
</view>
```

6 进入 pages/grade/grade .wxss 文件，为同步练习内容添加样式，具体代码如下：

```
.menu{
    display: flex;
```

```
    flex-direction: row;
    width: 100%;
    background-color: #0099FF;
    height: 40px;
}
.select{
    font-size:12px;
    color: #0099FF;
    width: 50%;
    text-align: center;
    height: 30px;
    line-height: 30px;
    background-color: #ffffff;
    border: 1px solid #ffffff;
}
.default{
    width: 50%;
    font-size:12px;
    margin: 0 auto;
    text-align: center;
    height: 30px;
    line-height: 30px;
    color: #ffffff;
    border-radius:3px;
    border: 1px solid #ffffff;
}
.content{
    background-color: #F0EFF4;
    height: 600px;
    font-family: "Microsoft YaHei";
}
.title{
    margin: 10px;
    font-size: 16px;
}
.item{
    display: flex;
    flex-direction: row;
    background-color: #ffffff;
    padding: 10px;
    align-items: center;
}
.name{
    width: 90%;
    font-size: 16px;
}
.opr{
    width: 10%;
    text-align: center;
}
```

```
.line{
    border: 1px solid #cccccc;
    opacity: 0.2;
}
```

具体效果如图 9.22 所示。

7 进入 pages/grade/zk.wxml 文件，设计中考练习内容。中考练习界面分为两部分内容，一部分是练习的分数，另一部分是语文练习的内容，具体代码如下：

```
<view class="scoreInfo">
    <view class="forecast">预测分</view>
    <view class="score">?</view>
    <view class="unit">分/120分</view>
</view>
<view class="title">
   北京市考纲-语文考点练习
</view>
<view class="item">
  <view class="pic"><image src="/images/icon/shousuo.jpg" style="width:15px;height:15px;">
</image></view>
  <view class="stage">
     <view class="stageName">第一部分 基础·运用</view>
     <view><image src="/images/icon/level.jpg" style="width:97px;height:15px;"></image>
</view>
  </view>
  <view class="edit" bindtap="edit"><image src="/images/icon/edit.jpg" style="width:21px;
height:20px;"></image></view>
</view>
<view class="line"></view>
<view class="item">
  <view class="pic"><image src="/images/icon/shousuo.jpg" style="width:15px;height:15px;">
</image></view>
  <view class="stage">
     <view class="stageName">第二部分 阅读</view>
     <view><image src="/images/icon/level.jpg" style="width:97px;height:15px;"></image>
</view>
  </view>
  <view class="edit"><image src="/images/icon/edit.jpg" style="width:21px;height:20px;">
</image></view>
</view>
<view class="line"></view>
<view class="item">
  <view class="pic"><image src="/images/icon/shousuo.jpg" style="width:15px;height:15px;">
</image></view>
  <view class="stage">
     <view class="stageName">第三部分 写作（附优秀范文）</view>
     <view class="desc">（请在大题解析下查看该考点）</view>
  </view>
</view>
<view class="line"></view>
<view class="hr"></view>
```

```
<view class="item">
  <view class="pic"></view>
  <view class="stage">
     <view class="stageName">大题解析（附优秀写作范文）</view>
  </view>
  <view class="edit"><image src="/images/icon/edit.jpg" style="width:21px;height:20px;">
</image></view>
</view>
<view class="line"></view>
```

8 进入 pages/grade/grade .wxss 文件，为中考练习内容添加样式，具体代码如下：

```
.menu{
    display: flex;
    flex-direction: row;
    width: 100%;
    background-color: #0099FF;
    height: 40px;
}
.select{
    font-size:12px;
    color: #0099FF;
    width: 50%;
    text-align: center;
    height: 30px;
    line-height: 30px;
    background-color: #ffffff;
    border: 1px solid #ffffff;
}
.default{
    width: 50%;
    font-size:12px;
    margin: 0 auto;
    text-align: center;
    height: 30px;
    line-height: 30px;
    color: #ffffff;
    border-radius:3px;
    border: 1px solid #ffffff;
}
.content{
    background-color: #F0EFF4;
    height: 600px;
    font-family: "Microsoft YaHei";
}
.title{
    margin: 10px;
    font-size: 16px;
}
.item{
    display: flex;
    flex-direction: row;
```

```
    background-color: #ffffff;
    padding: 10px;
    align-items: center;
}
.name{
    width: 90%;
    font-size: 16px;
}
.opr{
    width: 10%;
    text-align: center;
}
.line{
    border: 1px solid #cccccc;
    opacity: 0.2;
}
.scoreInfo{
    background-color: #ffffff;
    height: 140px;
}
.forecast{
    font-size: 13px;
    padding:10px;
}
.score{
    font-size: 50px;
    text-align: center;
    color: #0099FF;
}
.unit{
    text-align: right;
    margin-right: 10px;
    font-size: 15px;
}
.pic{
    width: 10%;
}
.stage{
    width:80%;
}
.stageName{
    font-size: 16px;
    margin-bottom: 10px;
}
.edit{
    width: 10%;
    text-align: center;
}
.desc{
    font-size: 11px;
```

```
    color:#999999;
}
.hr{
    height: 20px;
}
```

具体效果如图 9.23 所示。

这样就完成了语文科目的练习界面设计。同步练习界面，显示出要练习的教材列表；中考练习界面，显示出练习的分数及具体的考点练习。

9.6 练习题目界面设计

在中考练习界面中，单击考点练习会进入做题的界面。在其中可以练习选择题或者填空题，可以通过界面的左右滑动实现切换题目，如图 9.25 和图 9.26 所示。

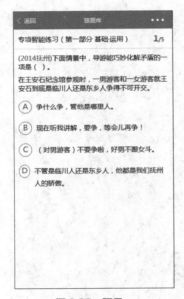

图 9.25　题目一

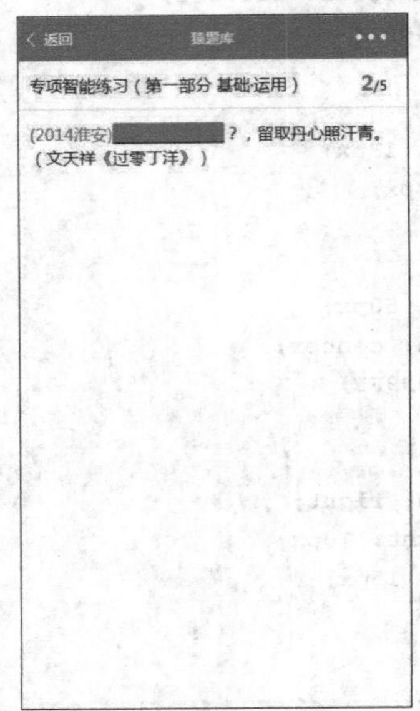

图 9.26　题目二

1 在 app.json 文件中，添加 "pages/base/base" 路径；进入 pages/grade/grade.js 文件，添加 edit 函数，单击触发该函数跳转到 pages/base/base.wxml 文件中，具体代码如下：

```
Page({
  data:{
    currentTab:0
  },
  onLoad:function(e){
   var subjectName = e.subjectName;
    wx.setNavigationBarTitle({
      title: subjectName
    })
  },
```

```
  switchNav:function(e){
    var page = this;
    if(this.data.currentTab == e.target.dataset.current){
       return false;
    }else{
      page.setData({currentTab:e.target.dataset.current});
    }
  },
  edit:function(){
    wx.navigateTo({
      url: '../base/base'
    })
  }
})
```

2 进入 pages/base/base.wxml 文件，设计题目一选择题，由于题目可以左右滑动，需要借助于 swiper 滑块视图容器组件，具体代码如下：

```
<view class="content">
  <swiper style="height:800px" bindchange="chageContent">
    <view class="stage">
      <view class="name">专项智能练习（第一部分  基础·运用）</view>
      <view class="count">
        <test class="currentTab">{{currentTab}}</test>/5
      </view>
    </view>
    <view class="line"></view>
    <swiper-item>
      <view class="subject">
        <view class="subjectName">
          <text class="year">(2014 抚州 )</text>下面情景中，导游能巧妙化解矛盾的一项是（ ）。
</view>
        <view class="desc">在王安石纪念馆参观时，一男游客和一女游客就王安石到底是临川人还是东乡人争得不可开交。</view>
        <view class="items">
          <view class="item">
            <view class="num">A</view>
            <view class="result">争什么争，管他是哪里人。</view>
          </view>
          <view class="item">
            <view class="num">B</view>
            <view class="result">现在听我讲解，要争，等会儿再争！ </view>
          </view>
          <view class="item">
            <view class="num">C</view>
            <view class="result">（对男游客）不要争啦，好男不跟女斗。</view>
          </view>
          <view class="item">
            <view class="num">D</view>
            <view class="result">不管是临川人还是东乡人，他都是我们抚州人的骄傲。</view>
          </view>
        </view>
```

```
      </view>
    </swiper-item>
    <swiper-item>

    </swiper-item>
    <swiper-item>

    </swiper-item>
    <swiper-item>

    </swiper-item>
    <swiper-item>

    </swiper-item>
  </swiper>
</view>
```

3 进入 pages/base/base.js 文件，新增变量 currentTab，作为题目的序号值，同时添加左右滑动切换面板的函数 chageContent，切换面板时需要获取到面板的序号值，然后把序号值加 1 作为题目的序号值，具体代码如下：

```
Page({
  data:{
    currentTab:1
  },
  chageContent:function(e){
    var current = e.detail.current;
    console.log(current);
    this.setData({currentTab:current+1});
  }

})
```

4 进入 pages/base/base.wxss 文件，为选择题目及题目的序号值添加样式，具体代码如下：

```
.content{
    font-family: "Microsoft YaHei";
}
.stage{
    padding: 10px;
    display: flex;
    flex-direction: row;
    align-items: center;
}
.name{
    font-size: 16px;
    width: 90%;
}
.count{
    width: 10%;
    font-size: 13px;
}
```

```
.currentTab{
    font-size: 20px;
    color: #0099FF;
    font-weight: bold;
}
.line{
    border: 1px solid #cccccc;
    opacity: 0.2;
}
.subject{
    padding: 10px;
}
.subjectName{
    font-size: 16px;
}
.year{
    color: #0099FF;
}
.desc{
    margin-top: 10px;
    font-size: 16px;
}
.items{
    margin-top:10px;
}
.item{
    display: flex;
    flex-direction: row;
    margin-bottom: 20px;
    margin-top:20px;
}
.num{
    color: #0099FF;
    border: 1px solid #0099FF;
    height: 30px;
    width: 30px;
    text-align: center;
    border-radius: 50%;
    margin-right: 10px;
}
.result{
    font-size: 16px;
    line-height: 30px;
}
```

具体效果如图 9.25 所示。

5 进入 pages/base/base.wxml 文件，设计填空题，具体代码如下：

```
<view class="content">
  <swiper style="height:800px" bindchange="chageContent">
    <view class="stage">
      <view class="name">专项智能练习（第一部分 基础·运用）</view>
```

```
      <view class="count">
        <test class="currentTab">{{currentTab}}</test>/5
      </view>
    </view>
    <view class="line"></view>
    <swiper-item>
      <view class="subject">
        <view class="subjectName">
          <text class="year">(2014 抚州 )</text>下面情景中，导游能巧妙化解矛盾的一项是（ ）。
</view>
        <view class="desc">在王安石纪念馆参观时，一男游客和一女游客就王安石到底是临川人还是东乡人
争得不可开交。</view>
        <view class="items">
          <view class="item">
            <view class="num">A</view>
            <view class="result">争什么争，管他是哪里人。</view>
          </view>
          <view class="item">
            <view class="num">B</view>
            <view class="result">现在听我讲解，要争，等会儿再争！ </view>
          </view>
          <view class="item">
            <view class="num">C</view>
            <view class="result">（对男游客）不要争啦，好男不跟女斗。</view>
          </view>
          <view class="item">
            <view class="num">D</view>
            <view class="result">不管是临川人还是东乡人，他都是我们抚州人的骄傲。</view>
          </view>
        </view>
      </view>
    </swiper-item>
    <swiper-item>
      <view class="subject">
        <view class="fillBlanks">
          <text class="year">(2014 淮安 )</text>
          <text class="blank">_______________</text>
          <text>？，留取丹心照汗青。（文天祥《过零丁洋》）</text>
        </view>
      </view>
    </swiper-item>
    <swiper-item>
      <view class="subject">
        <view class="fillBlanks">
          <text class="year">(2013 莆田 )</text>
          <text>采菊东篱下，</text>
          <text class="blank">_______________</text>
          <text>。（陶渊明《饮酒》）</text>
        </view>
      </view>
    </swiper-item>
```

```
    <swiper-item>
       <view class="subject">
        <view class="fillBlanks">
          <text class="year">(2012 南昌 )</text>
          <text>会当凌绝顶，</text>
          <text class="blank">_______________</text>
          <text>。（杜甫《望岳》）</text>
        </view>
      </view>
    </swiper-item>
    <swiper-item>
       <view class="subject">
        <view class="fillBlanks">
          <text class="year">(2012 潍坊 )</text>
          <text>先天下之忧而忧，</text>
          <text class="blank">_______________</text>
          <text>。（范仲淹《岳阳楼记》）</text>
        </view>
      </view>
    </swiper-item>
  </swiper>
</view>
```

6 进入 pages/base/base.wxml 文件，为填空题添加样式，具体代码如下：

```
.content{
    font-family: "Microsoft YaHei";
}
.stage{
    padding: 10px;
    display: flex;
    flex-direction: row;
    align-items: center;
}
.name{
    font-size: 16px;
    width: 90%;
}
.count{
    width: 10%;
    font-size: 13px;
}
.currentTab{
    font-size: 20px;
    color: #0099FF;
    font-weight: bold;
}
.line{
    border: 1px solid #cccccc;
    opacity: 0.2;
}
.subject{
```

```
    padding: 10px;
}
.subjectName{
    font-size: 16px;
}
.year{
    color: #0099FF;
}
.desc{
    margin-top: 10px;
    font-size: 16px;
}
.items{
    margin-top:10px;
}
.item{
    display: flex;
    flex-direction: row;
    margin-bottom: 20px;
    margin-top:20px;
}
.num{
    color: #0099FF;
    border: 1px solid #0099FF;
    height: 30px;
    width: 30px;
    text-align: center;
    border-radius: 50%;
    margin-right: 10px;
}
.result{
    font-size: 16px;
    line-height: 30px;
}
.blank{
    background-color: #0099FF;
    border-radius: 3px;
    height: 25px;
    line-height: 25px;
}
.fillBlanks{
    font-size: 16px;
}
```

具体效果如图 9.26 所示。

这样就完成了练习题目界面的设计。其包括选择题和填空题两种类型的题目，这两种题目可以左右滑动进行切换显示。

9.7 发现界面列表式导航设计

仿猿题库微信小程序中"发现"界面采用列表式导航方式设计，主要有小猿评测、作业群、排行榜、错题锁屏、古诗文助手、下载猿辅导 App、拍照搜题、猿题库老师版等功能导航，这些导航均采用图标、导航名称及二级菜单入口来布局设计，单击相应导航可以进入列表导航的二级界面，如图 9.27 所示。

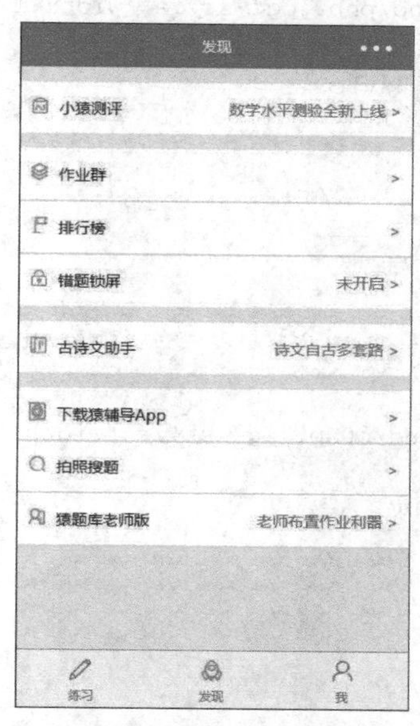

图 9.27　发现界面列表

1 进入 pages/find/find.wxml 文件，进行发现界面列表布局设计，采用图标、导航名称及二级界面入口布局设计导航，具体代码如下：

```
<view class="content">
  <view class="items">
    <view class="hr"></view>
    <view class="item">
      <view class="img">
        <image src="/images/find/xypc.jpg" style="width:17px;height:18px;"></image>
      </view>
      <view class="name">小猿测评</view>
      <view class="detail">
        <text>数学水平测验全新上线 ></text>
        </view>
    </view>

    <view class="hr"></view>
    <view class="item">
      <view class="img">
        <image src="/images/find/zyq.jpg" style="width:17px;height:18px;"></image>
      </view>
      <view class="name">作业群</view>
```

```
    <view class="detail">
      <text>></text>
      </view>
  </view>
  <view class="line"></view>

  <view class="item" bindtap="rank">
    <view class="img">
      <image src="/images/find/phb.jpg" style="width:17px;height:18px;"></image>
    </view>
    <view class="name">排行榜</view>
    <view class="detail">
      <text>></text>
      </view>
  </view>
  <view class="line"></view>

  <view class="item">
    <view class="img">
      <image src="/images/find/ctsp.jpg" style="width:17px;height:18px;"></image>
    </view>
    <view class="name">错题锁屏</view>
    <view class="detail">
      <text>未开启 ></text>
      </view>
  </view>
  <view class="hr"></view>

  <view class="item">
    <view class="img">
      <image src="/images/find/gswzs.jpg" style="width:17px;height:18px;"></image>
    </view>
    <view class="name">古诗文助手</view>
    <view class="detail">
      <text>诗文自古多套路 ></text>
      </view>
  </view>
  <view class="hr"></view>

  <view class="item">
    <view class="img">
      <image src="/images/find/xzyfd.jpg" style="width:17px;height:18px;"></image>
    </view>
    <view class="name">下载猿辅导 App</view>
    <view class="detail">
      <text>></text>
      </view>
  </view>
  <view class="line"></view>
  <view class="item">
    <view class="img">
```

```
        <image src="/images/find/pzst.jpg" style="width:17px;height:18px;"></image>
      </view>
      <view class="name">拍照搜题</view>
      <view class="detail">
        <text>></text>
        </view>
    </view>
    <view class="line"></view>
    <view class="item">
      <view class="img">
        <image src="/images/find/ytklsb.jpg" style="width:17px;height:18px;"></image>
      </view>
      <view class="name">猿题库老师版</view>
      <view class="detail">
        <text>老师布置作业利器 ></text>
        </view>
    </view>
    <view class="line"></view>
  </view>
</view>
```

2 进入 pages/find/find.wxss 文件，为发现界面列表布局设计添加样式，具体代码如下：

```
.content{
  font-family: "Microsoft YaHei";
}
.items{
    background-color: #F0EFF4;
    height:600px;
}
.item{
    display:flex;
    flex-direction:row;
    background-color: #ffffff;
}
.hr{
    width: 100%;
    height: 15px;
}
.img{
    margin-left:10px;
    line-height: 50px;
}
.name{
    padding-top:15px;
    padding-left: 10px;
    padding-bottom:15px;
    font-size:15px;
}
.detail{
    font-size: 15px;
    position: absolute;
```

```
    right: 10px;
    height: 50px;
    line-height: 50px;
    color: #888888;
}
.line{
    border: 1px solid #cccccc;
    opacity: 0.2;
}
```

具体效果如图 9.27 所示。

3 在 app.json 文件中，添加一个排行榜二级页面路径 "pages/rank/rank"，然后进入 ages/find/find.js 文件，单击发现列表的“排行榜”导航会进入排行榜界面，具体代码如下：

```
// pages/find/find.js
Page({
  data:{},
  rank:function(){
    wx.navigateTo({
      url: '../rank/rank'
    })
  }
})
```

9.8 排行榜设计

仿猿题库微信小程序的排行榜界面是发现列表中排行榜导航的二级界面。在排行榜界面中分为全校学霸、全省学霸和全省校霸 3 个页签，全校学霸是自己学校做题数量的排名，全省学霸是全省范围内做题数量的排名，全省校霸是全省各个学校学生做题数量的排名，如图 9.28 ~图 9.30 所示。

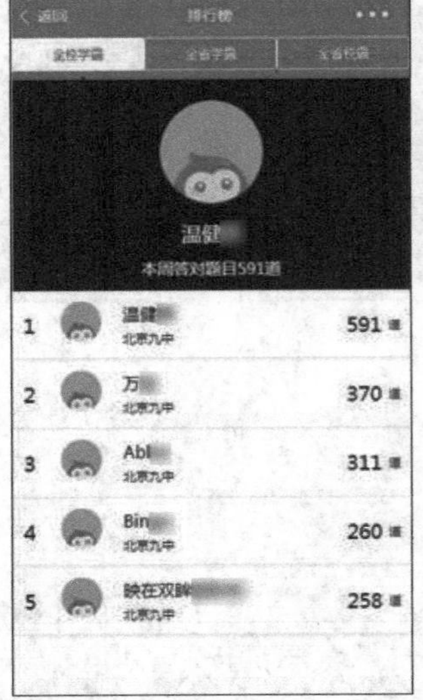

图 9.28　全校学霸界面

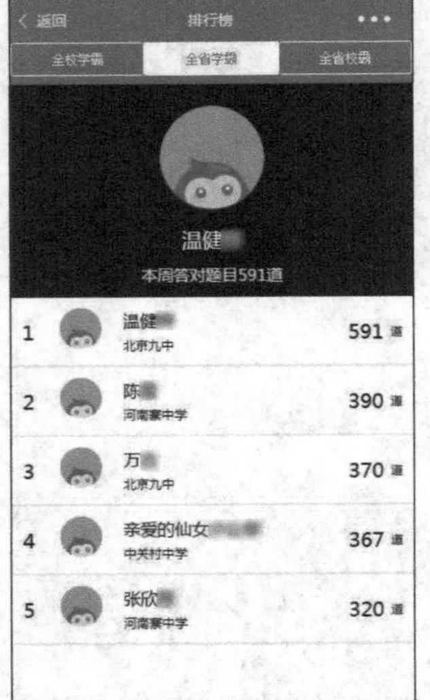

图 9.29　全省学霸界面

图 9.30　全省校霸界面

1 进入 pages/rank/rank.wxml 文件，进行排行榜页签切换效果设计，排行榜界面顶部有全校学霸、全省学霸和全省校霸 3 个页签，具体代码如下：

```
<view class="menu">
  <view class="{{currentTab==0?'select':'default'}}" data-current="0" bindtap="switchNav">
全校学霸 </view>
  <view class="{{currentTab==1?'select':'default'}}" data-current="1" bindtap="switchNav">
全省学霸 </view>
  <view class="{{currentTab==2?'select':'default'}}" data-current="2" bindtap="switchNav">
全省校霸 </view>
</view>
<view class="hr"></view>
<swiper current="{{currentTab}}" style="height:800px">
  <swiper-item>

  </swiper-item>
  <swiper-item>

  </swiper-item>
  <swiper-item>

  </swiper-item>
</swiper>
```

2 进入 pages/rank/rank.js 文件，新增变量 currentTab 作为页签的序号值，以及添加页签切换函数 switchNav，具体代码如下：

```
Page({
  data:{
    currentTab:0
  },
  onLoad:function(options){
    // 页面初始化 options 为页面跳转所带来的参数
  },
  switchNav:function(e){
    var page = this;
    if(this.data.currentTab == e.target.dataset.current){
       return false;
    }else{
      page.setData({currentTab:e.target.dataset.current});
    }
  }
})
```

3 进入 pages/rank/rank.wxss 文件，为排行榜页签添加样式，一种是选中样式，白色背景、蓝色文字；另一种是默认样式，白色文字、蓝色背景，具体代码如下：

```
.menu{
    display: flex;
    flex-direction: row;
    width: 100%;
    background-color: #0099FF;
    height: 40px;
```

```
}
.select{
    font-size:12px;
    color: #0099FF;
    width: 33%;
    text-align: center;
    height: 30px;
    line-height: 30px;
    background-color: #ffffff;
    border: 1px solid #ffffff;
}
.default{
    width: 33%;
    font-size:12px;
    margin: 0 auto;
    text-align: center;
    height: 30px;
    line-height: 30px;
    color: #ffffff;
    border-radius:3px;
    border: 1px solid #ffffff;
}
```

具体效果如图 9.31 所示。

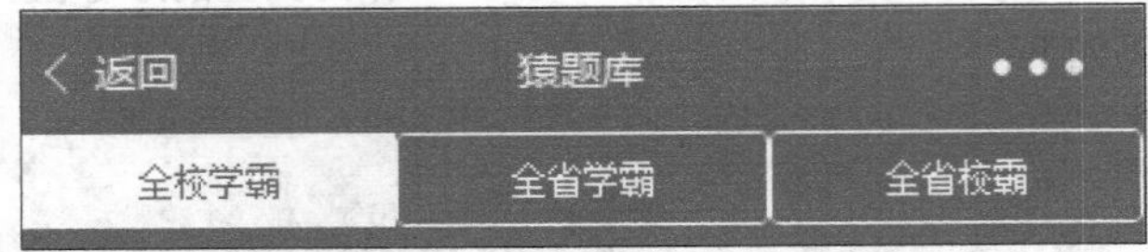

图 9.31　排行榜页签效果

4 进入 pages/rank 目录下新建 3 个文件：qxxb.wxml（全校学霸）、qsxb.wxml（全省学霸）和 xb.wxml（全省校霸），然后将其引入 rank.wxml 文件中，具体代码如下：

```
<view class="menu">
  <view class="{{currentTab==0?'select':'default'}}" data-current="0" bindtap="switchNav">
全校学霸 </view>
  <view class="{{currentTab==1?'select':'default'}}" data-current="1" bindtap="switchNav">
全省学霸 </view>
  <view class="{{currentTab==2?'select':'default'}}" data-current="2" bindtap="switchNav">
全省校霸 </view>
</view>
<view class="hr"></view>
<swiper current="{{currentTab}}" style="height:800px">
  <swiper-item>
    <include src="qxxb" />
  </swiper-item>
  <swiper-item>
    <include src="qsxb" />
  </swiper-item>
  <swiper-item>
```

```
    <include src="xb" />
  </swiper-item>
</swiper>
```

5 进入 pages/rank/qxxb.wxml 文件，设计全校学霸排名，具体代码如下：

```
<view class="content">
  <view class="rank">
    <view class="img">
      <image src="/images/find/bhead.jpg" style="width:99px;height:99px;"></image>
    </view>
    <view class="name">温健 </view>
    <view class="stat">本周答对题目 591 道 </view>
  </view>
  <view class="items">
    <view class="item">
      <view class="num">1</view>
      <view class="pic">
        <image src="/images/find/whead.jpg" style="width:39px;height:39px;"></image>
      </view>
      <view class="desc">
        <view class="name1">温健 </view>
        <view class="school">北京九中 </view>
      </view>
      <view class="count">591</view>
      <view class="unit">道 </view>
    </view>
    <view class="line"></view>
    <view class="item">
      <view class="num">2</view>
      <view class="pic">
        <image src="/images/find/whead.jpg" style="width:39px;height:39px;"></image>
      </view>
      <view class="desc">
        <view class="name1">万 </view>
        <view class="school">北京九中 </view>
      </view>
      <view class="count">370</view>
      <view class="unit">道 </view>
    </view>
    <view class="line"></view>
    <view class="item">
      <view class="num">3</view>
      <view class="pic">
        <image src="/images/find/whead.jpg" style="width:39px;height:39px;"></image>
      </view>
      <view class="desc">
        <view class="name1">Abl </view>
        <view class="school">北京九中 </view>
      </view>
      <view class="count">311</view>
      <view class="unit">道 </view>
```

```
    </view>
    <view class="line"></view>

    <view class="item">
      <view class="num">4</view>
      <view class="pic">
        <image src="/images/find/whead.jpg" style="width:39px;height:39px;"></image>
      </view>
      <view class="desc">
        <view class="name1">Bin </view>
        <view class="school">北京九中</view>
      </view>
      <view class="count">260</view>
      <view class="unit">道</view>
    </view>
    <view class="line"></view>
    <view class="item">
      <view class="num">5</view>
      <view class="pic">
        <image src="/images/find/whead.jpg" style="width:39px;height:39px;"></image>
      </view>
      <view class="desc">
        <view class="name1">映在双眸 </view>
        <view class="school">北京九中</view>
      </view>
      <view class="count">258</view>
      <view class="unit">道</view>
    </view>
    <view class="line"></view>
  </view>
</view>
```

6 进入 pages/rank/rank.wxss 文件，为全校学霸排名添加样式，具体代码如下：

```
.menu{
    display: flex;
    flex-direction: row;
    width: 100%;
    background-color: #0099FF;
    height: 40px;
}
.select{
    font-size:12px;
    color: #0099FF;
    width: 33%;
    text-align: center;
    height: 30px;
    line-height: 30px;
    background-color: #ffffff;
    border: 1px solid #ffffff;
}
.default{
```

```
    width: 33%;
    font-size:12px;
    margin: 0 auto;
    text-align: center;
    height: 30px;
    line-height: 30px;
    color: #ffffff;
    border-radius:3px;
    border: 1px solid #ffffff;
}
.content{
    font-family: "Microsoft YaHei";
}
.rank{
    width:100%;
    text-align: center;
    background-color: #193D56;
    height: 200px;
    align-items: center;
}
.rank image{
    margin-top:20px;
    border-radius: 50%;
}
.name{
    margin-top:10px;
    margin-bottom: 10px;
    color: #ffffff;
}
.stat{
    color: #ffffff;
    font-size: 15px;
}
.item{
    display: flex;
    flex-direction: row;
    padding: 10px;
    align-items: center;
}
.num{
    width: 10%;
}
.desc{
    margin-left: 20px;
    width: 55%;
}
.name1{
    font-size:16px;
}
.school{
```

```
    margin-top:5px;
    font-size: 12px;
}
.count{
    width: 15%;
    text-align: right;
}
.unit{
    width: 5%;
    font-size: 11px;
    text-align: right;
}
.line{
    border: 1px solid #cccccc;
    opacity: 0.2;
}
```

具体效果如图 9.28 所示。

7 进入 pages/rank/qsxb.wxml 文件，设计全省学霸排名，它的样式可以复用全校学霸的样式，具体代码如下：

```
<view class="content">
  <view class="rank">
    <view class="img">
      <image src="/images/find/bhead.jpg" style="width:99px;height:99px;"></image>
    </view>
    <view class="name">温健 </view>
    <view class="stat">本周答对题目 591 道</view>
  </view>
  <view class="items">
    <view class="item">
      <view class="num">1</view>
      <view class="pic">
        <image src="/images/find/whead.jpg" style="width:39px;height:39px;"></image>
      </view>
      <view class="desc">
        <view class="name1">温健 </view>
        <view class="school">北京九中</view>
      </view>
      <view class="count">591</view>
      <view class="unit">道</view>
    </view>
    <view class="line"></view>
    <view class="item">
      <view class="num">2</view>
      <view class="pic">
        <image src="/images/find/whead.jpg" style="width:39px;height:39px;"></image>
      </view>
      <view class="desc">
        <view class="name1">陈 </view>
        <view class="school">河南寨中学</view>
```

```
      </view>
      <view class="count">390</view>
      <view class="unit">道</view>
    </view>
    <view class="line"></view>
    <view class="item">
      <view class="num">3</view>
      <view class="pic">
        <image src="/images/find/whead.jpg" style="width:39px;height:39px;"></image>
      </view>
      <view class="desc">
        <view class="name1">万 </view>
        <view class="school">北京九中</view>
      </view>
      <view class="count">370</view>
      <view class="unit">道</view>
    </view>
    <view class="line"></view>
    <view class="item">
      <view class="num">4</view>
      <view class="pic">
        <image src="/images/find/whead.jpg" style="width:39px;height:39px;"></image>
      </view>
      <view class="desc">
        <view class="name1">亲爱的仙女 </view>
        <view class="school">中关村中学</view>
      </view>
      <view class="count">367</view>
      <view class="unit">道</view>
    </view>
    <view class="line"></view>
    <view class="item">
      <view class="num">5</view>
      <view class="pic">
        <image src="/images/find/whead.jpg" style="width:39px;height:39px;"></image>
      </view>
      <view class="desc">
        <view class="name1">张欣 </view>
        <view class="school">河南寨中学</view>
      </view>
      <view class="count">320</view>
      <view class="unit">道</view>
    </view>
    <view class="line"></view>
  </view>
</view>
```

具体效果如图 9.29 所示。

8 进入 pages/rank/xb.wxml 文件，设计全省校霸排名，它的样式可以复用全校学霸的样式，具体代码如下：

```
<view class="content">
    <view>
      <image src="/images/find/bjjz.jpg" style="width:100%;height:210px;"></image>
    </view>
  <view class="items">
    <view class="item">
      <view class="num">1</view>
      <view class="schoolName">北京九中</view>
      <view class="count">4629</view>
      <view class="unit">道</view>
    </view>
    <view class="line"></view>
    <view class="item">
       <view class="num">2</view>
      <view class="schoolName">河南寨中学</view>
      <view class="count">2566</view>
      <view class="unit">道</view>
    </view>
    <view class="line"></view>
    <view class="item">
      <view class="num">3</view>
      <view class="schoolName">北京十五中分校</view>
      <view class="count">2280</view>
      <view class="unit">道</view>
    </view>
    <view class="line"></view>
    <view class="item">
       <view class="num">4</view>
      <view class="schoolName">中国人民大学附属中学</view>
      <view class="count">1520</view>
      <view class="unit">道</view>
    </view>
    <view class="line"></view>
    <view class="item">
       <view class="num">5</view>
      <view class="schoolName">石景山区实验中学</view>
      <view class="count">1054</view>
      <view class="unit">道</view>
    </view>
    <view class="line"></view>
  </view>
</view>
```

9 进入 pages/rank/rank.wxss 文件，为全省校霸排名添加样式，具体代码如下：

```
.menu{
    display: flex;
    flex-direction: row;
    width: 100%;
    background-color: #0099FF;
    height: 40px;
}
```

```
.select{
    font-size:12px;
    color: #0099FF;
    width: 33%;
    text-align: center;
    height: 30px;
    line-height: 30px;
    background-color: #ffffff;
    border: 1px solid #ffffff;
}
.default{
    width: 33%;
    font-size:12px;
    margin: 0 auto;
    text-align: center;
    height: 30px;
    line-height: 30px;
    color: #ffffff;
    border-radius:3px;
    border: 1px solid #ffffff;
}
.content{
    font-family: "Microsoft YaHei";
}
.rank{
    width:100%;
    text-align: center;
    background-color: #193D56;
    height: 200px;
    align-items: center;
}
.rank image{
    margin-top:20px;
    border-radius: 50%;
}
.name{
    margin-top:10px;
    margin-bottom: 10px;
    color: #ffffff;
}
.stat{
    color: #ffffff;
    font-size: 15px;
}
.item{
    display: flex;
    flex-direction: row;
    padding: 10px;
    align-items: center;
}
```

```
.num{
    width: 10%;
}
.desc{
    margin-left: 20px;
    width: 55%;
}
.name1{
    font-size:16px;
}
.school{
    margin-top:5px;
    font-size: 12px;
}
.count{
    width: 15%;
    text-align: right;
}
.unit{
    width: 5%;
    font-size: 11px;
    text-align: right;
}
.line{
    border: 1px solid #cccccc;
    opacity: 0.2;
}
.schoolName{
    width:70%;
}
```

具体效果如图 9.30 所示。

10 进入 pages/rank/rank.json 文件，将导航标题设置为“排行榜”，具体代码如下：

```
{
    "navigationBarTitleText": "排行榜"
}
```

这样就完成了排行榜界面的设计。排行榜界面的 3 个页签可以进行切换显示，切换的时候对应内容跟着切换，以达到一种动态交互效果。

9.9 “我”界面列表式导航设计

视频课程

“我”界面列表导航设计

仿猿题库微信小程序的“我”界面包括四方面内容：账号信息、练习导航、猿辅导导航和通用导航。账号信息显示用户的昵称和头像，练习导航、猿辅导导航和通用导航采用列表式导航布局，如图 9.32 和图 9.33 所示。

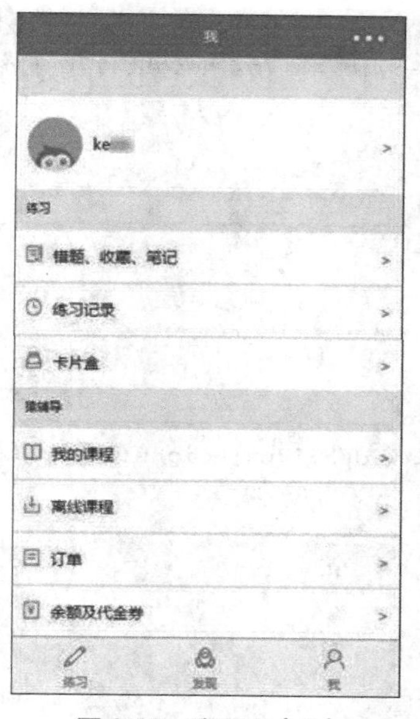

图 9.32　我界面（上）

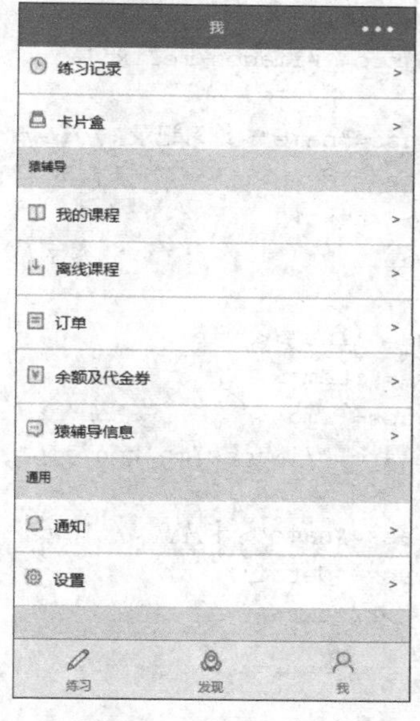

图 9.33　我界面（下）

1 进入 pages/me/me.wxml 文件，设计账号信息、练习导航和猿辅导导航的布局，具体代码如下：

```
<view class="content">
  <view class="items">
  <view class="hr"></view>
    <view class="item">
      <view class="img" style="margin-top:20px;">
        <image src="/images/me/head.jpg" style="width:54px;height:54px;"></image>
      </view>
      <view class="name">{{userInfo.nickName}}</view>
      <view class="detail">
        <text>></text>
        </view>
    </view>

    <view class="hr">
      练习
    </view>
    <view class="item">
      <view class="img">
        <image src="/images/me/ct.jpg" style="width:17px;height:17px;"></image>
      </view>
      <view class="name">错题、收藏、笔记</view>
      <view class="detail">
        <text>></text>
        </view>
    </view>
    <view class="line"></view>
    <view class="item">
```

```
    <view class="img">
      <image src="/images/me/lxjl.jpg" style="width:17px;height:17px;"></image>
    </view>
    <view class="name">练习记录</view>
    <view class="detail">
      <text>></text>
      </view>
  </view>
  <view class="line"></view>
  <view class="item">
    <view class="img">
      <image src="/images/me/kph.jpg" style="width:17px;height:17px;"></image>
    </view>
    <view class="name">卡片盒</view>
    <view class="detail">
      <text> ></text>
      </view>
  </view>

  <view class="hr">
    猿辅导
  </view>
  <view class="item">
    <view class="img">
      <image src="/images/me/wdkc.jpg" style="width:17px;height:17px;"></image>
    </view>
    <view class="name">我的课程</view>
    <view class="detail">
      <text>></text>
      </view>
  </view>
  <view class="line"></view>
  <view class="item">
    <view class="img">
      <image src="/images/me/lxkc.jpg" style="width:17px;height:17px;"></image>
    </view>
    <view class="name">离线课程</view>
    <view class="detail">
      <text>></text>
      </view>
  </view>
  <view class="line"></view>
  <view class="item">
    <view class="img">
      <image src="/images/me/dd.jpg" style="width:17px;height:17px;"></image>
    </view>
    <view class="name">订单</view>
    <view class="detail">
      <text> ></text>
      </view>
```

```
    </view>
    <view class="line"></view>
    <view class="item">
      <view class="img">
        <image src="/images/me/ye.jpg" style="width:17px;height:17px;"></image>
      </view>
      <view class="name">余额及代金券</view>
      <view class="detail">
        <text>></text>
        </view>
    </view>
    <view class="line"></view>
    <view class="item">
      <view class="img">
        <image src="/images/me/yfdxx.jpg" style="width:17px;height:17px;"></image>
      </view>
      <view class="name">猿辅导信息</view>
      <view class="detail">
        <text>></text>
        </view>
    </view>
    <view class="line"></view>

    <view class="hr">
      通用
    </view>
    <view class="item">
      <view class="img">
        <image src="/images/me/tz.jpg" style="width:17px;height:17px;"></image>
      </view>
      <view class="name">通知</view>
      <view class="detail">
        <text>></text>
        </view>
    </view>
    <view class="line"></view>
    <view class="item" bindtap="setting">
      <view class="img">
        <image src="/images/me/sz.jpg" style="width:17px;height:17px;"></image>
      </view>
      <view class="name">设置</view>
      <view class="detail">
        <text>></text>
        </view>
    </view>
    <view class="line"></view>
  </view>
</view>
```

2 进入 pages/me/me.wxss 文件，为账号信息、练习导航和猿辅导导航布局添加样式，具体代码如下：

```
.content{
  font-family: "Microsoft YaHei";
}
.items{
    background-color: #F0EFF4;
    height:800px;
}
.item{
    display:flex;
    flex-direction:row;
    background-color: #ffffff;
    align-items: center;
}
.hr{
    width: 100%;
    height: 30px;
    font-size:12px;
    margin-left: 10px;
    padding-top:10px;
}
.img{
    margin-left:10px;
    line-height: 50px;
}
.name{
    padding-top:15px;
    padding-left: 10px;
    padding-bottom:15px;
    font-size:15px;
}
.detail{
    font-size: 15px;
    position: absolute;
    right: 10px;
    height: 50px;
    line-height: 50px;
    color: #888888;
}
.line{
    border: 1px solid #cccccc;
    opacity: 0.2;
}
```

3 在 app.json 文件中添加设置页面路径 "pages/setting/setting"，然后进入 pages/me/me.js 文件，获取用户信息及添加跳转到设置界面的函数 setting，具体代码如下：

```
// pages/me/me.js
var app = getApp()
Page({
  data:{
```

```
    userInfo: {}
  },
  onLoad:function(options){
    console.log('onLoad')
    var that = this
    //调用应用实例的方法获取全局数据
    app.getUserInfo(function(userInfo){
      //更新数据
      that.setData({
        userInfo:userInfo
      })
    });
  },
  setting:function(){
    wx.navigateTo({
      url: '../setting/setting'
    })
  }
})
```

4 进入 pages/me/me.json 文件，修改导航名称为“我”，具体代码如下：

```
{
    "navigationBarTitleText": "我"
}
```

这样就完成了“我”界面的设计——通过获取账号信息来显示用户的昵称及单击“设置”导航可以进入相应的二级界面。

9.10 小结

仿猿题库微信小程序主要完成练习界面九宫格导航设计、科目设置界面设计、语文科目练习界面设计、练习题目界面设计、发现界面列表式导航设计、排行榜界面设计、“我”界面列表式导航设计，重点掌握以下内容：

1 学会综合应用 view、image、swiper 和 button 组件来进行界面布局设计，使用 WXSS 添加界面样式；

2 wx.setStorageSync(OBJECT) 将数据存储在本地缓存指定的 key 中，wx.getStorageSync(OBJECT) 从本地缓存中同步获取指定 key 对应的内容；

3 学会使用 swiper 滑块视图容器组件进行页签的切换及左右滑动效果的设计。

9.11 实战演练

在仿猿题库微信小程序的“我”界面中，可以单击“设置”导航，跳转到相应的二级界面，如图 9.34 所示。

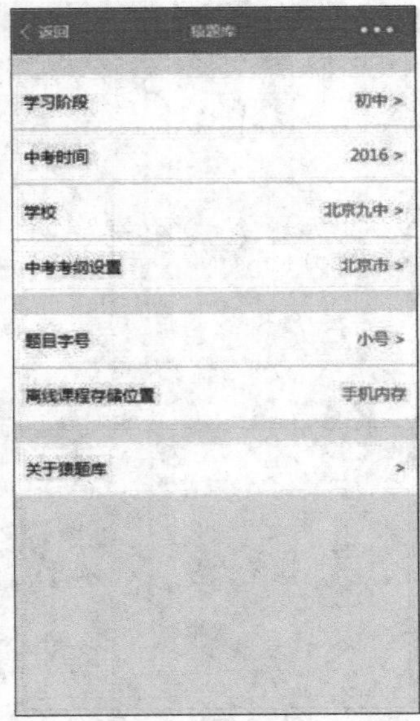

图 9.34　设置界面

需求描述：

① 完成单击设置导航跳转到设置列表导航界面。

② 完成设置列表导航界面的布局设计。